수학뮤지엄

Mathematics Museum

김연미 지음

"보이지 않는 것을 보여주는 수학,
패턴을 탐구하는 수학, 무한을 다루는 수학"

저자는 이 책을 통해서 수학적 사고의 본질을 독자들에게 쉽게 소개한다

KYOWOO

수학뮤지엄 Mathematics Museum

초판발행 2017년 07월 10일

지은이 김연미 / 펴낸이 오판근

펴낸곳 (주) 교 우

주 소 서울시 동대문구 약령시로 8 교우빌딩 2층 (주)교우

[illegible]

홈페이지&북스토어 www.kyowoo.co.kr / 이메일 kyowoo@kyowoo.co.kr

등 록 1994년 3월 24일 제1994-000013호

ISBN 979-11-251-0208-3 (03410)

Published by Kyowoo Co., Ltd. Printed in Korea

(주) 교우는 보다 혁신적이고 참신한 도서를 다양하게 기획하고 있습니다.
책으로 펴내고자 하는 아이디어나 원고는 메일로 보내주세요.
(주) 교우는 전과정을 책임지고 최선을 다하겠습니다.

값 21,000원

교우미디어는 (주) 교우의 Imprint 사입니다.
수학정원·과학정원은 (주) 교우의 새로운 브랜드명입니다.

잘못된 책은 구입하신 서점에서 교환해 드립니다.

머리말

대학 강단에 서서 수학을 막 강의하기 시작했었던 30대 초반에 '수학의 이해'라는 교양 강좌를 인문대학과 미술대학생들을 대상으로 몇 년간 진행했던 경험이 있다. 수강하는 학생들의 특성을 고려하여 수식과 기호를 사용해야만 하는 깊이 있는 주제를 다루기보다는 수학사에서 중요한 사건들을 중심으로 여러 가지 흥미로운 활동을 첨가하여 진행한 강좌였다. 당시에는 경험이나 폭넓은 지식도 부족하였기에 급하게 관련저서들을 읽으며 강의 준비를 한 탓도 있었지만, 인문대 학생이나 미대 학생들에게 수학에 대하여 한 주일에 겨우 두 시간짜리 강의를 진행하는 것이 이공계 학생들을 대상으로 수학의 특정 분야에 대한 이론이나 테크닉을 가르치는 것보다 훨씬 어렵다고 느끼고는 하였다. 그러고 난 뒤 몇 년의 시간이 흘렀어도 수학교양강의에 대해서 느끼는 긴장감과 부담감은 그다지 줄어들지 않았다. 당시 스스로에게 끊임없이 했었던 질문은 '어느 정도의 경험이 쌓이고 얼마나 많은 공부를 해야 이런 종류의 강의가 편안하고 자연스러워질까?'였다. 그 후에 다른 수학전공 강좌들을 강의하면서도 다음에 다시 '수학의 이해'를 맡게 되면 나만의 멋진 강좌를 만들어야지 하는 생각이 머릿속을 계속하여 맴돌곤 했었다. 그 오래된 생각의 결실이 바로 이번에 출간하게 된 "수학뮤지엄"이다.

박물관을 방문하게 되면, 우리는 매우 특별한 경험을 얻게 된다. 우선, 그곳에 들어서는 순간 그 직전까지 우리의 생각을 사로잡고 있었던 현실의 잡다한 문제들을 모두 잊게 된다. 그리고 시간을 초월해서 과거와 현재, 그리고 미래가 공존하는 경험을 하게 된다. 과거의 누군가가 만들어놓은 작품들이 현재의 나에게 말을 걸어오고, 작품과의 대화는 우리에게는 뜻하지 않은 영감의 원천이 되기도 한다. 오랫동안 고민하던 문제에 대해서 새로운 방향이 제시되기도 하는 곳이 박물관이다. "수학 뮤지엄"이 독자들에게 그런 비슷한 경험을 제공하는 계기가 된다면 더할 나위 없이 고마울 것이다. 그렇지만 박물관 탐방이 즐거운 가장 중요한 이유는 그곳에는 재미있는 볼거리들이 많기 때문이다. 박물관은 진기한 것, 역사적으로 가치 있는 것들을 모아놓은 보물창고이다. 그래서 박물관들은 각자 개성이 있고, 나름 대표할 수 있는 뭔가를 소장하고 있어야 한다. 파리의 루브르 박물관에 '모나리자'의 초상화가 있고, 피렌체의 우피지(Uffizi) 박물관에는 보티첼리의 '비너스의 탄생'이 있는 것처럼.

"수학 뮤지엄"에서는 과연 무엇을 통해서, 본 저서만의 개성을 발휘하고 뽐낼 수 있을까를 고민하였다. 그리고 어떤 방식으로 수학을 정의하고 어떤 내용을 소개해서 독자들을 수학에 더 가까이 갈 수 있게 할까 생각하였다. 그 결과로 집약된 부제목들이 '수학은 패턴을 다루는 학문'이며, '무한'을 다루고, 수학은 '보이지 않는 것을 보이게' 해 준다는 부제들로 압축할 수 있었다. 사실 패턴을 다루는 학문으로 수학이 유일한 분야는 아니다. 자연과학의 모든 분야들이 패턴을 다룬다고 해도 과언이 아니다. 그런데 수학에서 다루는 패턴은 매우 다양하다. 기하학적이고 공간적인 패턴뿐만 아니라 수에서 나타나는 패턴, 온갖 종류의 추상적인 패턴이 그 대상이 된다. 복잡해 보이는 현상 속에서 규칙을 찾아내서 그것을 기호와 수식을 이용하여 표현할 때 하나의 패턴이 형성된다. 때로는 그다지 진지하지 않고 유희처럼 즐겼던 내용들이 어느 날 갑자기 중요한 위치를 차지하고 많은 수학자들을 끌어 모으는 경우도 종종 있다.

수학은 철학처럼 무한을 다룬다. 이것은 물리학이나 화학과 같은 자연과학과는 구별되는 특징이기도 하다. 그리스의 Zeno가 소개한 '아킬레스와 거북이'의 패러독스 이후로 철학자와 수학자들은 무한과 극한에 대해서 고민해왔고, 이론적 정립을 위해서 2000년이라는 긴 시간이 소요되었다. 현대의 미적분학은 그러한 이슈들의 해결이 있은 후에 비로소 건실한 토대를 마련하였다. 많은 수학자들을 미치게까지 한 이 주제는 현대에는 '프랙털'이라는 분야에서 우리의 눈을 즐겁게 해 주고 있다. 수학에서의 무한은 우리의 직관과는 다르게 사용되기도 하는데, 현대 수학에서는 무한집합을 구분하고 등급을 매긴다. 결국 무한집합이라고 해도 다 같은 무한이 아닌 것이다.

수학적인 분석 방법들은 보이지 않는 것들을 볼 수 있게 해 준다. 푸리에 분석은 악기들이 왜 서로 다른 소리를 내는지 알려주고, 신호나 영상을 그것을 이루는 기초적인 구성 재료들로 환원시켜준다. DNA 분석을 통해서 사람에 대한 여러 가지 유전적인 정보를 얻는 것처럼, 어떤 계(system)에 대한 미분 방정식을 풀면 그 시스템이 어떤 운동을 할지를 예측할 수 있다. 뉴턴의 냉각법칙과 같은 미분방정식은 범죄 수사학(Forensics)에서 사망 시간을 측정하는데도 사용된다.

수학자들 중에서 뿌앙카레(Jules-Henri Poincaré, 1854~1912)나 아다마르(Jacques Hadamard, 1865~1963) 등은 자신의 사고과정을 성찰하고 분석해서 창의적인 활동과 발명의 메커니즘을 밝히기도 하였다. 영상의학이 발달하기 훨씬 이전에 이들이 수행한 내면적 성찰은 실제로 속속 입증되고 있으며 창의성을 연구하는 현대의 심리학계에 매우 중요한 단서를 제공하고 있다.

수학은 누군가에게는 자신의 분야에서 소통하기 위한 언어이자 도구일 수 있고, 누군가에게는 대학입시라는 관문을 통과하기 위한 주요 과목일 수도 있다. 그렇지만 수학의 가장 큰 힘은 문명이 발달하고 사회가 복잡해지면서 새로운 문제가 등장하면 거기에 부응해서 새로운 분야가 만들어지고 당면한 문제에 대한 해결책을 제시해 왔다는 점이다. 그런 의미에서 수학은 계속 진화하고 있으며 미래 사회에서 그 중요성은 더욱 커질 것이다. 대학 시절까지 수강한 수학 강좌에 따라서 그 사람의 평균 수입이 좌우된다는 경제학자들의 연구도 있다. 그렇기 때문에 수학적 사고의 여러 영역을 넘나들며 다양한 테크닉과 스킬을 사용할 수 있는 능력을 낙오자 없이 키워주는 것이 공교육의 중요한 목표 중 하나여야 한다고 생각한다. "수학 뮤지엄"을 통해서 보다 많은 독자들이 수학의 다양한 영역과 역할을 이해하고 즐기고 가까워졌으면 하는 바람을 가져 본다.

CONTENTS

3 보이지 않는 것을 보여주는 수학

4 수학과 라이프

CONTENTS

5 패턴을 연구하는 수학

6 수학과 인간

"수학의 정수는 단순한 것을 복잡하게 만드는 것이 아니라,
복잡한 것을 단순하게 하는 것이다.
(The Essence of Mathematics is not to make simple things
complicated, but to Make Complicated things Simple)."

– Stan Gudder –

Mathematics
Museum

1

신화와 역사 속의 수학

[그림] 이집트 고왕국의 공주 Neferetiabet(dated 2590~2565 BC)의 Giza 석비
루브르 박물관, 프랑스(사진 : Einsamer Schütze, 2006)

설명 : 이집트의 공주 Neferetiabet가 사후세계에서 공물을 받는 모습. 테이블 위에는 빵이 있고, 무릎 바로 옆의 뒤집혀진 Y자는 린넨(아마)를 나타내고 그 옆에는 그릇이 있다. 그 아래의 숫자들은 망자가 1000장의 아마포와 1000개의 빵을 공물로 받는다는 것을 의미한다. 테이블 오른쪽의 숫자들은 공주가 1000개의 빵과 1000개의 맥주, 1000마리의 영양과 소를 받는다는 의미이다.

01
태양의 후예들의 도시 우룩 – 수메르 수학

많은 수학 교양서적들이 고대 수학을 이야기 할 때 바빌로니아와 이집트의 수학을 주로 언급한다. 그렇지만 문자가 발명된 것부터 시작해서 인류 문명의 서곡은 메소포타미아 지역에 정착한 수메르 인들로부터 출발했기 때문에, 이들을 먼저 언급하는 것이 예의라고 생각한다. 메소포타미아라는 의미는 티그리스와 유프라테스 두 강 사이에 낀 지역이라는 뜻인데, 기원전 4500년경에 이 지역에 작은 규모의 도시국가들이 나타

[그림] 메소포타미아 지도(위키피디아)

나기 시작했다. 당시의 인구 규모는 25,000을 조금 넘었다고 하니 대략 짐작이 갈 것이다. 우리에게 이제는 한류 드라마로 제법 익숙해진 우룩Uruk(지금의 이라크 남부)도 그 도시국가들 중의 하나였다. 이 지역은 강의 범람 때문에 수로를 파고, 관개시설을 만드는 것이 굉장히 중요한 문제였다. 그래서 이 지역의 신화들에는 인간이 창조된 이유가 신들이 하는 힘든 노동을 인간에게 대신시키기 위해서라는 언급이 종종 나온다.

[그림] 최초의 바퀴(BC3500년 경)(좌)와 우루(Ur)의 전차(BC2500)(우)

수를 상징했고 이것은 3000년에 걸쳐서 쐐기 문자로 대체 되었다

[사진] 수메르의 진흙으로 만든 원뿔형

수메르에서 발명된 것들 중에 '최초'라는 수식어가 붙을 수 있는 것들이 상당히 많은데 쐐기문자, 수레, 농업, 노동의 분배, 직업 군인, 도량형, 하수처리 시설, 회계, 맥주, 유리 등이 그것이다.

수메르 인들의 수학이나 기술적 수준은 손에 스마트 폰을 들고 다니는 현대인들에게는 대수롭지 않게 보일 수도 있지만 오늘날과 같이 다루기 쉬운 10진법이 아닌 매우 복잡한 60진법을 사용하면서 그것을 성취했다는 것을 생각하면 놀라운 면이 많다.

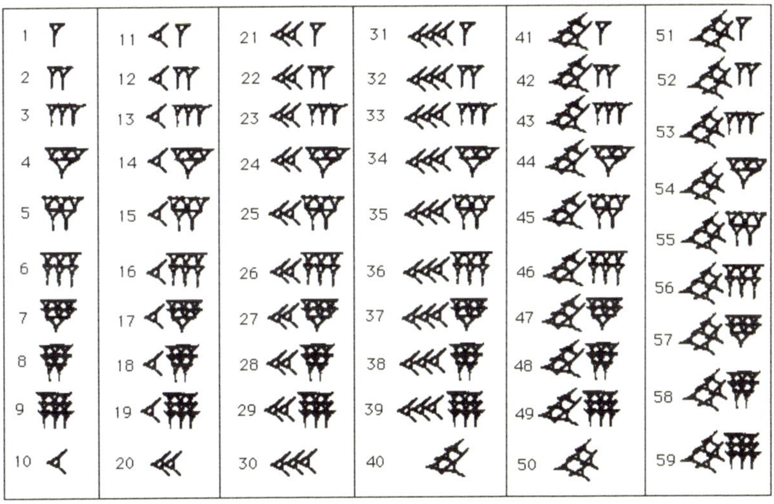

[그림] 수메르의 수 체계

그런데 위의 표를 보면 이 수체계가 완전한 60진법은 아닌 것을 알 수 있다. 완전한 60진법이 되려면 1부터 59까지에 대한 수 이름이 각각 달라야 할 텐데, 수메르에서는 10진법을 보조로 사용하면서 60진법을 사용한 것이다.

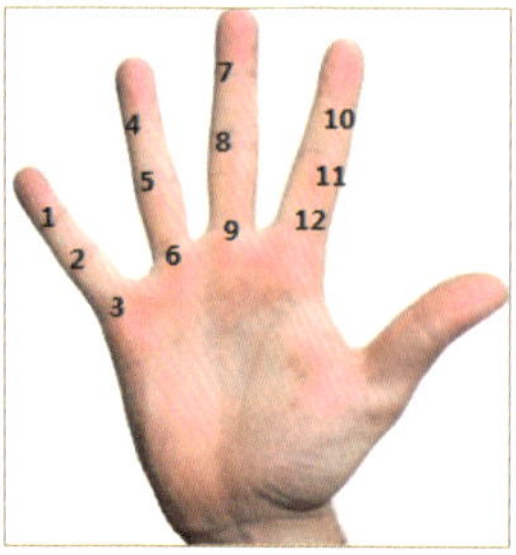

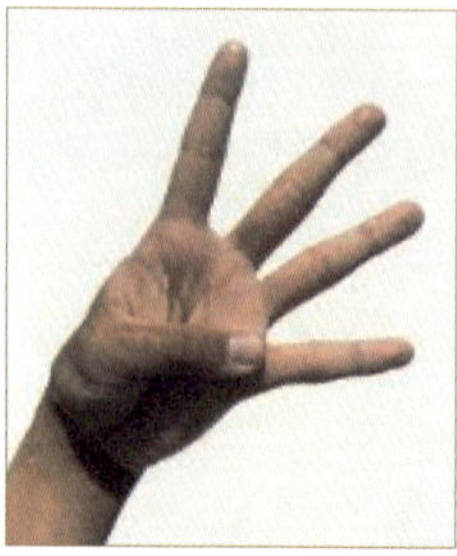

60은 매우 오묘하고 복합적인 수다. 60은 12개의 약수를 가지고 있는데 1, 2, 3, 4, 5, 6, 10, 12, 15, 20, 30, 60이 그것들이다. 이것을 보면 60은 1부터 6까지의 수를 모두 약수로 가지는 최소의 수이고 동시에 1, 2, 3, 4, 5, 6의 최소 공배수다.

그러면 수메르 인들은 어떻게 60진법을 생각해 냈을까? 오른손의 엄지손가락을 이용해서 나머지 네 손가락에 있는 세 개의 마디를 순서대로 가리키면 12까지 셀 수 있다. 오른 손으로 12까지 세면 왼 손가락을 하나씩 접고, 이렇게 5 회를 반복하면 60까지 셀 수 있다.

수메르 인들은 자릿수 개념도 최초로 사용했다고 평가된다. 그러니까 쐐기문자를 쓰거나 읽을 때 다음 예들처럼 진행된다.

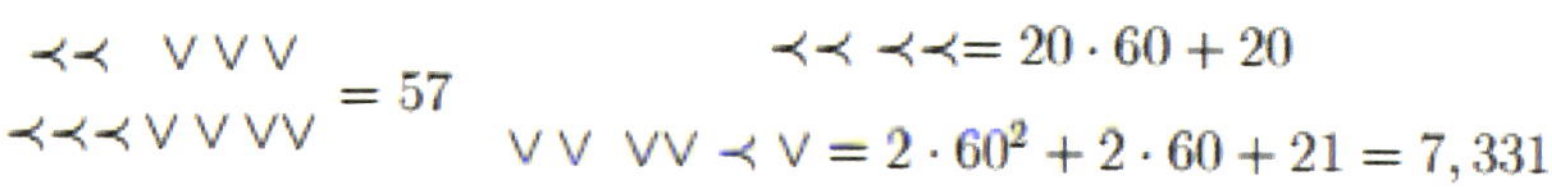

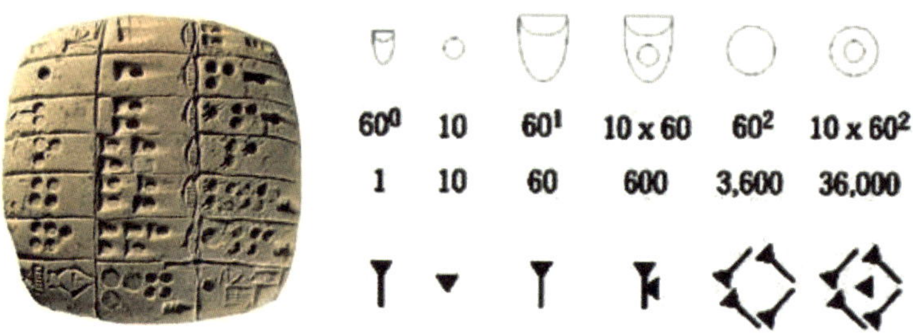

[그림] Shuruppak에서 출토된 점토판(좌)과 쐐기문자가 발명되기 이전에 사용된 수에 대응하는 상징들

이들이 발명한 60진법은 현대에도 시간이나 각도의 측정, 천문학적으로 좌표를 측정할 때 사용된다. 예를 들면 원을 360도로 분할하거나, 1시간을 60분, 1분은 60초로 나누는 것에 그 전통이 남아있다. 또 위에서 본 12 혹은 더즌DOZEN은 문명의 초기부터 그룹을 짓는 숫자로 자리매김 한 것을 알 수 있다. 그 전통이 1피트ft = 12인치inch, 1년= 12개월, 달걀 한 줄=12개로 그룹 짓는 것으로 오늘날에도 사용된다. 동이족이 세웠다는 은나라 때부터 내려온 12간지와 60갑자도 동일한 맥락일 것이다.

위의 점토판은 기원 전 27세기 것으로 추정되는데, 현존하는 가장 오래된 수학 텍스트가 담겨있다. 그 내용은 6개의 직사각형의 넓이를 여러 특수한 경우마다 각각 구하는 방법을 소개하는 것인데, 이 점토판은 특별히 어떤 실용적인 목적을 위해서가 아닌 수학 그 자체를 위한 것으로 평가되고 있다. 비슷한 시기에 점토판에 곱셈표와 나눗셈을 연습시키는 문제들도 발견 되는데 이것들은 당시의 학교 교육이 어떠했는지를 알려준다.

수메르의 학교교육 내용을 보면 필경 작업을 배우는 것 외에도 당시의 수학 수준으로 보더라도 수학을 비교적 많이 공부했던 것 같다. 점토판을 보면 "그대는 곱셈과, 역수와, 회계장부의 잔금을 맞추는 것, 행정적인 회계를 보는 것, 모든 종류의 세금의 할당, 재산을 분배하는 것을 할 수 있는가?"를 묻는 시험 텍스트들이 있다. 그 정도까지만 배우는 것으로 충분했다면 수메르의 학생들은 오늘 날의 학생들보다 더 행복했을지도 모르겠다. 그런데 학교 교육을 받기 위해서는 학비를 내야했고, 점토판에 필사하는 과제를 아주 많이 내 주었다.

수메르의 왕들 중에는 자신의 업적을 칭송하는 송가를 만들어서 점토판에 기록하는 일이 많았는데, 기원 전 2000년경의 Shulgi라는 왕은 자신이 수학을 잘한다는 것을 뽐내며 "나는 덧셈과 뺄셈을 완벽히 할 수 있고, 회계에서 뛰어나다"고 자랑하였다. 이것을 본 따서 1000년 후에 이 지역을 지배한 아시리아의 왕 Assurbanipal도 점토판에 "나는 점토판에 없는 곱셈과 역수를 구할 수 있다"고 자랑하였다. 당시에는 이런 지식이 매우 어렵고 엘리트 계급만 할 수 있는 내용에 속했던 것 같다. 하여튼 수메르 인들이 삼각형의 넓이를 구하는 방법, 육면체의 부피를 구하는 방법을 최초로 발견하고 사용했다는 점에 대해서도 후한 점수를 주어야 할 것 같다.

수메르의 수 체계를 들여다보면 나중에 등장하는 다른 문명권에서는 볼 수 없는 수의 추상화 과정이 생생하게 보인다. 예를 들면 B. C. 4000년경에는 다양한 물품들을 나타내기 위해서 각기 다른 상징물을 사용하였다. 그러니까 오일을 상징하는 마크가 있고, 양이나 밀을 상징하는 마크가 각각 존재해서, 그 상징들이 60여 가지에 달했다. 그러다가 점차로 양quantity을 나타내는 상징과 물품을 나타내는 상징이 분리되는 단계로 넘어간다. 오늘날 우리가 사과 세 개, 빵 다섯 개라고 사용하는 것과 유사한 단계에 들어서는 것이다(그러나 '삼'에 대한 상징이 완전히 추상화된 것은 아니어서 맥락 속에서 파악해야 하는 경우도 존재한다). 이때는 작은 원뿔형은 1을, 구는 10을, 큰 원뿔은 60을 나타내는 방식으로 발전하였다(다음 그림). 또 수메르에서는 무엇인가를 빌린 대가로 이자를 내야했다. 그런데 그 이자율이 고리대금 수준이다. 일반적으로 20~30%의 이자율이 적용되었고, 후대로 가면서는 5.5~30%의 이자율이 통용되었다. 빌린 것을 갚을 때는 이자를 붙인다는 개념이 문명의 초기부터 계승되었다는 증거이다.

수메르에서 수 체계가 발전해 가는 과정은 매우 복잡하고 아직 완전히 이해된 것도 아니다. 그렇지만 인간이 추상적인 사고를 향해 진전하는 과정을 보여주는 것이어서 심리학자와 인류학자들도 수메르의 수 체계에 지대한 관심을 갖고 있다. 그러니까 혹시 누군가가 수메르 문명

수메르의 상징물(토큰)과 상형문자

상징	상형문자	수메르/고 바빌로니아	의미
			양
			개
			오일
			향수
			옷감(가죽)

Denise Schmandt-Besserat(1979)

은 외계인들이 지구에 와서 세운 것이라고 주장해도 현혹될 필요가 전혀 없다. 왜냐하면 위와 같은 수 개념은 아주 천천히 진화해 갔으며 추상화를 겪는 과정이 역사적인 생생한 증거로 남아있기 때문이다.

수메르는 아카드의 사르곤 왕이 기원 전 2000년경에 이 지역을 통일하면서 힘을 잃었고, B. C. 1750년에는 역사 속으로 사라진다. 이들의 언어를 사용하는 민족이 현재에는 전혀 남아있지 않기 때문에 점토판이 발견되었어도 고고학자들 중에서 그 누구도 그것이 사라진 문명의 흔적이라고 짐작조차 하지 않았다. 다만 점토판들 중에는 세 가지 문자로 써 있는 경우가 있었는데, 고고학자들은 그 중에서 아시리아의 문자에 대해서는 비교적 상세히 알고 있었다. 점토판은 1800년 대 말에 니푸르 등지에서 다량으로 발굴되었고, 학자들은 먼저 고 아시리아 문자를 해독한 다음에, 거꾸로 아카드 어(바빌로니아 문자)를 해독하고, 이것에 의존해서 수메르 어를 해독하였다. 이 작업에 60년이라는 인생을 바친 천재 수학자인 Otto Neugebauer(1969)의 집념이 필요했다.

이집트에 스핑크스의 수수께끼가 있는 것처럼 수메르의 점토판 중에도 오래된 수수께끼들만 모아놓은 것이 있다. 그 중에 두 개를 소개하려고 한다.

가장 오래된 첫 번째 수수께끼

(1) "들어갈 때는 눈이 감긴 자가 들어가고, 나올 때는 눈을 뜬 자가 나오는 집은 무엇인가?(One with eyes not opened has entered it, One with open eyes has come out of it. What is it?) 이다.

(2) "그는 문이 열린 집을 본다. 그는 문이 닫힌 집을 본다. 그러나 그 때도 그것은 닫혀있다(An open house, A locked up house, He sees it, But even then it remains closed. Who is he?)"

힌트는 위에서 다룬 내용들 그리고 여러분과 나와도 관계가 있는 것이다.

태양의 후예들의 도시 우룩(Uruk): 신화 속에 나타난 수학

[그림] 청금석으로 장식된 이난나 사원과 우룩의 왕 길가메쉬

최근에 방영됐던 한류 드라마 '태양의 후예'에서 그 배경은 이라크의 우룩Uruk이라는 도시이다. 우룩은 역사적으로 매우 중요한 도시인데, 그 이유는 기원 전 3300년 경 이 도시에서 처음으로 쐐기 문자와 수레바퀴가 발명되었다는 것을 들 수 있다. 또 호머의 '일리아드'보다 1000년 이상 앞선 최초의 서시시인 '길가메쉬 서사시'의 주인공인 길가메쉬는 우룩의 왕이었다. 우룩은 당시 번성하던 수메르의 중요한 도시 국가들 중 하나였고 한 때는 인구가 5만에서 8만에 이르렀다고 한다. 이 도시 국가들은 성곽으로 둘러싸인 도시와, 목축을 하는 성곽 바깥의 초지 등으로 이루어졌고, 도시의 중요기능은 수호신을 모시는 신전과 사제 계급들에 의해서 행해졌다. 이 신전은 종교적인 기능뿐만 아니라 행정과 법의 집행기관으로서의 역할도 하였으며, 공동 저장소communal storehouse를 운영하여 주민들의 곡식을 저장/분배하는 관리자로서의 역할도 하였다(Jacobsen, 1976). 문자가 발명된 것은 도시가 팽창하면서 도시와 신전의 행정적인 관리에는 문자와 숫자를 통한 기록이 필수적이기 때

[그림] 여신 이난나는 끝이 8개인 금성으로 상징된다

문이었을 것으로 추측할 수 있다. 그런 이유로 문자가 발명되었어도 점토판에 남아있는 90% 이상의 기록들은 회계장부의 성격을 가지고 있으며 1000년이 지나서야 구전되던 신화, 송가, 서사시들을 기록으로 남기기 시작하였다. 각 도시 국가들에는 자신들만의 수호신이 있었는데, 마치 오늘날의 아이돌idol처럼 의인화된 수호신들 사이에는 가족관계, 친소관계, 경쟁관계도 있었다.

우룩의 수호신은 이난나Inanna라는 여신이었고, 그녀는 어머니 여신 계열의 신으로 사랑과 풍요의 여신이며 전쟁의 여신이기도 하였다. 여신의 상징은 여덟 개로 된 뾰족한 끝이 달린 샛별(금성, 비너스)이다. 여기서는 이난나 여신과 관련된 신화에서 읽을 수 있는 수의 상징적 의미를 생각해 보려고 한다.

인류가 쓴 최초의 신화들을 읽으면 흥미로운 내용들이 상당히 많다. 필자가 특히 재미있게 느꼈던 점은 수메르 인들에게 낙원이란 구약성서에 나오는 '에덴'동산과는 전혀 반대의 개념을 가지고 있다는 점이다. 그들에게는 도시가 자신들의 에덴이었다. 도시는 성벽으로 둘러싸인 안전한 곳이고, 자신들의 수호신이 거주하는 곳이며, 깨끗한 물이 있고 갓 구운 따뜻한 빵이 있는 곳이다. 반면에 도시 바깥의 초지에는 뱀과 하이에나와 같은 위험한 동물들이 있으며, 양떼를 치다 언제 산적들의 습격을 받을지 모르는 위험한 곳으로 생각했다는 점이다.

이난나 여신과 관련된 신화들은 여럿이 있는데, 그 중 하나가 계절의 변화를 설명하는 원형신화로 알려진 '이난나의 하강'과 문명의 여명기의 모습을 엿볼 수 있는 '이난나와 Me(메)들'이다. 수메르 신화에서 중요한 역할을 하는 Me는 문화의 발생(법률, 건축양식, 측정법, 직조기술, 연설, 예술, 왕권, 심지어 매춘과 승리나 진리와 같은 추상적인 개념에 이르기까지)에 관한 청사진을 기록한 신성한 문서 또는 점토판tablet을 의미한다[1].

'이난나의 하강' 신화에서는 수에 대한 여러 가지 상징을 읽을 수 있다. 현대인들의 수 개념과 어떻게 비슷한지 혹은 다른지 살펴보자.

어떤 이유인지 정확하게 설명되지는 않지만 이난나는 자신의 자매 여신인 에레쉬키갈Ereshkigal이 지배하는 지하세계로 내려간다(아마도 지하세계를 자신의 지배 영역으로 차지하려는 욕심이었을 수도 있다). 몇 문장만 짧게 살펴보려고 한다.

> From the Great Above she opened her ear to the Great Below.
> (위대한 높은 곳에서 그녀는 위대한 낮은 곳을 향하여 귀를 열었다)

우주를 하늘heaven, 땅earth, 그리고 지하세계netherworld의 세 권역으로 구분하는 것이 일반적이지만 메소포타미아 문학에서는 우주를 종종 '위와 아래above and below'로 이분한다. 여기서 '아래'는 인간이 거주하는 땅(지상)과 지하세계를 모두 포함하는 한 단위로 '위'와 대립되는 개념이다. 또한 '땅'은 중심부인 메소포타미아와 동서남북의 네 방위로 나뉘어져 있다.

> She gathered together the seven Me.
> With the Me in her possession, she prepared herself.
> (그녀는 일곱 개의 메를 모은 후, 그것들을 가지고 지하세계로 내려갈 준비를 하였다)

---

1. Kramer(1956)에 의하면 Me는 인간이 문명생활을 향유하기위해 필요한 지식의 총체를 의미한다. 그러나 Me의 개념은 수메르 시대 이후에는 나타나지 않는다.

그녀는 하강을 위하여 자신이 가진 일곱 개의 Me를 장신구와 의상으로 변화시켰다. 일곱 가지의 장식과 의상들은 그녀의 힘과 권위를 나타내기 위한 것이고, 왕족임을 나타내며, 그녀를 보호하기 위한 것이었다. 그런데 그것들 중 하나가 청금석lapis lazuli으로 만든 '자'였다. 이것은 당시에 이미 측량을 위한 도구가 만들어졌음을 의미하고 '자'가 신이나 왕권을 상징하는 도구라는 것을 알 수 있다. 그 후 여신은 지하세계를 방문하기 전에 자신의 집사이자 시종인 닌슈브르Ninshubur에게 자신이 삼일 후에도 귀환하지 않으면 하늘의 아버지 신들Enlil, Nanna, Enki에게 자신을 구해줄 것을 탄원하라고 당부한다.

지하세계로 내려가는 문은 총 일곱 개가 있었다. 그런데 이난나가 그 문을 하나씩 통과할 때마다 에레쉬키갈의 계략으로 자신의 Me를 하나씩 빼앗기고, 마지막에는 완전히 벌거벗은 채로 죽음의 여신과 대면한다. 이 싸움에서 이난나는 지게 되고, 지하세계의 재판관들에게 죽음의 선고를 받고 푸줏간의 고기처럼 매달린다. 삼일이 지나서도 이난나가 귀환하지 않자 시종장인 닌슈부르는 하늘의 신들을 찾아가서 탄원을 한다. 모든 신들이 도움을 거절하는 상황이 발생했지만 닌슈부르의 눈물어린 탄원에 마음이 움식인 아버지 계열의 신인 엔키의 도움으로 겨우 되살아난다. 그러나 이것은 조건부의 생환이었다. 여신은 자신의 몸값으로 누군가 다른 신을 지하세계에 대신 내려 보내야 했다. 이난나가 지하로 내려갈 누군가를 찾을 때까지 이난나의 앞뒤로 지하세계의 무시무시한 악령들이 그녀를 바짝 쫓아다니는 신세가 되었다. 이난나는 자기를 대신할 신들을 찾아 이 도시 저 도시를 헤매지만 모두들 그녀의 죽음을 슬퍼하고 울고 있었기에 차마 그들을 자기 대신 지하세계로 가라고 지목할 수는 없었다.

여기저기 헤매던 여신이 자신의 도시인 우룩으로 돌아오면서 목격한 것은 남편인 두무지(목축과 곡식의 신)가 이난나가 사라진 것을 아는지 모르는지 사과나무 아래서 멋진 옷을 입고 편안히 앉아있는 것이 아닌가! 분노에 찬 이난나는 옆에 있는 지하세계의 악령에게 '저놈!'하고 소리치며 자신의 남편을 몸값으로 내 주고 만다. 그러나 여신은 성급했던 자신의 결정을 곧 후회한다. 그 때 두무지의 여동생인 게슈티나나(포도주의 여신)가 지하세계로 가겠다고 자원해서 결국 두무지와 게슈티나나가 6개월씩 교대로 지하세계에 머물게 된다. 남편이 사라진 6개월(가을과 겨울 기간) 동안 이난나는 슬픔에 잠기고 애도하기 때문에 그 기간 동안 지상에서는 식물들이 자라지 않고, 동물들이 번식하지 못한다. 그러다가 봄이 되어 두무지가 귀환하면 다시 생명이 싹트고 번식할 수 있다. 결국 이 이야기는 계절의 변화를 설명하는 일종의 원형 신화인 셈이다. 이 신화는 후에 그리스 신화에서는 데메테르Demeter와 페르세포네의 이야기로 바뀌어서 나타난다.

이 신화에서 흥미로운 점은 이난나의 몸값에 관한 것이다. 그녀는 비중 있는 천상의 가계도를 가진 신이기 때문에 이난나의 몸값으로 누구든지 다른 한 명이 지하세계로 대신해서 내려오면 된다는 사고는 현대인들과는 사뭇 다른 점이다. 현대 국가에서라면 비중 있는 정치인이 적대국에 인질로 잡힌다면 그/그녀의 몸값은 일반인과는 많이 다를 것이기 때문이다. 수메르 인들에게 만인은 평등하다는 개념이 있었는지는 확실하지 않지만 그들에게는 양quantity의 개념은 발달했어도, 현대인들이 소유한 질quality의 개념은 아직 싹트지 않은 것으로 보인다.

또 다른 흥미로운 점은 숫자 3과 7, 8 등의 의미이다. 여기서 삼일 동안의 죽음이라는 모티브는 그리스 신화의 아도니스와 이집트의 신화에 나오는 오시리스의 귀환뿐만 아니라 구약에서 요나가 고래 뱃속에 머물렀던 기간, 그리고 그리스의 어머니 여신인 데메테르가 딸인 페르세포네의 죽음을 애도하는 데스모포리아Thesmophoria 축제 기간 등에서 반복적으로 나타난다. 이난나는 달의 신 난나Nanna의 딸이기 때문에 여기

[그림] 7개의 가지를 가진 유태인들의 촛대(Menorah)

서 삼일이 의미하는 것은 달이 뜨지 않는 삼일을 상징할 수도 있다. 당시에는 태양보다 달이 인간 생활과 더 밀접했기 때문에 아버지 신은 달의 신이고, 이난나의 오빠인 우투Uttu가 태양의 신이었던 것 같다. 그것은 후대로 내려오면서 태양의 신 우투가 달의 신보다 점차로 힘이 커지는 것을 통해서 읽을 수 있다.

이난나가 지하세계로 내려가기 위해서 모은 메Me는 일곱 개였고, 지하 세계로 내려가는 문도 일곱 개였다. 5000년 전의 인류는 이미 7이라는 숫자를 특별하게 여긴 것이다. 숫자 7은 한 주기나 사건이 완성되는 것을 의미하는 것 같다. 현대에도 많은 사람들이 7을 행운의 수lucky number로 여기는 이유도 신화 속의 주인공들이 일곱 가지의 시련을 겪은 후에 영웅이 되는 것과 관련이 있지 않을까? 그런 이유에서인지 수 비학numerology에서 7은 진실을 찾는 자, 구도자의 수로 상징되는 것이다.

숫자 3이나 7은 우리에게도 익숙한 숫자이지만 8은 왜 등장할까?

이난나의 상징인 비너스가 끝이 8개인 별로 묘사되는 데는 어떤 근거가 있는 것일까?

천문학적으로 지구가 태양을 한 바퀴 도는 데는 365.256일이 걸린다. 또 금성(비너스)의 공전 주기는 224.701일이다. 그러니까 금성이 태양을 공전하는 시간을 지구와 비교하면 $224.701/365.256 \approx 0.615187$년인 것이다. 그런데 이 숫자는 $8/13 \approx 0.615385$과 매우 가깝다. 이 식의 의미는 매 8년 마다 금성은 태양을 거의 13번 공전한다는 것이다(정확하게는 13.004 회가 된다). 그리고 이 8년 동안 금성이 지구에 가장 가깝게 다가

오는 횟수는 13−8=5회인데, 그 때마다 금성은 아래의 '비너스의 펜타그램pentagram(오각형 별)'이라고 불리는 궤도에서 3개를 건너 뛴 새로운 잎을 따라서 운행한다.

아래의 궤적을 자세히 살펴보면, 금성이 지구에 가장 근접할 때 우리는 금성을 태양 바로 앞에서 관찰할 수 있게 된다. 아래의 그림은 '비너스의 펜타그램(오각형 별)'이라고 불리는데, 그 이유는 지구에 접근할 때의 모양이 다섯 개의 잎 모양이라는 데서 온 것이다. 이것의 또 다른 별명은 '비너스의 장미'라고도 한다.

수메르 인들은 지구와 태양, 그리고 금성의 운행에 대하여 해박한 지식을 가지고 있었음에 틀림없다. '이난나의 지하세계 하강'은 서로 다른 수호신을 섬기는 두 도시국가 사이의 갈등을 기록한 정치적 사건일 수도 있지만, 천문학적 관점에서 보면 금성의 운행과 관련된 것이다. 금성이 태양에 가깝기 때문에 금성은 낮 동안에는 관찰할 수 없다. 그 대신 금성은 해가 뜨기 전에 동쪽이나, 혹은 해가 진 후 서쪽 하

[그림] 금성(흰색)의 공전 궤도. 지구는 노란 색으로 표시됨, Greg Egan(2014)

늘에서 관찰된다. 또한 태양과 금성과 지구가 한 줄로 서는 내합inferior conjunction이나 외합의 위치에서도 금성을 관찰할 수 없다.

고대 신화들이 천문학적인 혹은 역사적인 사실을 바탕으로 하고, 여기에 인간의 상상력을 동원하여 써졌다는 사실을 이해하면 신화는 그냥 고대인들이 심심풀이로 만든 이야기가 아니며 여러 가지 철학적 사유도 담겨있다는 것을 발견하게 된다. 또한 현대인들이 가지고 있는 수에 대한 신비주의적 사고도 실은 아주 먼 수메르 시대, 혹은 그것보다 더 이전에 이미 형성된 전통이라는 것을 이해하면 우룩이 먼 이국의 땅으로만 생각되지는 않을 것이다.

[그림] 수메르 신화에서 물의 신 Enki가 신들의 노동을 대신할 인간을 창조하여 안고 있는 모습

02

이집트의 파피루스에는 어떤 내용이 있을까?

이집트인들이 비옥한 나일 강 계곡을 따라서 정착하기 시작한 것은 기원 전 6000년경부터라고 알려진다. 이집트의 고대 역사는 상형문자hieroglyph로 기록되었기 때문에 오랫동안 해독이 어려웠지만 1799년에 발견된 로제타스톤Rosetta Stone의 해독 이후에 그 신비스러운 베일이 벗겨지기 시작하였다.

고고학자들은 고대 문명의 발달 정도를 이해하기 위해서 유적뿐만 아니라 그들이 사용한 문자와 수 체계, 그리고 측정 단위도 조사한다. 이집트도 초기 왕조Early Dynasty부터 파라오가 보낸 측량사들은 왕실 큐빗 자Royal Cubit Rod를 이용하여 길이와 나일 강의 수위를 측정 하였는데, 이 단위는 우리의 신체에 기초한 것이다. 예를 들면 엄지손가락과 다른 손가락을 한껏 벌인 길이palm(뼘)이나 팔꿈치부터 세 번째 손가락 끝까지의 길이에 기초한 단위인 큐빗cubit(1큐빗은 7 팜palm)을 이용하였다. 필자도 어릴 때 동네에서 친구들과 놀면서 뭔가의 길이를 재야 할 때는 손가락을 가지고 한 뼘 두 뼘하며 재던 기억이 있다. 18왕조의 유명한 투탄카멘Tutankhamen왕의 무덤에서도 왕실 큐빗이 부장품으로 발굴된 것을 보면 측정은 이집트 문명의 발달에서 중요한 역할을 한 것으로 보인다.

이집트의 수 체계는 바빌로니아와는 달리 10진법을 이용하였지만,

한편으로는 자릿수 개념은 사용하지 않았다. 이들은 적어도 기원 전 2700년경에는 십진법을 도입하여 사용한 것으로 알려진다. 이집트인들은 아래와 같은 상형문자hieroglyph를 이용하여 수를 나타냈는데, 1은 작대로, 10은 굽어진 뒤꿈치 뼈, 100은 꼬인 로프, 1000은 연꽃으로, 1만은 구부러진 손가락, 그리고 1백만은 하늘을 향해 손을 올린 신의 모습이다. 이집트 수 체계에는 자릿수 개념이 없기 때문에 100만은 하나의 기호로 나타낼 수 있지만 100만 보다 하나 작은 수를 나타내기 위해서는 54개의 문자를 사용해야만 하였다.

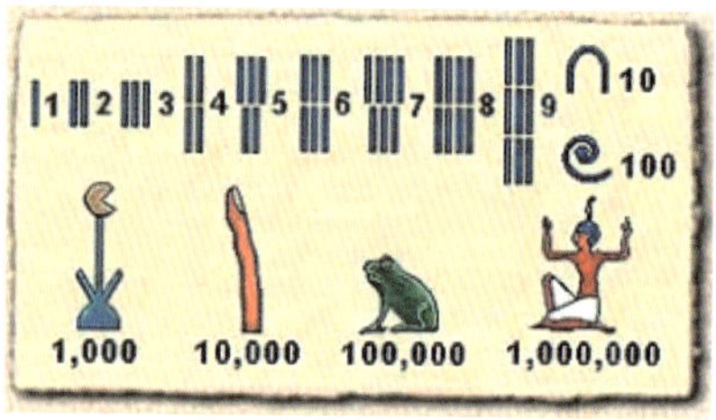

source : discoveringegypt.com

고대 이집트로부터 전해오는 가장 오래된 수학 텍스트 중에는 기원 전 1800~2000년경에 작성된 모스크바 파피루스와 기원 전 1650년경으로 추정되는 린드 파피루스, 베를린 파피루스 등이 있다.

린드 파피루스(아모세 파피루스)

"...을 추구하는 자들에게 정확한 계산법과 존재하는 모든 것에 대한 통찰과 감춰진 모든 비밀에 대한 ...지식을 알려주노라..."로 시작하는 린드Rhind 파피루스의 이야기를 먼저 소개하려고 한다.

린드 파피루스는 기원 전 1650년 경 필경사scribe인 아모세Ahmose(혹은 아흐메스)가 히코스Hykos 왕의 후원을 받아서 작성한 것인데, 그것을 처음 구입한 스코틀랜드의 골동품 수집가인 알렉산더 린드의 이름을 따라서 그렇게 부르는 것이다. 그러나 최근에는 저자의 이름을 따서 아모세 파피루스로 부르자는 주장이 나온다.

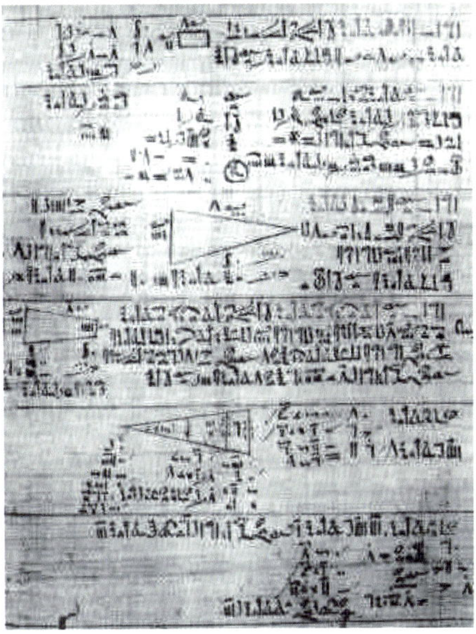

[그림] Rhind papyrus(British Museum 10057, London)

아모세 파피루스는 당시의 응용 수학적인 지식을 모아 놓은 일종의 안내서handbook이다. 여기에는 곱셈과 나눗셈을 수행하는 방법이나, 기하평균과 조화평균, 일차 방정식의 해법 등이 포함돼 있다. 또 린드 파피루스에는 계산에 보조적으로 사용하기 위한 많은 표와, 필경사들을 트레이닝 시키기 위한 것으로 추측되는 문제들 87개를 담고 있다.

그런데 이 문서에 포함된 문제들은 매우 실질적인 것들이다. 예를 들면 일꾼이 운반한 통나무의 개수를 통해서 노동이 얼마나 효율적인가를 계산한다든지, 맥주의 도수를 측정하는 문제들이 포함된다. 파피루스에는 원의 면적을 근사적인 원주율을 이용해서 구하는 것도 포함돼있다. 이들이 사용한 π의 근삿값

$$\pi \sim 256/81 \sim 3.1604$$

는 당시 수준을 생각하면 꽤 괜찮은 근삿값이라고 평가된다.

그렇지만 이집트 수학의 특징은 논리적인 증명의 수준은 아니고, 알

고리즘을 따라서 문제를 어떻게 푸는지와 같은 실질적이고 응용적인 면을 주로 다루었다. 아직 거리나 면적, 부피 등을 나타내는 상징적인 기호가 사용되지는 않았고, 문제들은 서술적으로 표현하는 수준이었다.

린드 파피루스의 80번 문제

곡식의 부피를 heqat(혹은 hekat로 약4.8리터에 해당하는 측정 단위)으로 측정한 다음에 그것을 작은 단위(henu)로 나누라는 문제다.

이집트 달력의 유래

고대 이집트인들은 초기에는 1년을 12개월(1달=30일), 즉 1년=360일로 고안한 달력을 사용하였다. 그러다가 4000B. C. 부터는 5일을 추가하여 태양력과의 오차를 줄이려고 노력하였다. 이집트의 신화에 따르면 1년은 원래 바빌로니아의 전통대로 360일이었다. 어느 날 태양의 신 '라Ra'는 지혜의 신 '토트Thoth'에게 자기의 미래가 어떻게 될지를 물어보았다. 토트는 미래를 볼 수 있는 예지력을 갖고 있는 신이기 때문이다. 그런데 토트는 실망스럽게도 라Ra의 통치는 막을 내릴 것이며 누트

Nut 여신의 아들이 그의 계승자가 될 것이라고 말하였다. 라Ra는 저주를 내려서 누트Nut 여신이 어떤 날에도 임신을 할 수 없도록 하였다. 누트 여신이 임신을 하지 못하면 자신의 왕관을 내놓는 일은 없을 것이라는 논리였다. 누트 여신은 토트에게 도움을 청하였고 토트는 누트여신이 자신과 결혼한다고 약속하면 그 청을 들어주겠다고 하였다. 누트 여신의 약속을 받은 토트는 달의 신 콘수Khonsu를 찾아가서 큰 판돈을 놓고 도박을 하자고 꼬드겼다. 달의 신은 판돈으로 자신의 빛을 걸고 내기를 하였는데 결국 토트가 이겨서 그는 달의 빛의 $\frac{1}{72}$, 즉 $\frac{360}{72}=5$일을 받아냈다. 토트는 그 5일을 1년의 마지막과 다음 해 사이에 끼워 넣었다. 이 날들은 저주가 적용되지 않기 때문이다. 그 덕에 누트는 임신을 할 수 있었고, 오시리스와 이시스, 세트, 네프티가 태어나게 되었다고 한다. 후에 오시리스의 아들인 호루스가 세트Set와 싸워서 지고 세트가 호루스의 눈을 삼켜버렸을 때, 그 눈을 찾아서 돌려준 신도 토트로 그는 이집트에서는 달력과 과학, 수학, 문자를 만든 신으로 알려진다.

토트는 따오기의 머리를 한 형태로 종종 묘사된다. 한 손에 파피루스 두루마리를 지니고 있다(좌). 오른쪽은 고대 이집트의 달력으로 시리우스 행성의 운행을 나타낸다.

[그림] 지혜의 신 Thoth와 고대 이집트 달력

출처 : randomhistory.com/calendar-history.html

이집트에서 기하가 발전하게 된 요인 중에는 나일 강의 범람도 있다. 파라오는 백성들에게 동일한 넓이의 경작지를 나누어 주고 여기서 세금을 징수하였다. 그런데 강이 범람하여 경작할 땅이 사라지게 되면 땅의 소유자들은 감소한 땅에 해당하는 만큼의 세금의 감면을 요구하게 된다. 그래서 왕은 측량사를 파견해서 소실된 땅을 정확히 측량하도록 시켰고 이것이 기하적인 측량을 정확히 하기 위한 수학과 기술을 발전시키는 계기가 되었다고 역사가인 헤로도투스는 전하고 있다.

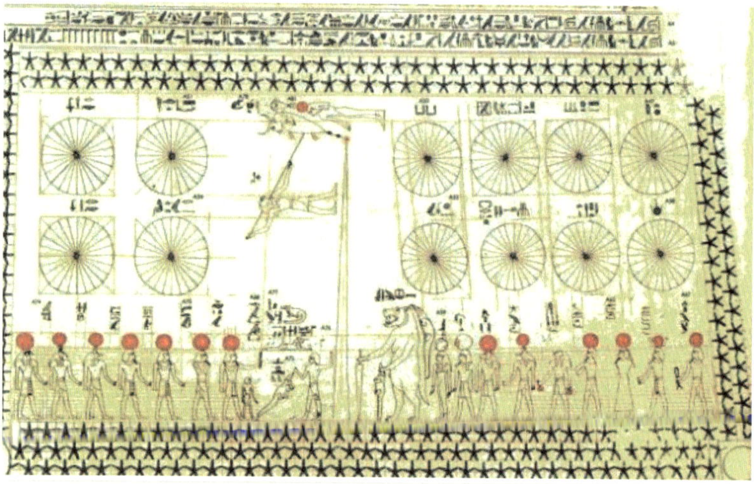

Calendar Senenmut-Grab

[그림] 고대 이집트 제 18왕조 때의 관료이자 건축가인 Senemut의 무덤에 그려진 천문학적 달력, 남쪽과 북쪽 하늘을 나타낸다, 위치: 테베)

이집트 분수

아모세 파피루스에는 87개에 달하는 문제들이 포함돼 있었지만 수학자들이 가장 놀랐던 것은 다음처럼 분수를 전개한 일종의 참조 표였다.

이것은 몇 덩어리의 빵을 여러 명에게 균등하게 나누어주는 나눗셈 문제에 대한 답을 제시한 것이다. 아마도 이집트의 빵은 아주 길어서 여러 명이 나누어 먹어도 문제가 없는 듯하다.

분수 표는 현대의 수학자들도 아직 완전히 이해하지 못하는 내용이다. 이집트인들은 $\frac{2}{3}$와 $\frac{3}{4}$을 제외하고는 모든 분수들은 모두 분자가 1인 경우로 바꾸어 사용하였다.

이집트 분수표의 예들

$\frac{2}{15}=\frac{1}{10}+\frac{1}{30}$　　$\frac{5}{8}=\frac{1}{2}+\frac{1}{8}$

$\frac{2}{11}=\frac{1}{6}+\frac{1}{66}$　　$\frac{2}{13}=\frac{1}{8}+\frac{1}{52}+\frac{1}{104}$

이 방식에 따르면 두 덩이의 빵을 11명이 나누려면 각 사람은 $\frac{1}{6}$과 $\frac{1}{66}$을 가지면 된다는 의미로 해석할 수 있다.

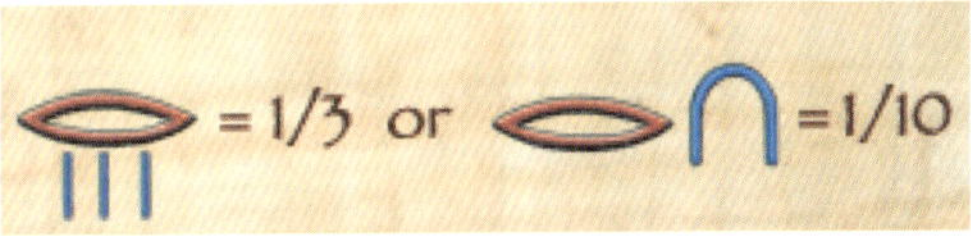

분수에 대한 기호는 위처럼 수 위에 계란형을 올려놓는 것이다. 이 계란형은 '입'을 상징한다. 위의 그림에서 오른쪽도 10위에 계란형을 그린 것이니까 $\frac{1}{10}$을 나타낸다.

도대체 이집트인들은 왜 이런 전개식을 사용한 것일까? 이런 표현을 가능하게 하는 알고리즘은 무엇이었을까? 이것이 어떤 실질적인 도움을 주었을까? 하는 질문들이 현대의 수학자들에게 계속 떠올랐다.

이집트 분수를 사용하는 것은 확실히 실용적인 면은 있다. 예를 들어 두 분수 $\frac{4}{5}$와 $\frac{3}{4}$의 크기를 비교할 때는 표를 보면 된다.

$$\frac{4}{5}=\frac{1}{2}+\frac{1}{4}+\frac{1}{20}$$
$$\frac{3}{4}=\frac{1}{2}+\frac{1}{4}$$

그러니까 $\frac{4}{5}$가 $\frac{1}{20}$만큼 큰 것임을 계산 없이 표에서 알 수 있다. 이로운 점은 또 있다. 이런 분수 표현은 n개를 k개로 균등하게 나눌 때도 도움이 된다. 손님이 8명 왔을 때 5판의 피자를 시켜서 균등하게 먹는 방법은 표에서

$$\frac{5}{8}=\frac{1}{2}+\frac{1}{8}$$

을 이용하면 모든 손님이 피자를 절반씩 먹고(이렇게 하면 네 판의 피자를 사용했다), 나머지 한판은 $\frac{1}{8}$씩 먹으면 될 것이다. 이것이 5판의 피자를 모두 8등분 하는 것보다는 훨씬 단순할 수도 있다.

수학자 André Weil은 '이집트인들이 분수를 위와 같은 방식으로 표현한 이유가 무엇이라고 생각하는가'라는 질문에 "그들은 잘못된 길로 돌았다"고 대답했지만 당시의 이집트인들은 그때까지 하나의 양을 두 개의 변수, 즉 분모와 분자를 이용해서 표현한다는 생각을 하지 못했을 것이라는 설명이 좀 더 그럴듯하다. 마치 모든 자연수가 $\frac{n}{1}$의 형태인 것처럼, 그들에게 모든 분수는 $\frac{1}{n}$ 형태여야 했던 것 아닐까?

아모세 파피루스는 농업에 기초한 사회에서 요구되는 여러 가지 행정적인 필요성을 반영한 것으로 볼 수 있다. 파피루스는 다음과 같은 농부의 기도문으로 끝난다. "해충과 쥐를 없애주시고, 해로운 잡초를 소멸해 주소서; 태양신 '라Ra'께 바람과 물과 열기를 주기를 기원하나이다."

이집트 방식으로 빵 세 덩어리를 다섯 명이 나누는 방법

처음 두 덩이는 삼등분한다.

다섯 명이 각각 1/3 씩
가지면 1/30이 남는다.

세 번째 덩이는 5등분한다.

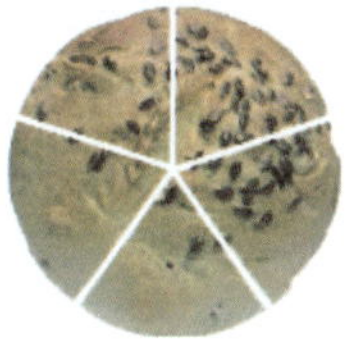

남은 1/3을 다시 5등분한다.

그러면 각 사람은 다음처럼 갖게 된다.

1/3 + 1/5 + 1/15 = 3/5

모스크바 파피루스

이집트인들이 수학을 사용했다는 가장 오래된 증거를 보여주는 것이 모스크바 파피루스이다. 이것은 1850B. C. 무렵의 제 12왕조 때 작성된 것으로 25개의 수학 문제를 포함하고 있다. 1892년에 고대 이집트학자인 블라디미르 골레니쉬체프Vladimir Golenishchev가 테베에서 이 파피루스를 이집트 밖으로 가져갔기 때문에 모스크바 파피루스라고 불리게 되었다. 모스크바 파피루스는 모스크바의 푸쉬킨 박물관에 소장되어 있는데, 그 후 1930년에 박물관의 소비에트 동방학자인 바실리 바실리에비치 스트루브에 의해서 25개의 문제로 분류되었고 해답도 작성되었다.

필자의 개인적인 생각으로는 모스코바 파피루스가 어떤 점에서는 더욱 놀랍다. 여기에 포함된 문제의 양은 아흐메스 파피루스 보다 많지는 않지만 거기에는 이미 제곱근(√)을 구하는 문제가 포함되어있기 때문이다. 유럽에서는 15세기가 되어야 비로소 지식인들이 아라비아 숫자로 사칙연산을 했던 것을 생각하면 더욱 그렇다.

모스코바 파피루스에서는 제곱근(√)을 나타내기 위하여 아래의 기호를 사용하였다.

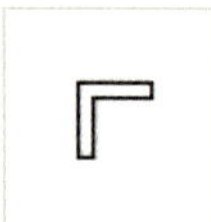

자세히 관찰하지 않아도 우리가 현재 사용하는 √과 매우 흡사하다고 보인다.

아래 그림의 문제는 모스크바 파피루스에 수록된 문제 6번의 내용이다. 여기서는 직사각형의 넓이가 12로 주어진다. 그리고 직사각형의 폭 (w)이 길이(l)의 $\frac{3}{4}$배라는 것을 알려주고 길이와 폭을 구하는 문제이

모스크바 파피루스에 수록된 문제 6번의 내용

소스 : http://mathstat.slu.edu/EscherMath

첫 째 줄 해독: 직사각형을 계산하는 예제를 보라.

두 번째 줄 해독: 만일 누군가가 당신에게 직사각형의 넓이가 12이고, 폭은 길이의 $\left(\frac{1}{2}\ \frac{1}{4}\right)$, 즉 $\frac{3}{4}$ 이라고 했다. 이 때 길이를 구하여라.

세 번째 줄 해독: $\left(\frac{1}{2}\ \frac{1}{4}\right)$로 부터 1을 만들어라. 답은 $\left(1\frac{1}{3}\right)$, 즉 $\frac{4}{3}$ 이다.

네 번째 줄 해독: 넓이 12에 $\frac{4}{3}$를 하라. 그러면 16이 된다.

다섯 번째 줄 해독: 길이는 4이고, 폭은 3이다.

다. 이런 유형의 문제는 현대식 교육을 받는 학생이라면 방정식을 세워서 중학교 수준에서 해결할 수 있다. 대수식을 이용하면 직사각형의 넓이는 $wl=\left(\frac{3}{4}l\right)l=12$ 이다.

이제 양변에 $\frac{4}{3}$를 곱하면 $l^2=16$ 이 되고, $l=4$를 얻는다. 그리고 $w=\frac{3}{4}(4)=3$ 이다. 이집트인들은 이런 문제를 어떻게 풀었는지는 위의 그림과 설명으로 살펴볼 수 있다.

03
숫자의 발명

잠시 시간을 건너뛰어서 15세기 유럽으로 무대를 옮겨보자. 만일 여러분이 독일의 상인이고 당신의 자녀가 아버지의 뒤를 이어서 무역 분야에서 커리어를 쌓기를 원한다고 가정하자. 이 때 친분이 있는 교수가 있다면 당신의 자녀가 덧셈과 뺄셈을 배울 수 있는 괜찮은 독일의 대학을 추천해 줄 수 있을 것이다. 그런데 당신이 "곱셈과 나눗셈도 그곳에서 배울 수 있나요?"라고 물으면 그 교수는 "그런 '고급 수학'은 이 근방의 대학에서는 배울 수가 없습니다. 그런 연산을 배울 수 있는 유일한 곳인 이탈리아로 유학을 가야 할 것입니다"라고 대답했을 것이다. 황당하게 들리지만 이것이 당시 대부분의 유럽 국가들의 상황이었다.

우리에게 '몽테뉴 수상록'으로 잘 알려진 미셸 몽테뉴Michel de Montaigne는 프랑스의 보르도 지방에서 시장을 역임했고, 당대에는 가장 학식이 높은 인물 중 하나로 꼽혔지만 1588년(아직 유럽에서 십진법이 널리 도입되기 이전이다)에 "나는 아직 조약돌counter을 가지고 계산을 할 줄 모릅니다."라고 고백하였다. 그가 기초적인 산술을 할 수 없었다는 뜻이다.

알렉산드리아에서는 문명이 화려하게 발달했고, 아르키메데스도 알렉산드리아로 유학을 갔었지만, 이집트, 그리스, 로마 모두 자리 값(10의 자리, 100의 자리, 1000의 자리 등)이라는 개념에 근거한 수 체계를 가지고 있지 않았기 때문에 이로 인해서 유럽의 수학은 17세기의 계몽주의 시기가 올 때까지 거의 2000년 동안 정체되었다.

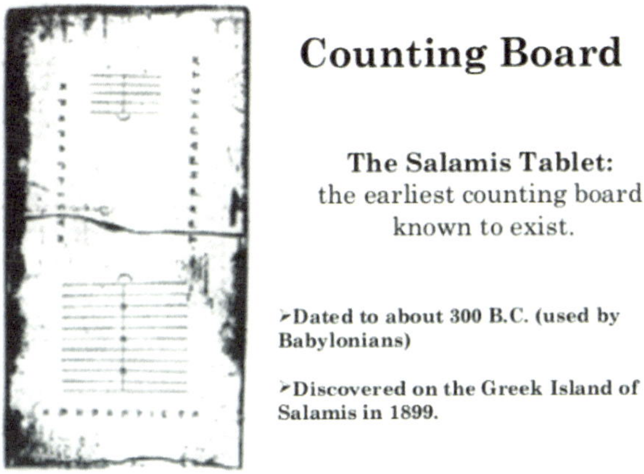

[그림] 현존하는 가장 오래된 살라미스 계산 판. B. C. 300 경으로 추정되며 바빌로니아에서 사용한 것으로 알려진다. 주판의 전신이다.

로마의 수 체계는 유럽으로 퍼져 나가서 500년 이상 사용되었지만, 오늘 날 추앙받는 로마의 수학자는 한 명도 없다는 사실을 생각하면 매우 의외다. 로마가 기원 전 212년에 그리스를 침입해서 아르키메데스를 살해한 사건은 역사적으로는 수학의 발달도 중단시킨 것으로 평가받는다. 로마의 수 체계는 너무 복잡해서 실제적인 계산은 주판의 전신인 계산 테이블을 사용해야 했다.

[사진] 계산 테이블(Musee de l'Oeuvre Notre Dame in Strasbourg).

[표] 로마 숫자 표

1	I	14	XIV	27	XXVII	150	CL
2	II	15	XV	28	XXVIII	200	CC
3	III	16	XVI	29	XXIX	300	CCC
4	IV	17	XVII	30	XXX	400	CD
5	V	18	XVIII	31	XXXI	500	D
6	VI	19	XIX	40	XL	600	DC
7	VII	20	XX	50	L	700	DCC
8	VIII	21	XXI	60	LX	800	DCCC
9	IX	22	XXII	70	LXX	900	CM
10	X	23	XXIII	80	LXXX	1000	M
11	XI	24	XXIV	90	XC	1100	MC
12	XII	25	XXV	100	C	1500	MD
13	XIII	26	XVI	101	CI	1700	MDCC

예: 1975 = MCMLXXV(M=1000, CM=900, 70=LXX, 5=V)
예: 2017 = MMXVII(MM=2000, 17 =XVII)

중세기 동안 유럽인들은 위와 같은 계산 테이블counting table을 사용하였다. 유럽의 왕들은 이런 계산 테이블을 궁중의 깊숙한 방 어느 곳에 모셔두고 때때로 자신의 재산 상태를 점검했을 것이다. 그런데 그것 초차도 사실은 유럽인들의 발명이 아니고 바빌로니아로부터 전래된 것이다.

우리가 사용하는 0부터 9까지의 숫자들은, 인도에서 서기 540년 이전에 이미 발명되어서 사용되어오다가 아랍 권으로 유입된 것이다. 인도인들이 십진법에 익숙하다는 증거는 458년 8월 28일(굽타 왕조)에 출판된 천문학 서적인 Lokavibhaga Parts of Universe에서 읽을 수 있다. 이 책의 내용 중에는 당시의 상세한 천문학적 사실들이 수록되어 있기 때

[그림] 예수의 제자인 마태(Matthew)가 동전을 계산 판(counting table)에서 세는 장면(Caravaggio, 1599)

문에, 현대의 학자들은 이 책이 출판된 날짜가 정확하게 458년 8월 28일이라는 것을 입증할 수 있었다. 그 후 498년 인도 수학자 아리아바타Aryabhata가 산스크리스트 어로 저술한 책은 현대적인 십진법 체계의 기원으로 알려진다. 아리아바타는 수 단어를 사용하여 "자리의 앞에 자리를 놓는 것은 10배를 하는 것이다Sthanam sthanam dasa gunam, place to place is ten times in value"라고 말했다. 그가 쓴 수학 책 아리아바티야Aryabhatiya는 108편의 운문으로 이루어졌으며 여기에는 대수, 삼각법, 이차방정식, 사인 함수 테이블, 원주율 π에 대한 근삿값을 3.1416으로 사용하고 있다. 그는 π가 무리수라는 것을 당시에 깨달은 것으로 보인다.

인도문명에는 정복이나 전쟁에 치중하던 로마와는 다른 형태의 사회적 요구가 존재한 것 같다. 기원 전 2600년 이전에 나타난 하라파Harappa 문명기부터 이들은 상업과 물물교환 쪽으로 방향을 틀었기 때문에, 인도에서 무게와 측량을 위한 체계를 발전시킨 것은 매우 자연스러울 수 있다. 초기의 산스크리스트 어로 써진 책들에는 무역이나 복잡

[그림] 아리아바타(476~550) PUNE 대학 캠퍼스에 세워진 동상

한 사회적 관계에서 요구되는 계산문제들, 예를 들면 세금이나 빚, 이자, 물물교환, 또는 금의 순도의 계산, 동업자 관계들로 가득 차있다(David Osborn). 그러니까 수메르에서 최초로 문자가 발명된 것이 도시가 팽창하면서 복잡한 행정적인 문제의 처리나 기록의 필요성에 의한 것처럼 인도에서 숫자가 체계적으로 발전한 것도 그 문명의 요구를 반영한 것으로 보아야 할 것이다.

인도의 수 체계에서 가장 놀라운 점은 수들이 더 이상 구체적인 물체, 예를 들면 손가락이나 막대, 혹은 조약돌과 같은 물리적인 대상과의 연결 없이 추상적인 개념으로 사용되기 시작했다는데 있다. 인도-아라비아 숫자에서는 그것이 나타내는 시각적이거나 피타고라스적인 관련성을 찾을 수 없다. 수와 구체적인 대상과의 연결이 깨져야만 비로서 인간은 무리수 π나 i와 같은 허수를 생각할 수 있는 잠재력을 갖게 되기 때문이다.

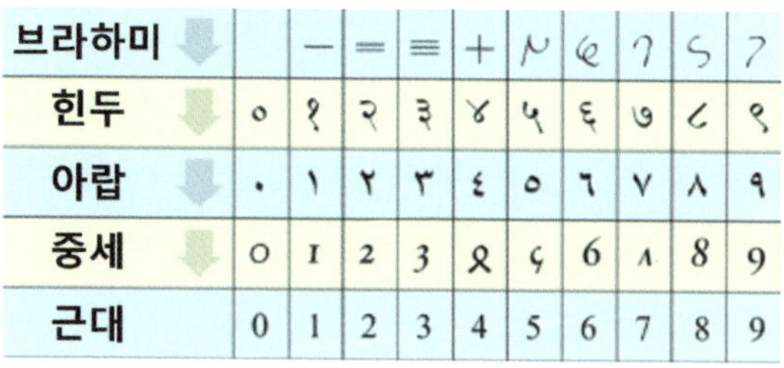

[그림] 인도-아라비아 숫자의 변천(archemedes-lab.org)

숫자 0의 발명도 무척 획기적인 것이다. 0을 나타내기 위해서 작은 원으로 표시했다는 것을 보여주는 첫 번째 기록은 876년 인도의 그왈리오Gwalior 지방의 한 사원에서 새겨진 명문으로 발견되었다. 여기에는 '기도의식을 위하여 화원에 꽃을 심었고, 충분히 많은 꽃을 심었는지를 확인하기 위하여 계산이 필요했다'고 적혀있다. 그 명문의 20번째 줄에는 50 송이의 꽃과 270이라는 숫자가 0을 사용해서 기록되어 있다. 인도인들이 당당히 내놓는 증거인 셈이다. 인도에서 일찌감치 사용한 아홉 개의 숫자와 0의 사용은 그들의 과학과 천문학에 새로운 지평을 열어주었다. 그런 이유로 인도의 천문학은 유럽보다 수 세기 앞섰던 것으로 평가받고 있다.

생각해 보면 0은 두 가지 다른 방식으로 사용된다. 예를 들자면 105에 나타나는 0은 십의 자리가 비어있음을 의미한다. 그렇지만 105는 15와는 다르다. 그러니까 0은 그 자체로 '없는 수'를 나타내며 동시에 없는 것이 존재한다는 것을 나타낸다. 이것은 매우 획기적인 발견이고 우리가 수 체계를 배우는 것이 힘든 지적 활동인 이유이기도 하다. 브로카 형 실어증 환자들은 이 두 가지를 구분하지 못하기 때문에 125를 불러주면 100205로 받아쓴다. 구체적이고 물리적인 사물을 통해서 수를 나타내던 관행을 버리고 추상화의 세계로 들어섰기 때문에 수학이 '보이지 않는 것을 보여주는' 학문이 된 이유라고 필자는 생각한다.

바빌로니아와 마야의 0과는 달리 인도의 0이라는 기호는 '아무 것도 없음nothing'을 의미하는 것으로 발전되었다. 고대 그리스 인들은 0을 숫자로 간주할 수 있는가에 대하여 회의적이었다고 한다. 그들은 "어떻게 아무 것도 없는 것nothing이 무엇something이 될 수 있는가?"라고 자문하였다. 이러한 의심은 철학적인 질문으로뿐 아니라 종교적인 논쟁으로도 이어졌는데 0과 진공vacuum의 존재에 대한 본질적인 문제를 해결해야만 그들은 한 발자국이라도 내딛을 수 있는 형편이 되 버린 것이다.

인도의 0과 십진법을 사용한 새로운 수학이 아랍 세계로 도입되고 유럽으로 퍼져나갈 때, 이것들은 손쉬운 계산 방법일 뿐만 아니라 특권적인 지식, 또는 비밀 암호처럼 여겨졌다. Zero 혹은 0은 산스크리스어의 '수냐sunya'가 아랍어로는 'safira'로 번역되었다가 그 후 프랑스어에서 사용된 zéro로부터 온 것인데, 그 의미는 '텅 빔empty'을 의미한다. 불교에서 도를 닦기 위한 방법으로 자기 자신을 비우는 수련을 Sunyata라고 부르는데, 이런 수련은 기원 전 300년 경 부터 알려져 왔다.

초기 기독교의 세계관은 아리스토텔레스의 철학에서 유래한 것이 상당히 많다. 그들은 지구가 우주의 중심이라고 여겼으며, 지구의 움직임은 스스로는 움직이지 않지만 다른 것을 운행하게 하는 존재unmoved mover인 신에 의한 것으로 생각하였다. 이러한 우주관에서는 '텅 빔'이라는 개념이 들어설 자리가 없었던 것이다. 그러나 인도나 동양의 철학에서는 우주의 윤회나 탄생과 소멸이라는 끝없는 사이클을 뿌리 깊게 이해했기 때문에 0을 이해하는 것이 어렵지 않았다는 것이 역사가들의 해석이다. 그래서 이 0이라는 숫자와 그것과 관련된 모든 것은 중세 유럽에서는 비밀스럽고 신성을 모독하는 위험한 암호처럼 여겨졌다. 1348년 파두아Padua 대학의 교회 재판소에서는 책의 가격을 암호(인도-아라비아 숫자)를 이용해서 표시하는 것을 금지했고, 인도-아라비아 숫자는 공식적인 문서에서 사용이 금지 되었다. 그리고 카톨릭 교회는 이것을 어길 경우에 죽음도 가차 없이 선고하였다.

그러나 이와는 대조적으로 십진법이 아랍 권에 도입되자 아랍의 학자들은 그것의 편리함과 단순함에 경탄하면서 이 인도의 수 체계를 적극적으로 환영하였다. 그리고 아랍의 학자들은 이렇게 편리한 수 체계를 발명한 인도인들에게 칭찬과 명예를 주는데도 결코 인색하지 않았다. 하지만 유럽은 대처하는 방식이 많이 달랐다. 영국은 인도를 지배하면서 인도의 근원은 아리안 족Arian Invasion Theory이라는 이론을 내 세웠는데, 결국 이런 주장은 인도의 정신, 특히 수학이 유럽에 기원을 둔다는 것을 강조하려는 숨은 의도도 있는 것 같다. 수학의 역사에서도 이런 식의 역사 왜곡을 수 없이 보게 된다. 피타고라스 정리는 피타고라스보다 1000년 이전에 이미 이것을 사용한 바빌로니아에 명예를 주는 것이 옳고, 로그는 스코틀랜드의 네이피어가 발명했다고 배웠지만 인도에서는 그 보다 천 년 전에 이미 밑이 2인 로그를 사용하였다. 또 우리가 린드 파피루스라고 부르는 것은, 그 저자가 엄연히 아모세Ahmes라고 서명이 되어 있는데도 골동품 수집상의 이름인 린드Rhind를 계속 고집한다. 이것은 마치 유명한 화가의 그림을 화가 이름 대신에 작품을 전시한 갤러리 주인의 이름을 붙이는 것과 같은 경우다. 아!, 생각나는 것이 하나 더 있다. 파스칼의 삼각형도 그 보다 훨씬 먼저 중국과 인도에서 사용했다.

아래의 그림은 동전이 아니고 계산 테이블에서 조약돌 대신 사용하던 합금 코인으로 제톤jetton이라고 부른다. 이런 것들이 무더기로 발견되었을 때, 불법 도굴업자들의 숨이 잠깐이나마 멈췄을 것이다. 금이 아닌 것을 알고 실망했겠지만...

영국식 제톤(에드워드 III세)

프랑스 제톤

중세의 금융업자인 이탈리아의 은행가들은 환전 업무를 위해서 오랫동안 계산 테이블을 사용하였다. 만일 그들이 속인 것이 들통 날 경우에는 그들의 계산 테이블이 부서졌고, 그들은 환전 업무를 더 이상

[그림] 교황 Sylvester II세와 사탄

볼 수가 없었다. 이것을 banka-rukta라고 불렀는데 여기서 파산하다는 뜻인 bankrupt(뱅크럽트)가 유래되었다고 한다.

유럽인들이 인도-아라비아 숫자를 사용하는 것을 더 꺼림직 하게 여기도록 만든 것은 우리가 추측할 수 있는 것처럼 이것이 아랍으로부터 전래되었다는 점도 강하게 작용한다. 사실 교황 Sylvester II세는 999년에 스페인의 수도원에서 아랍권의 문서를 읽어보고는 자신의 계산 테이블에 사용하기 위해서 앞 쪽의 제톤과 같은 토큰과 인도 숫자들을 도입하였다. 그러나 이런 시도는 완강한 저항에 부딪쳤는데, 한쪽에서는 자신들의 전통적인 기술이 이제는 쓸모없는 것으로 전락하는 것을 두려워하는 회계사들과, 또 한쪽에서는 교황이 이슬람 국가를 방문해서 악마의 셈법을 배운다는 루머를 듣고 화들짝 놀란 성직자들이 있었다. 교황이 마법사이며 자신의 영혼을 사탄인 루시퍼에게 팔았다는 소문은 오랫동안 잠들지 않았고, 결국은 1648년에 교황청에서는 Sylvester II세의 관을 열어서 그가 사탄의 힘에 굴복하지 않았다는 것을 입증하기도 하였다(어떤 식으로 입증하였는지는 잘 모르겠다).

이렇게 중세 유럽에서 대부분의 서민들은 학문을 접할 기회가 없었고, 인도-아라비아 숫자를 이용하여 계산하는 데는 값비싼 필기도구도 필요했기 때문에 주판이 오랫동안 사용될 수밖에 없었다.

드디어 1400년대가 되서야 인도-아라비아 숫자는 최소한 학자들 사이에서는 널리 유통되는 단계에 이른다. 코페르니쿠스나 갈릴레오, 케플러, 뉴턴 등도 계산을 손쉽게 해주는 십진법에 기초한 인도-아라비아 숫자의 도움이 없었다면 자신들의 업적을 이루는데 훨씬 더 오랜 시간을 필요로 했을 것이다.

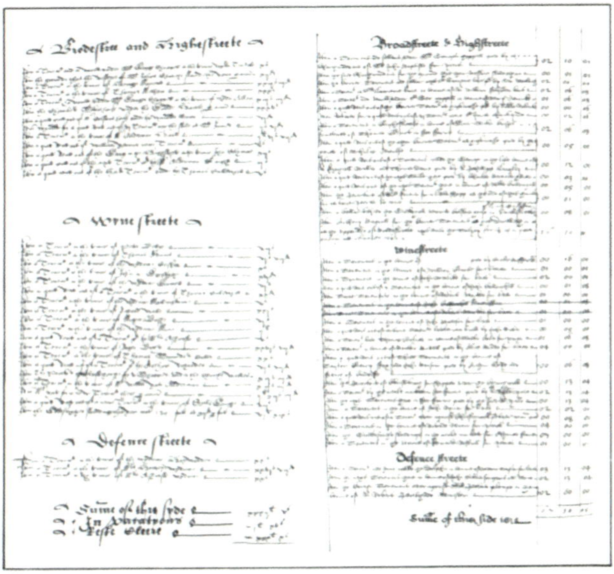

[그림] 왼쪽은 1599년 영국 Bristol 지역에서 작성된 계약서로 로마자를 이용한 것이고, 오른쪽은 동일지역에서 1640년 작성된 계약서로 인도-아랍 숫자를 사용했다.(//ds.haverford.edu/bitbybit/bit-by-bit-contents/chapter-one/from-the-abacus-to-hindu-arabic-numerals/)

04

2000여 년 동안 서양 정신을 지배한 유클리드 기하

'기하학의 아버지'라고 불리는 그리스의 수학자 유클리드Euclid(BC 300경)는 수학적인 이론을 펼쳐 나갈 때 자명한 진리라고 부르는 공준AXIOM(또는 postulates)에서 출발해서 논리적인 규칙을 따라가면서 증명하는 연역적인 방법론을 최초로 세운 사람이다. 100년 이상 유럽에서 기하학에 관한 대표적인 저서로 사용된 "원론Elements[2]"은 8세기 말에는 여러 경로를 거쳐서 아랍어로도 나타났고, 1482년에 처음으로 출판된다. 13권으로 되어있는 이 책은 23개의 정의definition와 다섯 개의 공준으로부터 출발해서 465개의 명제propositions로 구성된다. 그 중에서 네 개의 공준을 살펴보면 매우 간단해서 별다른 의문의 여지가 없어 보인다.

유클리드의 공준

(1) 두 점을 연결하는 직선을 그릴 수 있다.
(2) 유한한 직선을 계속 연장할 수 있다.
(3) 한 점을 중심으로 하고 반지름이 주어질 때 원을 그릴 수 있다.
(4) 모든 직각은 크기가 같다.

---

2. 이 책의 저자는 유클리드이지만 상당 부분은 피타고라스(I, II권), 키오스 출신의 히포크라테스(III), 에우독소스(V), 그리고 나머지는 피타고라스학파나 아테네 수학자들로부터 유래한 것으로 추측된다.

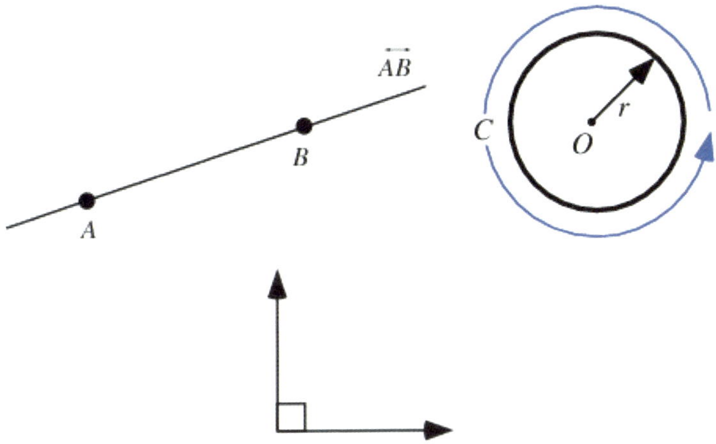

그런데 다섯 번째 공준은 무척 길다. 일단 제 5 공준을 소개한다.

(5) 두 직선과 만나는 다른 한 직선(L)이 있을 때, 이 두 직선이 L과 (같은 쪽에서)만드는 각의 합이 180도 보다 작으면, 이 두 직선을 계속 연장하면 두 직선은 궁극적으로 만난다.

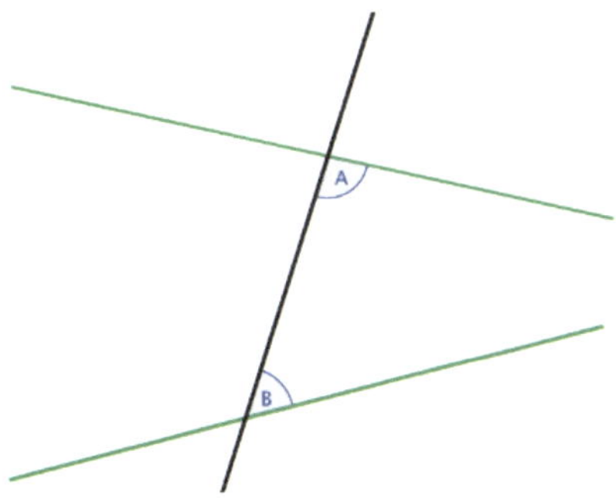

[그림] 각 A와 각 B의 합이 180도 보다 작을 때, 두 직선을 연장하면 궁극적으로 만나게 된다.

유클리드가 제시한 이런 논리적이고 체계적인 방법은 기하학뿐만 아니라 철학과 과학 분야에서도 진실을 보장해줄 수 있는 가장 확실한 방법으로 거의 2000년 동안 자리를 지켜왔다.

예를 들면 근대철학을 일으킨 데카르트는 모든 사람이 유클리드적인 방법대로만 따라가면 누구나 기하의 확실성을 이해할 수 있다고 믿었다. 그러니까 자명한 공준에서 출발하고 논리적인 연역을 하면서 점차로 복잡한 진리로 다가간다면 우리가 이해하지 못할 것이 없다는 입장인 것이다. 베네딕트 스피노자는 한 걸음 더 나가서 "기하적인 질서에 입각한 윤리학"이라는 저서를 남겼는데 여기서 그는 유클리드 기하처럼 자신의 철학저서에서 명제들을 공준과 정의라고 이름 붙이기도 하였다. 그는 이 기하학적 규칙에 따라서 신의 존재를 증명했다고 주장하며 수학자들이 증명의 마지막에 하는 것과 마찬가지 방식으로 자신의 증명 마지막에는 QED라고 쓰기까지 하였다. QED는 라틴어로 'Quod Erat Demonstrandum'의 약자인데 '입증 되어야 할 것'이라는 의미이다.

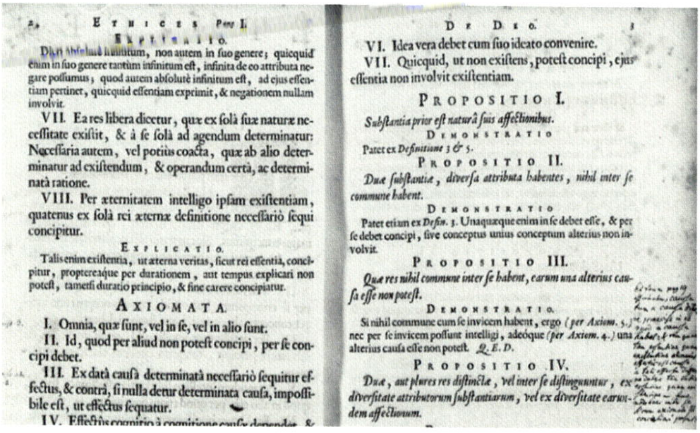
2 ETHICES Pars I.

EXPLICATIO.

... non autem in ſuo genere; quicquid enim in ſuo genere tantùm infinitum eſt, infinita de eo attributa negare poſſumus; quod autem abſolutè infinitum eſt, ad ejus eſſentiam pertinet, quicquid eſſentiam exprimit, & negationem nullam involvit.

VII. Ea res libera dicetur, quæ ex ſolà ſuæ naturæ neceſſitate exiſtit, & à ſe ſolà ad agendum determinatur: Neceſſaria autem, vel potiùs coacta, quæ ab alio determinatur ad exiſtendum, & operandum certà, ac determinatà ratione.

VIII. Per æternitatem intelligo ipſam exiſtentiam, quatenus ex ſolà rei æternæ definitione neceſſariò ſequi concipitur.

EXPLICATIO.

Talis enim exiſtentia, ut æterna veritas, ſicut rei eſſentia, concipitur, proptereaque per durationem, aut tempus explicari non poteſt, tametſi duratio principio, & fine carere concipiatur.

AXIOMATA.

I. Omnia, quæ ſunt, vel in ſe, vel in alio ſunt.

II. Id, quod per aliud non poteſt concipi, per ſe concipi debet.

III. Ex datà cauſà determinatà neceſſariò ſequitur effectus, & contrà, ſi nulla detur determinata cauſa, impoſſibile eſt, ut effectus ſequatur.

DE DEO. 3

VI. Idea vera debet cum ſuo ideato convenire.

VII. Quicquid, ut non exiſtens, poteſt concipi, ejus eſſentia non involvit exiſtentiam.

PROPOSITIO I.

Subſtantia prior eſt naturâ ſuis affectionibus.

DEMONSTRATIO

Patet ex *Definitione* 3 & 5.

PROPOSITIO II.

Duæ ſubſtantiæ, diverſa attributa habentes, nihil inter ſe commune habent.

DEMONSTRATIO

Patet etiam ex *Defin.* 3. Unaquæque enim in ſe debet eſſe, & per ſe debet concipi, ſive conceptus unius conceptum alterius non involvit.

PROPOSITIO III.

Quæ res nihil commune inter ſe habent, earum una alterius cauſa eſſe non poteſt.

DEMONSTRATIO.

Si nihil commune cum ſe invicem habent, ergo (*per Axiom.* 5.) nec per ſe invicem poſſunt intelligi, adeóque (*per Axiom.* 4.) una alterius cauſa eſſe non poteſt. *Q. E. D.*

PROPOSITIO IV.

Duæ, aut plures res diſtinctæ, vel inter ſe diſtinguuntur, ex diverſitate attributorum ſubſtantiarum, vel ex diverſitate earundem affectionum.

[그림] 스피노자의 윤리학은 '정의', '공준', '명제'들로 이루어졌다.

그는 유클리드의 기하학적 방식으로 '신의 존재'를 증명하였다.

과학 분야에서는 뉴턴을 빼놓을 수 없다. 그는 유명한 자신의 저서 "Principia Mathematica(자연 철학의 수학적 원리)"에서 유클리드를 따라서 우리가 현재 뉴턴의 운동 법칙이라고 부르는 것을 "공준"이라고 불렀고, 중력법칙을 수학적 정리의 형식으로 유도하였다. 그가 말한 것처럼 "그렇게 몇 개 안되는 원리로부터 그렇게 많은 것들이 이루어지다니 이것은 기하학의 영광이다."

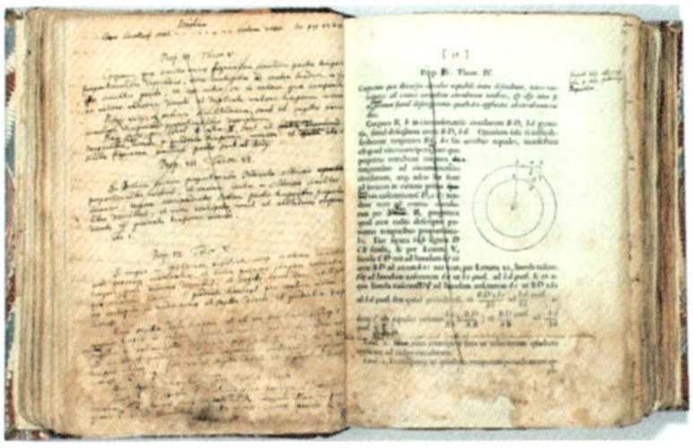

DEFINITIO IV.

Vis impreſſa eſt actio in corpus exercita, ad mutandum ejus ſtatum vel quieſcendi vel movendi uniformiter in directum.

Conſiſtit hæc vis in actione ſola, neque poſt actionem permanet in corpore. Perſeverat enim corpus in ſtatu omni novo per ſolam vim inertiæ. Eſt autem vis impreſſa diverſarum originum, ut ex ictu, ex preſſione, ex vi centripeta.

[그림] 뉴턴의 Principia Mathematica와 책의 내용 중에 나오는 세 번째 정의

http://rharriso.sites.truman.edu/

이러한 전통은 유럽에서 끝나지 않고, 신대륙인 미국의 독립 선언문에서도 나타난다. 토마스 제퍼슨Thomas Jefferson은 수학적 명제를 증명할 때와 같은 어조로 독립 선언문을 시작한다. "우리는 모든 인간이 평등하게 창조되었다는 것을 자명한 진리라고 받아들인다."고 하며 '증명한다.'라는 단어를 사용하고, 수학에서 증명을 마무리 지을 때처럼 '그러므로'라는 단어까지 사용한다. "우리는 그러므로.. 연방 식민지는 자유로우며 독립적인 국가임을 선포한다("We, therefore ... declare, that these United Colonies are, and of right ought to be, free and independent states".)

다시 제5 공준으로 돌아가자.

이 공준은 그다지 자명해보이지 않고 왠지 정리 같은 느낌이 든다. 고대 그리스 인들에게도 그랬던 것 같다. 톨레미Ptolemy나 프로클루스

Proclus 등은 이 공준을 앞의 네 개의 공준으로부터 유도하려고 노력했지만 결국 실패하였다. 그리고 중세의 이슬람 수학자들과 17, 18세기 유럽의 수학자들도 마찬가지였다. 이 공준이 그다지 자명하지 않았는지 그들도 이것을 열심히 연구하였고, 드디어 제5공준이 '평행선 공준'과 동일하다는 것을 알아냈다:

[그림] 유클리드 "원론"의 가장 오래된 copy(왼쪽)와 유클리드(B.C. 300경)

"한 직선(L)과 직선 위에 있지 않은 한 점 P가 있을 때, P를 지나면서 L과 평행한 직선(평행선)이 단 하나 존재한다."

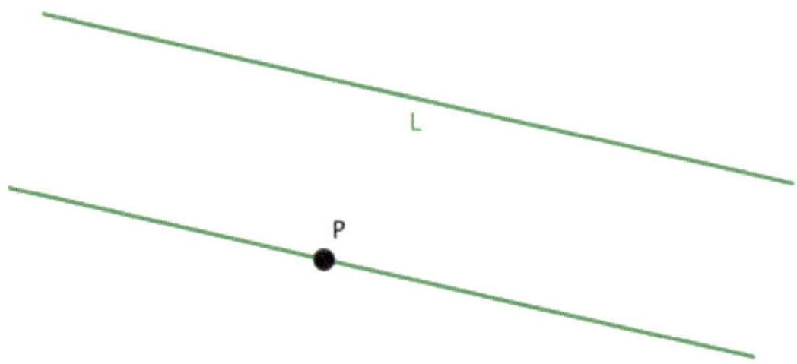

이 평행선 공준은 어떤 의미를 가지고 있을까? 유클리드 자신은 이 공준을 이용해서 피타고라스 정리를 증명하였다. 또 다른 예로 뉴턴의

운동법칙을 생각해 보자.

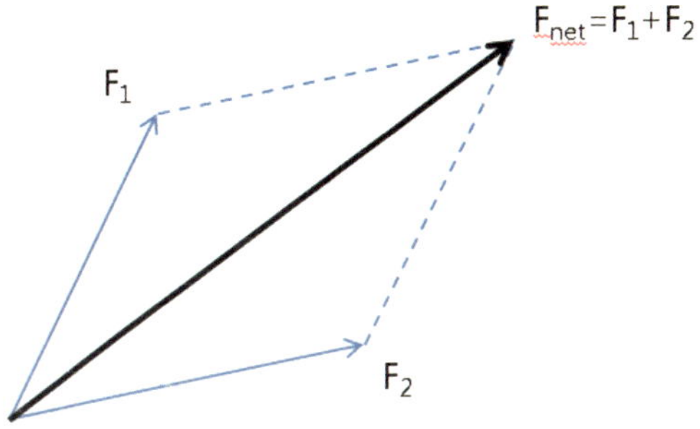

위의 그림처럼 F_1, F_2를 한 점(입자)에 작용하는 힘을 나타내는 벡터라고 할 때, 두 힘이 작용한 효과는 두 벡터를 합성한 검정색 화살표 방향의 벡터로 그려진다. 여기서 보는 것처럼 유클리드의 다섯 번째 공준은 힘의 합성을 나타내기 위해서 평행사변형을 그릴 때 암묵적으로 사용되는 것이다.

라그랑쥬Joseph-Louis Lagrange나 르쟝드르Adrien Legendre같은 18세기 유럽의 수학자들은 5번째 공준을 증명하기 위해서 노력하고 집착하였다. 왜냐하면 그것은 기하뿐만 아니라 그것에 기초한 모든 자연과학, 그리고 우리가 사는 우주의 구조에까지 매우 중요했기 때문이다. 그리고 결국에는 이 5번째 공준은 앞의 네 개의 공준과는 독립적이라는 사실이 확인되었다. 그 의미는 5번째 공준을 앞의 네 공준을 이용해서 결코(영원히) 증명하지 못한다는 의미도 내포되어 있다. 유클리드도 그 사실을 이미 알고 있었을까?

그런데 유클리드는 이 다섯 개의 공준 말고도 '점', '선', '평면' '수직' 등과 같은 23개의 개념들도 그냥 '정의'하고 출발하였다. 그러니까 이러한 사실들은 어떤 다른 수학자가 그것들을 다른 방식으로 '정의'하고 그 체제에 모순이 없다면 그것은 유클리드 기하와 동급인 또 다른 기하가 될 수 있다는 점이다. 내가 이 글을 쓰는 시점인 2016년 9월 16일은 현재 우리가 사용하는 달력으로는 맞는 날짜이지만 1582년에 사용하기 시작한 그레고리우스 달력에 따르면 전혀 다른 날짜가 될 것이다.

그러니까 수학적으로 '참' 혹은 '거짓'이라는 것은 우리가 어떤 가정을 받아들이고 출발했는지 혹은 우리의 인식은 어떠한지에 따라서도 달라질 수 있다는 것을 드디어 깨달은 것이 코페르니쿠스적인 지각 변동인 것이다. 이제 그 지각변동에 해당하는 비유클리드 기하학에는 어떤 것들이 있는지 다음 절에서 살펴보자.

[그림] William Hogath(1755). 1754년 프랑스에서 그레고리우스 달력이 통과되자 반대파인 토리(Tory) 당 지지자들이 유명한 슬로건 "잃어버린 11일을 돌려 달라(Give us our 11 day)"(오른쪽 하단의 노란색 문구)이 적힌 깃발과 배너를 가지고 회의하는 모습

05
쌍곡 기하학

1773년 사케리Girolamo Saccheri는 "모든 결점에서 자유로운 유클리드Euclid Freed from all flaws"라는 저서에서 직선과 직선 위에 있지 않은 한 점에서는 정확하게 세 가지가 가능하다고 주장하였다.

(1) 평행선이 단 하나 존재한다.
(2) 평행선이 존재하지 않는다.
(3) 평행선이 무수히 많다.

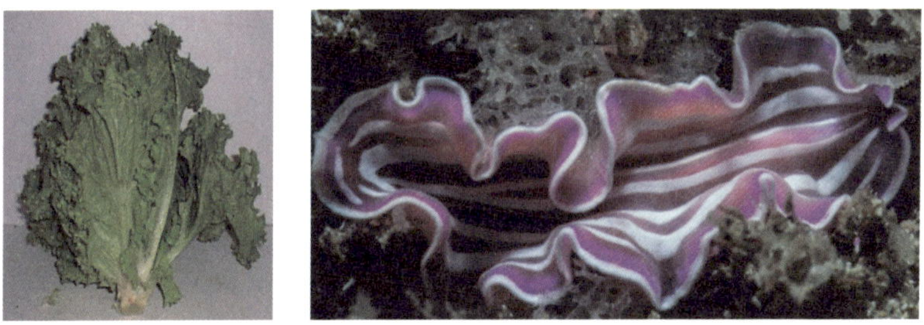

[그림] 쌍곡 평면을 보여주는 상추 잎과 편형동물(planaria)

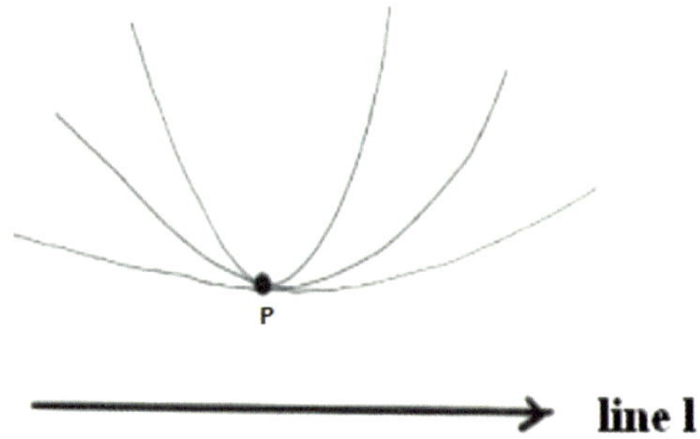

[그림] 직선 l 위에 있지 않은 한 점 P에서 l과 평행한 직선이 두 개 이상 존재하는 경우

그러나 이 내용은 별다른 주목을 받지 못하고 다시 100년이 지나서야 네 명의 수학자들에 의해서 독립적으로 연구되기 시작한다. 그들은 모두 "한 직선 위에 있지 않은 점에서, 주어진 직선에 평행한 직선이 두 개 이상 존재하는 그런 기하학(혹은 공간)도 존재할 수 있을까?"라는 질문을 하기에 이른다.

독일의 가우스, 러시아의 로바체브스키, 볼리야이 등이 그들 중 한 그룹이었다. 이들은 공간을 나타내기 위해서 유클리드와는 다른 모델을 사용하였고, '점', '선', '직선', '평행' 등에 대해서도 새로운 정의를 사용하였다. 이 모형이 제대로 작동한다면 유클리드가 설정한 앞의 네 가지 공준과 모순이 없을 것이고, 그러면 이것들로부터 유도된 모든 정리들도 모순이 없을 것이다. 그리고 이들이 제5 공준을 다음과 같이 바꾸자 이상한 결과들이 속속 출현하였다.

> "어떤 직선(l) 위에 있지 않은 점(P)에 대하여 그 점을 지나면서 l에 평행한 직선은 무수히 많다"

그것들은 직선으로부터 동일한 거리에 있는 점들의 집합은 직선이 아니라 곡선이며, 삼각형의 내각의 합은 π(180도)가 아니고(따라서 직사각형은 존재하지 않고), 닮은 삼각형들은 닮기만 한 것이 아니라 실제로 합동congruent이기까지 하였다.

아인슈타인은 이 비유클리드 기하학에서 물리학적인 시간과 공간을 이해할 수 있는 기초를 발견했다고 한다. 그러니까 몇몇 수학자들이 '이렇게 바꾸어 보면 어떨까?'하고 출발한 순수한 사유의 결과가 상대성 원리에 도움을 준 셈이다.

과연 어떤 평면이나 공간이 그런 조건을 만족할 수 있을까? 당시의 많은 학자들이 연구를 거듭하면서 이들은 이러한 기하학이 성립하는 공간은 다음과 같은 휜 공간이어야 한다는 것을 이해하게 되었다.

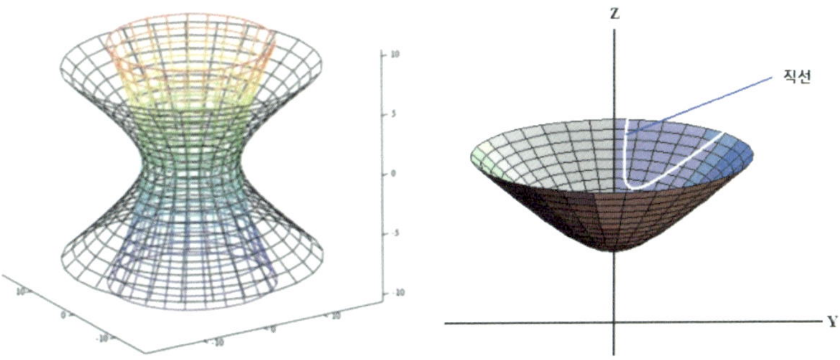

[그림 1] 쌍곡면(Hyperboloid) $x^2+y^2-z^2=1$ 과 쌍곡면에서의 직선

이 모델에서는 속이 찬 거대한 쌍곡면이 그들의 3차원 세상이다. 그리고 여기서 '평면'이란 쌍곡면의 단면인 '원'들이다. 이 기하에서 '직선'은 원주에 수직인 호arc들이다. 그리고 푸앙카레의 디스크도 쌍곡기하가 성립하는 또 다른 모델이다.

다음의 푸앙카레의 디스크 모델에서 '직선' CD와 CE는 직선 AB와 평행이다(왜냐하면 CD와 CE는 직선 AB와 만나지 않기 때문이다). 혹시 '왜 직선들이 굽어졌는가?'라고 질문한다면, 그것은 우리가 아직도 유클리드적인 관점에서 바라보기 때문이다. 위의 도형과 같은 거대한 쌍곡면 안에 들어가 있는 스스로를 상상해보면 도움이 될 것 같다.

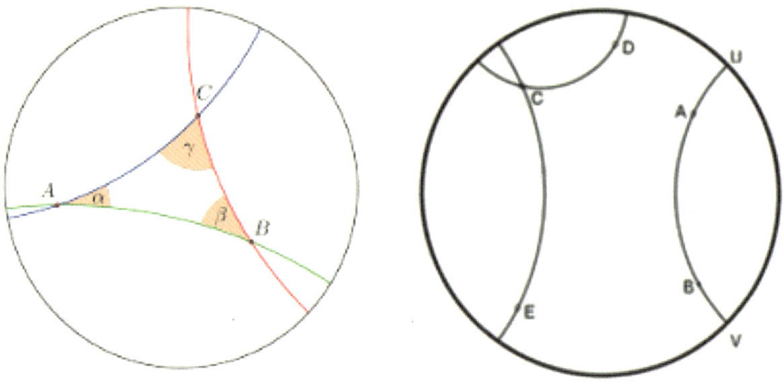

[그림] 쌍곡기하에서 직선은 원과 수직으로다 만나는 '호'들이고(우), 삼각형의 내각의 합은 180도 보다 작다(좌).

다음 그림은 쌍곡면과 푸앙카레의 디스크가 일대일 대응이 된다는 것을 보여준다.

쌍곡면과 푸앙카레의 디스크 모델의 대응방법

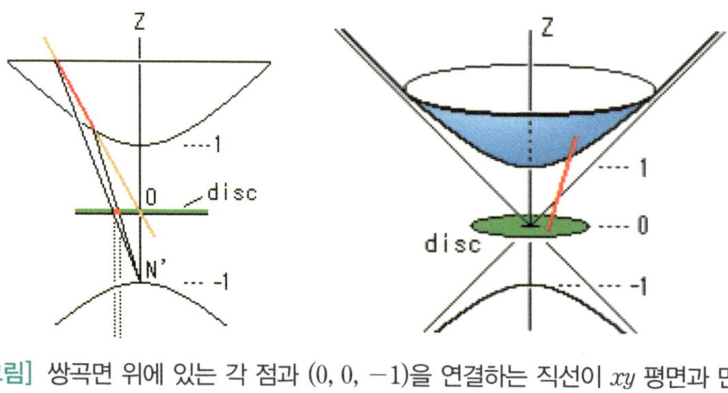

[그림] 쌍곡면 위에 있는 각 점과 $(0, 0, -1)$을 연결하는 직선이 xy 평면과 만나는 점을 대응시킨다.

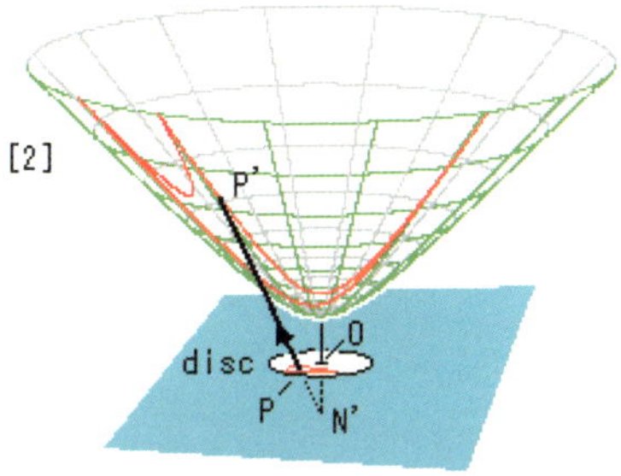

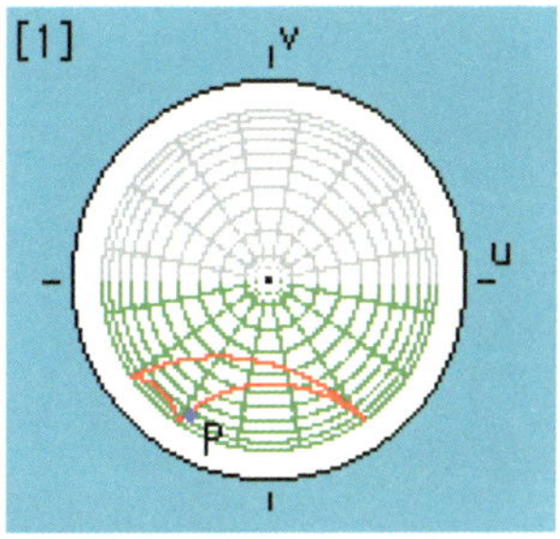

[그림] 디스크 모델에서의 원과 삼각형, 붉은색(좌), 디스크의 점 P는 쌍곡면 위의 점 P'에 대응된다(우)

소스 : http://web1.kcn.jp/hp28ah77/us40_mode.htm

쌍곡면과 푸앙카레의 디스크 모델은 어떻게 대응시킬 수 있을까? 그 아이디어는 쌍곡면 위에 있는 각각의 점과 (0, 0, −1)을 연결하는 직선이 xy 평면과 만나는 점을 대응시키는 것이다. 그러면 이 무한한 쌍곡면 상의 모든 점들은 원의 내부에 갇히게 된다. 결국 뿌앙카레의 디스크 모델에서는 경계인 원은 무한한 쌍곡면의 끝을 의미한다.

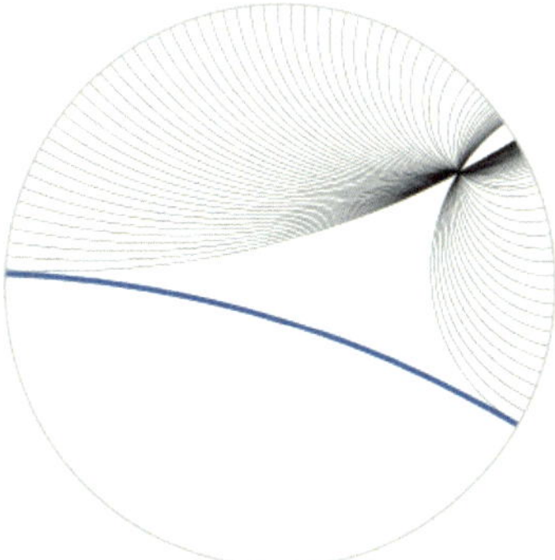

[그림2] 푸앙카레의 디스크 모델(wikipedia). 한 직선(푸른색)과 그 직선 위에 놓이지 않은 점을 통과하는 평행선은 무수히 많다.

"Circle Limit III"

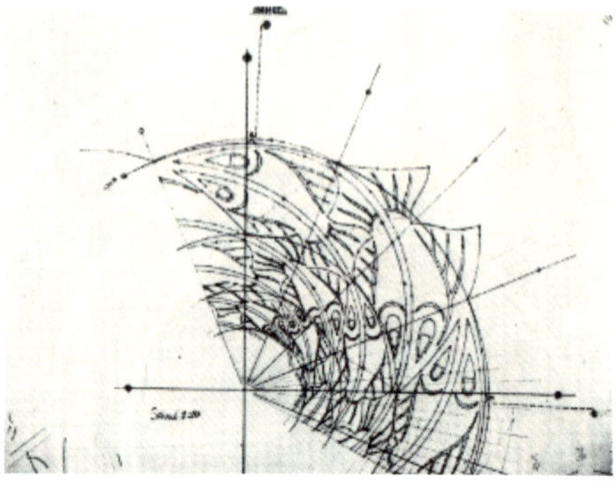

[그림] Escher(1959) 오른쪽은 오리지널 스케치

이제 쌍곡기하에서 배운 지식을 활용해서 위의 그림을 감상해 보자. 여기서 물고기들은 경계(원판의 가장 자리)로 갈수록 작아지는 것처럼 보이지만, 쌍곡기하에서는 닮은 삼각형은 모두 합동이기 때문에 실제로는 모두 동일한 사이즈다. 마찬가지로 물고기의 꼬리에서 코를 향해 있는 모든 흰 곡선들도 동일한 길이다. 실제로 이것들은 곡선이 아니고 직선이다.

이러한 비유클리드 기하학의 출현과 이 기하학이 모두 모순 없이 일치한다는 결과는 우리가 살고 있는 세상이 진정으로 어떤 모습인지에 대한 근원적인 질문을 하게 만들었다. 현재로서는 8개의 추측이 존재하는데, 실제로 어떤 모형이 가장 잘 맞는지에 대하여는 우리가 사는 지구나 은하계보다 훨씬 더 큰 공간에서 바라볼 수 있어야 한다고 한다. 우리가 발을 딛고 사는 지구는 결코 평평하지 않지만 국소적으로는 평면과 차이를 느끼지 못하는 것과 동일한 이치라고 생각하면 어떨까. 하지만 쌍곡기하는 아인슈타인을 비롯한 물리학자와 천문학자들에게 우주의 구조에 대하여 새로운 영감을 주었고, 이것이 상대성 원리를 발전시키는데 도움을 주었다니까 수학자들이 자부심을 갖는 것은 당연해 보인다.

06
구면 기하학

사케리의 증명을 발전시킨 네 번째 인물은 독일의 수학자 리만Bernhard Riemann(1822~1866)이다. 그는 주어진 직선 위에 있지 않은 점에서 평행선을 그릴 수 없는 경우를 가정하였는데, 이 경우에도 앞의 네 공준과 아무런 모순이 없었다. 여기서 3차원 공간은 거대한 '구'이다.

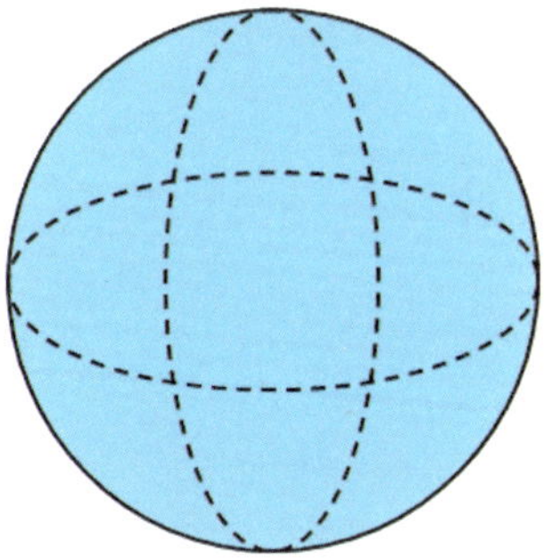

그리고 이 공간에서 '평면'은 이 구의 표면이고, '직선'들은 구의 중심을 지나는 '대원great circle'들이다. 대원은 구의 중심과 동일한 중심을 갖는 원을 의미하기 때문에 무수히 많다. 그리고 모든 '대원'들은 반드시 만나기 때문에 이 기하에서는 평행선은 존재하지 못한다. '대원'들은 위에서 보는 것처럼 반드시 두 점에서 만나게 되어있다. 이 공간에서 유클리드의 나머지 공준들이 과연 성립하는지 아니면 다른 현상이

일어나는지 생각해 보자.

(1) **'두 점을 지나는 직선은 단 하나만 존재한다.'는 참일까?**

참이다. 아래 그림처럼 두 점을 지나는 '대원'은 단 하나 존재하기 때문이다.

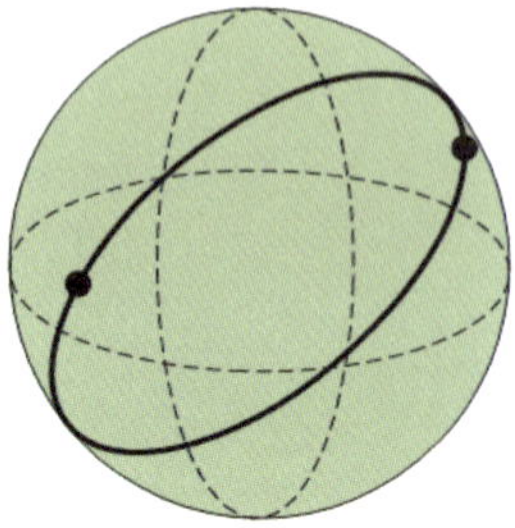

(2) **동일한 직선 위에 있지 않은 세 점을 포함하는 평면은 단 하나 존재하는가?**

이것도 참이다.

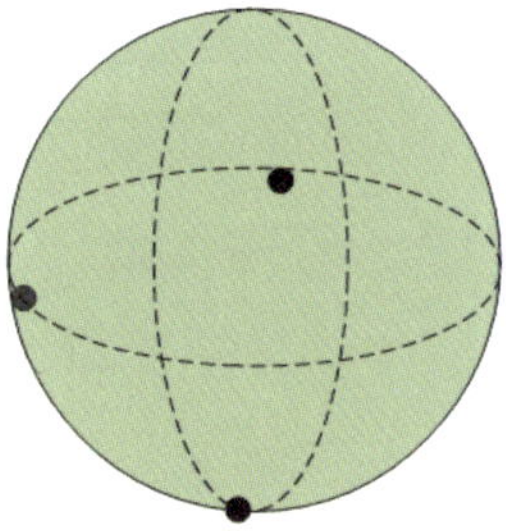

(3) **모든 직각은 합동이다.** 이 명제도 참이다.

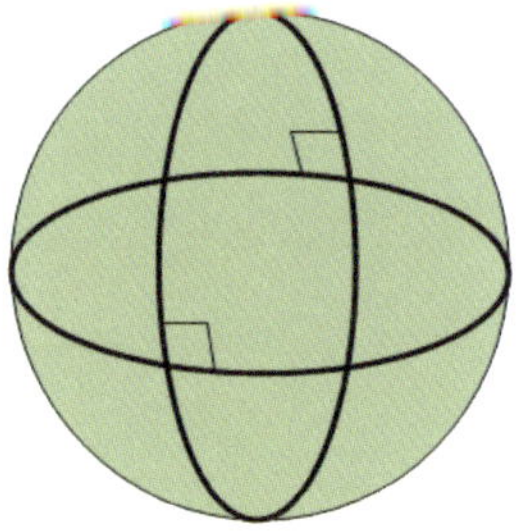

그러면 이 모델에서는 삼각형은 어떤 모양이 될까? 세 점이 있을 때 각각의 두 점을 연결하는 '대원'들을 만들어서 그 호를 연결해보면 삼각형이 만들어진다.

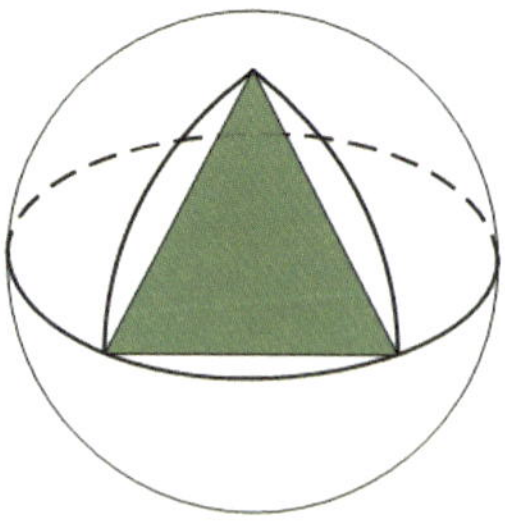

이 경우에 삼각형의 내각의 합은 항상 180도 보다 크다.

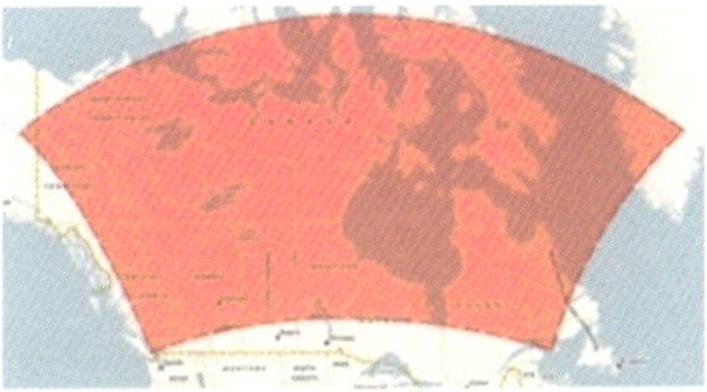

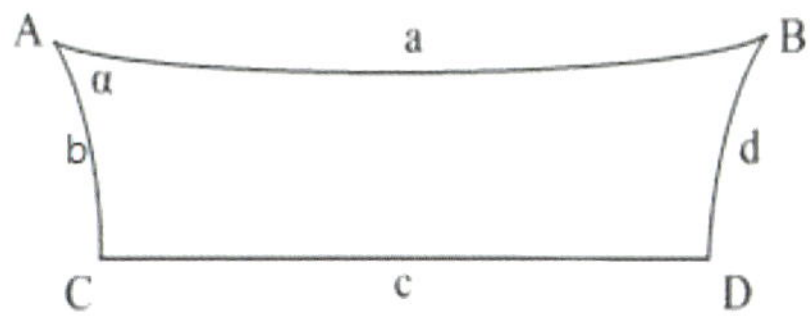

그러니까 쌍곡기하에서는 사각형의 내각의 합은 360도 보다 작고, 구면기하학에서는 반대로 사각형의 내각의 합은 360도 보다 크게 된다.

구면 기하학을 유클리드 기하학과 비교해보면 유클리드의 공준 중에서 두 개(제 II, 제 IV공준)는 공유하지만, 나머지 세 개는 다른 출발선을 갖는다. 구면 기하학에서는 직각 삼각형에서 성립하는 $a^2+b^2=c^2$도 더 이상 성립하지 않는다. 구면 기하학은 내비게이션이나 천문학에서 응용되며, 수학적으로는 타원 기하학으로 발전해갔다.

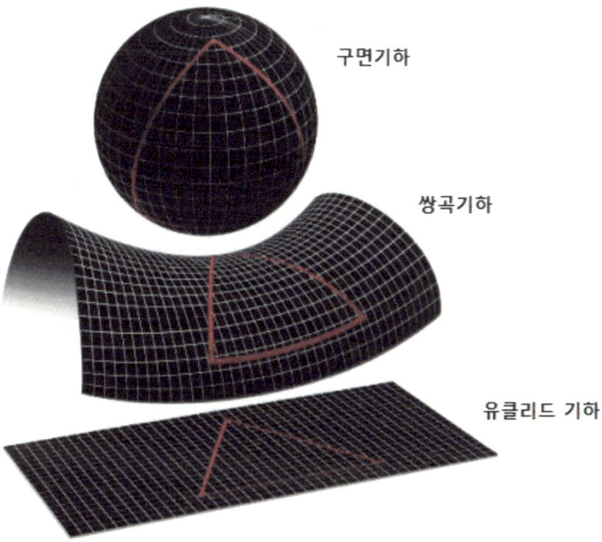

[그림] 구면기하, 쌍곡기하, 유클리드 기하의 비교(Kedar Bhumkar, 2006)

07

오즈의 마법사에 나오는 수학 에피소드와 기호의 발달

오즈의 마법사에 나오는 수학 에피소드는 실수였을까?

1939년 제작된 영화 "오즈의 마법사"에서 주인공 도로시는 토네이도에 휩쓸려 날아간 후 마법의 나라에 떨어진다. 도로시는 자신을 집으로 돌아가도록 도와줄 마법사를 찾아 나서는데, 도로시의 모험에는 두뇌를 갖고자 하는 허수아비와 용기를 갖고자 하는 사자, 그리고 심장(마음)을 갖고자 하는 양철 인간이 함께 한다. 여러 모험 끝에 그들은 오즈의 마법사를 만나게 되고, 마법사는 허수아비에게 명예 사색thinkology 학위

를 수여한다. 학위를 받은 허수아비는 우쭐한 마음에 자신의 지식을 뽐내며 "이등변 삼각형에서 어떤 두 변의 제곱근의 합은 반드시 세 번째 변의 길이의 제곱근과 같다"고 말한다.

허수아비가 말한 것은 수학적으로 사실인 명제였을까? 아니면 어떤 유명한 수학적 명제를 실수로 잘못 말한 것일까? 이 사실을 함께 확인해 보자.

수학적 정리

"이등변 삼각형의 임의의 두 변에서 그 길이의 제곱근의 합은 나머지 한 변의 길이의 제곱근과 같다"

다음과 같이 두 변은 길이가 9cm이고 나머지 한 변은 길이가 3cm인 이등변 삼각형을 살펴보자. 위의 명제가 사실이라면

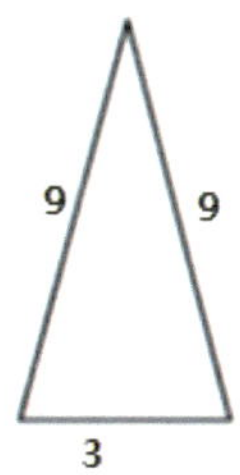

① $\sqrt{9}+\sqrt{9}=3+3=6=\sqrt{3}$ 가 성립하거나

② $\sqrt{9}+\sqrt{3}=\sqrt{9}$ 이 성립하여야 한다. 그러나 이 둘 모두 참이 아니다.

그러니까 허수아비가 한 말은 참이 아니다. 과연 허수아비가 말하려던 수학적 사실은 어떤 것이었을까?

사실 위의 명제는 우리가 잘 아는 어떤 정리를 연상시킨다. 피타고라스의 정리가 바로 그것이다. 위의 명제에서 한 두 곳만 살짝 바꾸어 보자.

이등변 삼각형 → 직각 삼각형

임의의 두 변 → 밑변과 높이

제곱근 → 제곱

그러면 위의 명제는 그대로 피타고라스의 정리로 바뀐다.

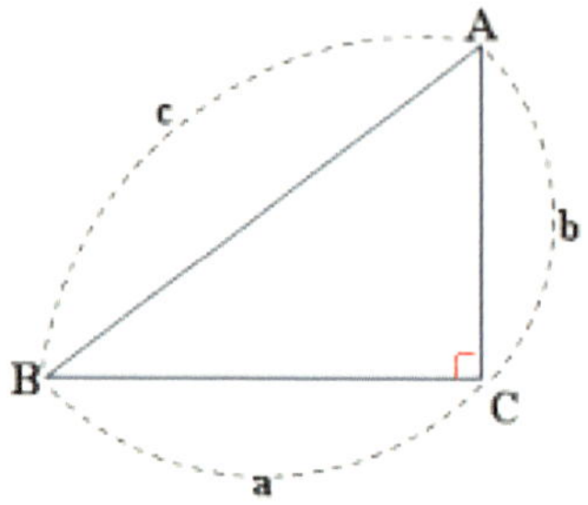

$$a^2+b^2=c^2$$

이 영화가 제작된 시기가 1939년이라는 사실을 감안해도 영화감독과 대본 작가를 비롯해서 허수아비 역할을 연기한 배우를 비롯한 어느 누구도 이 명백한 오류를 찾지 못했다는 사실이 매우 흥미롭다. 그렇지만 여기에는 또 다른 해석도 존재한다. 사실 허수아비는 오즈의 마법사를 찾아가는 여정에서 여러 번 기지를 발휘하였다. 그러니까 명예 사색 학위를 받기 전이나 받은 후나 다름없이 허수아비는 영리했던 것이다. 학위를 받았다고 해서 더욱 스마트 하게 바뀐 것은 아니라는 것을 보여주기 위해서 수학적 정리를 언급하게 했다는 해석을 하는 사람들도 있다. 여러 분의 생각은 어떤지 궁금하다. 하지만 여기에서 명백한 사실은 언어를 이용하여 수학을 표현하는 것이 그다지 단순하지 않다는 것과 제곱근($\sqrt{x}$)과 제곱(x^2)의 차이에서 관찰하듯이 기호의 사용이 일상적 언어보다 훨씬 명확하고 오해의 여지가 적다는 사실이다.

기호의 발달

우리가 동사 "…이다"를 사용하는 것처럼, 라틴어를 사용한 고대 로마인들은 'est'를 사용하였고, 그리스인들은 그것을 $\epsilon\sigma\tau\iota$로 사용하였다. 그런데 "…은 …이다"라는 표현을 수학적으로 나타낼 때는 어떤 기호를 사용하는지 생각해 보자.

다음 예들을 보자.

(1) 5는 25의 제곱근이다. (2) 5는 10보다 작다. (3) 5는 소수다.

위의 세 문장은 모두 "…은 …이다"의 형태이다. 이것들이 수학적 내용을 담고 있으니까 수식과 기호를 통해서 표현해보자. 여러분 모두 크게 어렵게 느끼지 않을 것이다.

(1)에서 '이다'는 등호(=)로 대체된다. 즉 $5=\sqrt{25}$

(2)에서 '이다'는 수식어이다. 마치 '풀잎은 녹색이다'와 마찬가지 역할을 한다. 이 경우 '이다'는 부등호($<$)로 대체된다. 즉 $5<10$.

(3)에서 '이다'는 '포함 된다'는 의미이다. 소수 전체의 집합을 P라고 한다면 이때는 기호 $\in$를 사용해서 $5\in P$로 나타낸다.

현재 우리가 사용하는 대수적인 기호들은 16세기경에 도입되기 시작했으며 대부분은 프랑스 수학자 비에테François Viète(1540–1603)와 관련이 있다. 위에서 본 등호(=)는 레코드Robert Recorde(1510–1558)가 발명한 것이다. 철학자이기도 한 데카르트는 영어 알파벳의 마지막 세 문자 x, y, z를 미지수를 나타내기 위하여 사용하였다. 그는 또 x^2, x^3과 같은 거듭제곱을 표현하는 방법도 도입하였다.

이러한 기호의 도입이 없었다면 어떤 수학적 사실이나 현상을 표현하는 것은 엄청 힘들었을 것이다. 몇 개의 예를 들어보자. 독자 여러분은 아래의 도형이

$$(a+b)^2=a^2+2ab+b^2$$

을 증명하는데 사용된다는 것을 금방 파악할 것이다. 그런데 이 사실을 기호를 사용하지 않고 친구나 다른 사람에게 전달하려고 하면 어떻게 표현해야 할까?

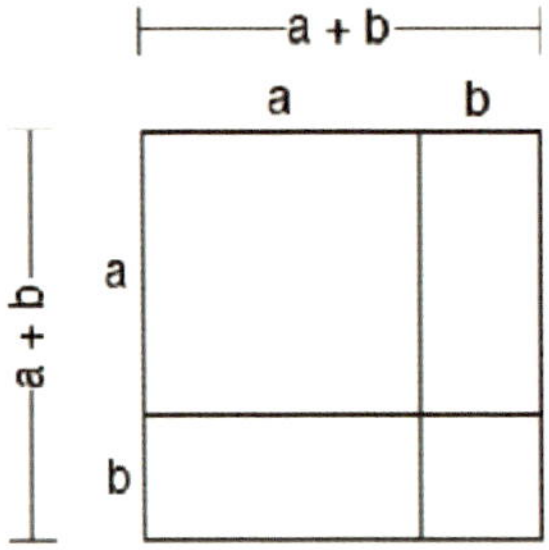

$(a+b)^2=a^2+2ab+b^2$ 라는 것은 최소한 2500년 전에도 이미 알려진 사실이다. 그러나 당시에는 이런 표현을 쉽게 해 주는 기호가 도입되지 않았다. 최초의 수학책이라고 할 수 있는 유클리드의 원론(Euclid, Elements, II,4, 300 B. C.)에서 유클리드는 다음과 같이 서술하였다.

> "만일 두 개의 직선으로 (정사각형을) 모서리에 평행하게 마음대로 자른다면, 그 정사각형은 직선으로 잘려서 만들어진 두개의 정사각형과 선분들에 의해서 만들어진 두 직사각형의 합과 같다"

이 내용을 이해하려면 정신을 집중해서 문장을 이해하고 해독하려고 노력을 제법 기울여야 할 것 같은 생각이 든다. 몇 개 더 생각해 볼 수 있다. 아르키메데스는 구의 표면적을 정의하기 위해서 다음과 같이 말했다. "임의의 구의 표면적은 그 안에 들어가는 대원의 넓이의 네 배와 같다"

이 경우는 비교적 간단하다. 우리는 이 내용을 구의 표면적을 S, 원의 반지름을 r이라 할 때

$$S=4\pi r^2$$

으로 표현한다.

그렇지만 다음과 같은 형태의 삼차 방정식 $x^3+mx=n$의 해를 말로

설명하기란 매우 복잡하다:

$$x = \sqrt[3]{\frac{n}{2} + \sqrt{\frac{n^2}{4} + \frac{m^3}{27}}} - \sqrt[3]{-\frac{n}{2} + \sqrt{\frac{n^2}{4} + \frac{m^3}{27}}}$$

이 해를 처음 발견한 카르다노Cardano(1545)는 이것을 기호와 수식의 도움 없이 과연 어떻게 유도했고 다른 사람들에게 어떻게 설명했을지 궁금하다. 현대적인 기호의 도움 없이도 멋진 결과를 찾아낸 카르다노에게 경의를 표해야 할 것 같다.

다음은 수학 기호들이 발명된 시기를 요약한 표이다.

기호	시기	처음 사용한 인물
+ 덧셈	1360A.D	라틴어로 et를 약자로 사용한 것, Nichole Oresme
− 뺄셈	1489	Johanes Widmann
= 등호	1577	Robert Record
√ 근호	1525	Christoff Rudolf
× 곱셈	1618	William Ougtred
÷ 나눗셈	1659	John Wallis
d 미분	1675	Gottfried Leibniz
〈, 〉 부등호	1631	Thomas Harriot
∞ 무한	1655	John Wallis
∫ 적분	1675	Gottfried Leibniz
Σ 합	1755	Leonhard Euler

우리가 수학 기호를 포함해서 새로운 수학적 내용을 배우는 과정은 힘이 드는 것이 사실이지만 그것을 소화한 후에는 그 이상의 이익이 뒤따른다는 것을 깨닫게 되면 수학을 배우는 것에 대하여 좀 더 인내심이 생기지 않을까.

"많은 사람들은 수학이 근엄하고 자족적이라고 생각한다. 그러나 그와는 반대로, 수학은 매우 풍요롭고 인간적인 주제이며, 우리들로 하여금 세상의 깊은 상호 연결성을 이해하고 볼 수 있게 해 주는 예술이다. 가장 훌륭한 수학은 모든 정신을 전부 사용하고, 인간의 감수성을 포용하는 것이지, 계산하고 기호를 조작하는 것 같은 우리 두뇌의 작은 부분만 이용하는 것이어서는 안 된다. 아름다움을 추구함으로써 우리는 진리를 발견하고, 진리를 발견하는 곳에서 우리는 믿을 수 없는 아름다움을 발견한다."

– William Thurston –

Mathematics Museum

2

수학 속의 예술과 예술 속의 수학

[그림] 고대 바빌로니아의 태양신 Shamash가 측량하는 자와 꼬인 로프를 들고 있다

[그림] 영국 런던의 웨스트민스터 성당(Fredrick Kohli)과 2010년 완공된 아랍 에미레트의 부르즈 칼리파(Burj Khalifa), 830미터.

01
패션과 수학

"패션은 예술이다"라는 말을 부정하는 사람은 없어도 "패션과 수학"이라는 말을 들으면 왠지 둘 사이의 연결고리가 잘 떠오르지 않거나 '뭐지?'하고 의아해하는 경우가 많을 것이다. 그렇지만 한 번 더 생각하면 패션 디자인에도 공간적인 혹은 기하적인 감각이 필수적이라는 데는 고개를 끄덕이게 된다. 옷을 디자인할 때는 평면적인 옷감을 3차원적인 인체에 실제로 입혔을 때 어떻게 맞을지를 이해해야 한다. 그래서 패션 디자이너들은 컴퓨터 프로그램을 사용해서 2차원적인 평평한 옷감이나 패턴을 3차원적 마네킹 형상에 입혀보는 시뮬레이션 작업을 해 보기도 한다.

디자인 작업에서 측정은 필수이다. 이 때는 주로 인치를 사용하는데, 그 측정 단위는 $\frac{1}{8}$인치씩 증가하기 때문에 분수 계산에 능숙한 것도 필수 요건이다. 단추를 달 때는 단추와 단추 사이의 거리가 정확하게 일치해야 한다. 본의 아니게 측정에서 작은 실수라도 하면 맞지 않는 옷이 만들어지기 때문이다. 캐주얼 티셔츠에는 평행선의 개념이 들어있다. 남성들의 드레스 셔츠에서 양쪽 컬러가 이루는 각을 어떻게 결정하는가에 따라 셔츠가 공식성상을 위한 것인지 캐주얼 셔츠인지, 젊은 층이 좋아하는 스타일인지 혹은 중년층을 타겟으로 하는지도 결정된다.

(가) (나) (다)

[그림] 남성의 드레스 셔츠에서 양쪽 컬러가 만드는 각(앵글)이 각각 다르다.

그래서 FIT Fashion Institute of Techology와 같은 외국의 유명한 패션 스쿨들의 커리큘럼을 보면 수학과 과학 과목이 필수로 소개된다. 어떤 소재를 사용하는 것이 디자인 하는 의상과 가장 잘 어울리고 친환경적인가를 이해하는 것부터, 패턴을 3D로 모델링하는 작업, 시제품을 생산한 후 최종적으로 시장에서 마케팅 하는 문제, 웹캠 webcam이나 레이저 테크놀로지를 이용하여 고객에게 바디 스캐닝 body scanning을 제공하고 가상의 드레스 룸을 설치하는 것 등을 생각해 보면 패션 사업은 예술의 영역에 머무는 것에서 벗어나서 수학, 과학, 테크놀로지, 경영학 등과 함께 하는 공동 운명이라는 것을 이해하게 된다.

백설 공주 동화 속의 마법의 거울은 언제쯤 현실화 될까?

2005년부터 모습을 나타내기 시작한 가상 드레스 룸 virtual dress room이나 가상 거울 virtual mirror은 '내가 저 옷을 입고 서 있거나, 걷거나, 빙빙 돌면 어떻게 보일까?, 그리고 이 스타일이 나에게 맞을까? 혹은 이 의상은 내가 지금 입거나 들고 있는 것들과 어울릴까?'라는 모든 사람들

[그림] 인텔의 3D 그래픽 디자이너 노라 도나토(Nola Donato)가 가상 거울 앞에서 포즈를 취하는 모습(2012)

의 호기심과 질문에 대한 해결책을 주고 있다. 나의 아바타가 스크린에서 실시간으로 특정한 옷을 입은 모습을 보여주는 테크놀로지는 패션 사업을 획기적으로 바꿀 것으로 전망된다. 소비자들은 어떤 특정한 옷을 입어보기 위해서 탈의실에 들어가는 대신에 가상 드레스 룸이 설치된 작은 방으로 들어가거나 휴대폰으로 다운 받은 앱을 가상 거울로 이용하면 되는 것이다.

이러한 가상 드레스 룸에는 몇 가지 테크놀로지가 필요한데 첫 번째는 소비자의 신체조건과 동일한 3D 아바타(혹은 로봇 마네킹)를 만드는 작업이고, 두 번째는 의상과 악세서리를 실물 마네킹에 착용해서 데이터베이스 화 하는 작업이다. 이것은 소비자와 비슷한 연령대의 모델이 착용한 의상사진을 올리는 온 라인 쇼핑에서 이용되는 방식이 아니라, 소비자의 신체를 3D로 측정하고 스캐닝해서 그(그녀)의 아바타를 일단 만들어야 한다. 컴퓨터로 컨트롤 되는 이 아바타는 다양한 신체 사이즈와 동작과 형태에 따라서 그때그때 쉽게 변형될 수 있다. 두 번째 작업은 모든 사이즈의 의상들을 마네킹에 입힌 사진을 찍은 다음에 이미지와 측정된 수치와 함께 데이터베이스에 저장하는 것이다. 최종적으로 소비자가 자신의 신체 사이즈와 의상을 선택하면 마네킹에 입혔던 의상은 나의 아바타가 입은 것으로 바뀌어서 스크린에 등장한다. 현재는 인텔 랩과 뉴욕 타임즈의 연구 개발팀 등에서 마법의 거울을 시범적으로 선보이고 있고, 미국과 유럽의 대형 백화점 등에서도 눈독을 들이고 있는 단계이지만 이러한 새로운 쇼핑 방식은 소비자를 마법의 거울의 진정한 주인으로 만들어 줄 것으로 기대가 된다.

3D 프린터로 제작된 최초의 드레스는 어떤 과정을 거쳤을까

[사진] 3D 프린터로 만든 드레스, 2013년 파리 Haute Couture 디자이너는 Iris van Herpern

디자이너 아이리스 반 허펀Iris van Herpern은 3D 프린터로 제작한 드레스에서 선구적인 역할을 하고 있다. 그녀는 파리의 오뜨 꾸뜨르La Chambre Syndicale de La Haute Couture에 초대 받았을 때 자성이 있는 천, 레이저 커터, 열가소성 수지thermoplastic를 3D 프린터를 이용해서 디자인한 의상을 여러 점 선보였다. 최근에는 샤넬의 수석 디자이너인 칼 라거펠트도 3D 프린터로 제작한 의상을 런웨이에 올렸다.

2013년 3월 모델이자 뮤즈인 디타 본 티즈Dita Von Teese는 마이클 슈미트Michael Schmidt와 프란시스 비토니Bitoni가 함께 디자인 한 3D 프린터로 제작된 최초의 드레스를 1940년대의 팜므 파탈 모습으로 연출하였다. 이 드레스의 제작과정에는 흥미진진한 비하인드 스토리들이 풍성하다. 이 드레스의 제작에 사용된 3D 프린터는 EOS P350이라는 독일 제품인데 분말 형태의 플라스틱을 레이저와 함께 퓨전 분사해서 강화 플라스틱으로 제작하였다. 이런 방식을 선택적 레이저 소결selective laser sintering이라고 부른다. 또 17개의 조각들이 바늘이나 실을 전혀 사용하지 않고 3000 곳에서 관절처럼 연결되었기 때문에 움직일 때 유연성을 준다. 패션 쥬얼리 브랜드인 스와로브스키 사가 제공한 13,000 여개의 크리스털이 박혀있는 이 드레스의 무게는 거의 5kg에 육박한다. 그렇지만 이 무게는 그녀가 평소에 런 웨이에서 선 보였던 스와로브스키 크리스털이 박힌 다른 드레스들보다는 훨씬 가볍다는 것도 놀라운 사실이다. 아마도 그 이유는 이 3D 드레스가 구멍이 뚫린 그물망 구조이기 때문일 것이다.

[그림] 디타 본 티즈가 입은 3D 프린트 드레스

현재까지 3D 프린터로 제작된 의상들은 오뜨 꾸뜨르와 같은 패션쇼에서 선보이는 초기 단계이지만 이것의 잠재적인 가치는 재봉틀의 발명을 능가할 것이라는 것이 패션 산업계의 예측이다. 실제로 나이키 사도 3D 프린터로 제작한 신발을 선보였다. 3D프린터를 사용하여 의상을 제작할 때는 3차원으로 신체를 스캐닝하는 단계가 들어가므로 몸에 완벽히 맞는 의상이 만들어지고, 가격도 저렴하고, 옷감의 낭비가 전혀 없기 때문에 친환경적이다. 그런데 3D 프린터로 제작된 옷을 입은 느낌은 어떨까 궁금하다. 이런 의상이 보편화되려면 옷이 주는 감촉도 매우 중요한데 이런 의상은 아직은 마치 갑옷을 입은 것처럼 딱딱한 느낌인 것이 사실이다. 면이나 실크처럼 부드럽고 편안한 느낌을 주는 재질이 개발되는 것이 3D 패션이 대중화되는 관건으로 보인다. 2014년

INNOCENTIVE에서는 면섬유를 3D 프린터에 사용할 수 있는 아이디어를 발견한 사람에게 7000달러의 상금을 걸었고, 221명이 여기에 응모하였다.

그런데 우리가 여기서 특별히 주목할 내용은 디타 본 티즈를 위해서 제작된 이 드레스의 구조에는 13세기 수학자인 피보나치의 수열(1, 1, 2, 3, 5, 8, 13, 21, …)에서 얻을 수 있는 '궁극적인 미의 공식'이 기초가 되었다는 드레스의 디자이너인 슈미트의 인터뷰 내용이다. "모든 것은 수학으로 귀결되지요. 수학을 통해서 아름다움이 실현되는 것입니다."

피보나치의 수열에 등장하는 숫자들은 솔방울이나 해바라기의 나선, 데이지 꽃잎에서 나타나고, 피보나치수열로 이루어진 나선 형태는 인간의 귀의 곡선에서부터 은하에 이르기까지 자연에 존재하는 다양한 생명체에서도 확인할 수 있다.

이 인터뷰기사를 읽으면서 위의 드레스의 어디에 피보나치수열이나 나선이 숨어있는지 궁금해져서 드레스를 열심히 살펴보았다. 솔방울이나 해바라기라면 시계방향과 반시계 방향으로 돌기와 씨를 직접 세보면 피보나치수열에 나타나는 이웃하는 두 항(수)이라는 것을 확인할 수 있지만 이 경우에는 사진만 있기 때문에 그것은 불가능하다. 하지만 이 드레스에서 아래 그림에 있는 어깨선과 소매 부분을 자세히 보면 피보나치 나선의 모습인 것을 알 수 있다. 디타 본 티즈의 드레스에서는 피보나치 나선이 의도적으로 구현되었지만, 많은 예술가들과 건축가들은 의식하지 못한 상태에서도 오랫동안 피보나치 나선을 사용해 왔다.

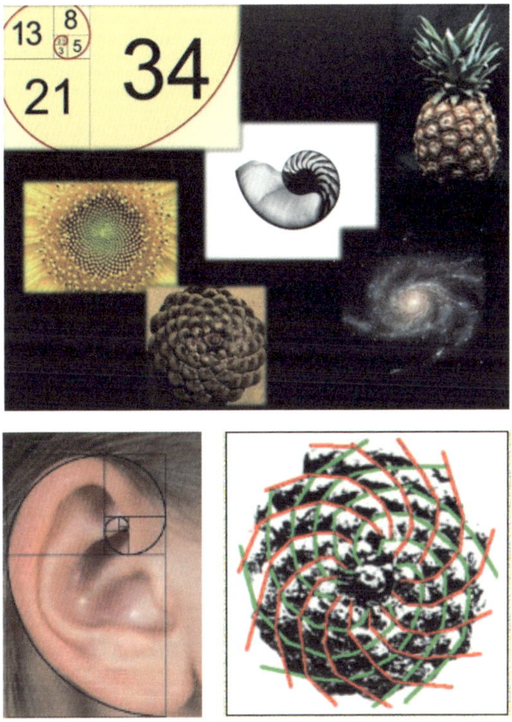

[그림] 피보나치 나선의 예들

https://math.temple.edu/~reich/Fib/fibo.html

[그림] 디타 본 티즈 드레스의 어깨 곡선에 구현된 피보나치 나선

수학을 응용하는 디자이너들

[사진] Flying saucer, Issey Miyake 드레스(1994), 영구 주름이 잡힌 폴리에스터 소재(Πελοποννησιακό Λαογραφικό Ίδρυμα, 2014)

스티브 잡스의 검정색 터틀넥, 플리츠pleats 블라우스, 그리고 바오바오BAO BAO 백으로 유명한 이세이 미야케Issey Miyake. 그는 1980년 대 후반부터 옷감에 주름pleat을 잡는 새로운 방법을 실험에 옮겼다. 그것은 옷감을 먼저 재단하고 바느질을 미리 한 다음에 옷감을 여러 겹의 종이 사이에 샌드위치처럼 집어넣은 후에 열로 압력을 가해서 주름을 잡는 새로운 방식이다. 1993년에 "플리츠 플리즈Pleats Please"라는 이름으로 상업화된 이 방식은 천이 고치와도 같은 겹겹의 종이들로부터 빠져나와도 주름을 반영구적으로 '기억'을 하고, 즉시 입을 수 있도록 제작된 것이다. 이런 방식이 촉감은 물론 유연성을 주어서 몸을 많이 움직이는 발레리나나 지휘자들도 선호한다고 한다.

NBC 뉴스 리포트(2010년)에서는 "패션과 고급수학이 일본의 브랜드 이세이 미야케에서 만나다"라는 색다른 기사를 내보냈다. 수학계는 물론이고 패션 산업계에서도 큰 주목을 받은 이 기사에 의하면 1982년 필드 메달 수상자이며 위상수학의 선구자인 윌리엄 터스톤William Thurston의 8자형 매듭(다음 그림)과 쌍곡 기하학은 이세이 미야케팀의 디자이너인 대 후지와라Dai Fujiwara에게 많은 영감을 주었다.

당시 이세이 미야케의 디렉터였던 대 후지와라Dai Fujiwara는 3차원 위상수학을 구성하는 기하에 대한 터스톤Thurston의 글을 읽고 수학교수

[사진] 필드 상 수상자인 William Thuston 과 당시 Issey Miyake의 디렉터였던 Dai Fujiwara가 5중 링크를 형상화 한 줄을 메고 포즈를 취한 모습(좌), 5중 링크(우)

의 통찰이 이세이 미야케의 팀에게 영감을 줄 것이라는 것을 뼈 속에서부터 느꼈다. 그리고 그에게 즉시 편지를 보냈다. "당신과 나는 둘 다 2차원적인 면surface으로부터 가장 적합한 3차원적인 형태를 찾으려고 노력하는 사람들입니다." 그가 말하는 2차원적인 곡면이란 옷감을 의미하고, 3차원적인 형태란 의상을 의미하는 것 같다.

그 후 대 후지와라Dai Fujiwara[1]는 코넬 대학으로 날아가서 기하학 교수인 터스톤Thurston에게서 푸앙카레의 추측에 대해서도 배우고 교수의 연구실에서 모델들이 그의 작품을 입어보면서 기하 수업도 받았다고 한다. 수학 교수 연구실에서 패션쇼라니! 필자도 패션 디자이너가 나를 찾아온다면 결코 마다하지 않을 것이다.

터스톤Thurston[2]은 자신의 에세이에서 다음과 같이 썼다. "많은 사람들

1. 대 후지와라는 현재는 디렉터가 아님

2. 후학들에게 많은 영감을 준 Thuston 교수는 2012년 작고하였다.

은 수학이 근엄하고 자족적이라고 생각한다. 그러나 그와는 반대로, 수학은 매우 풍요롭고 인간적인 주제이며, 우리들로 하여금 세상의 깊은 상호 연결성을 이해하고 볼 수 있게 해 주는 예술이다. 가장 훌륭한 수학은 모든 정신을 전부 사용하고, 인간의 감수성을 포용하는 것이지, 계산하고 기호를 조작하는 것 같은 우리 두뇌의 작은 부분만 이용하는 것이어서는 안 된다. 아름다움을 추구함으로써 우리는 진리를 발견하고, 진리를 발견하는 곳에서 우리는 믿을 수 없는 아름다움을 발견한다."

[사진] 다음 장의 5중 링크를 소재로 한 드레스들

에리 마쓰이Eri Matsui는 2010년 토쿄 패션쇼에서 자신의 컬렉션들에 “수학, 아트, 패션”이라는 제목을 붙였다. 그녀의 의상은 오른쪽 그림과 같은 곡률이 −1인 의구pseudosphere에서 아이디어를 얻은 것이라고 한다.

에리 마쓰이Eri Matsui는 2000년에 Klein 병, 에셔의 패턴들, 피보나치수열, 매듭이론, 황금비 등에서 영감을 받은 컬렉션을 발표하였다. 그녀는 매쓰매티카Mathematica라는 계산 응용 프로그램을 제작 과정에 이용하였는데, 인간의 열정으로 제작된 것과 컴퓨터 프로그램으로 만들어진 것들을 비교하기 위해서라고 한다. 아래에 그녀의 작품 사진이 있다.

[그림] 곡률이 −1인 의구 (pseudosphere)

[사진] 계산 응용 프로그램인 “매쓰매티카”를 이용해서 디자인한 작품(오른쪽 의상은 클라인의 병을 모티브로 삼았다)

Klein의 병(bottle)

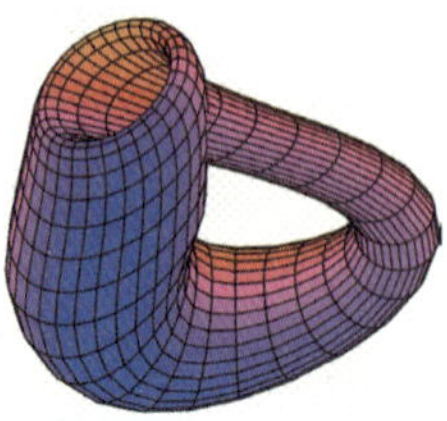

(가) Klein 병

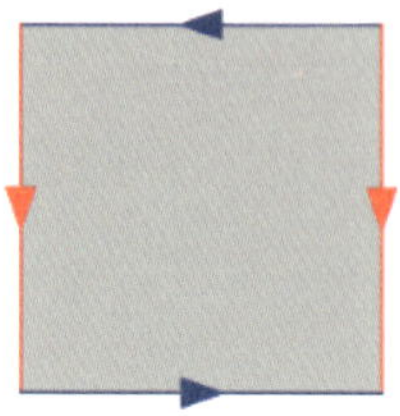

(나) 전개도

(다) Klein 병을 본뜬 형상

Klein 병(bottle)은 (나)의 전개도를 가지고 만든다. 먼저 오른쪽과 왼쪽을 화살표 방향대로 붙이면 원통 형태가 될 것이다. 다음에 위와 아래를 화살표 방향대로 붙여 가면(3차원에서는 물론 불가능하다) 4차원에 존재하는 Klein 병이 만들어진다. 그러니까 (다)의 모형은 실제 Klein 병은 아니다.

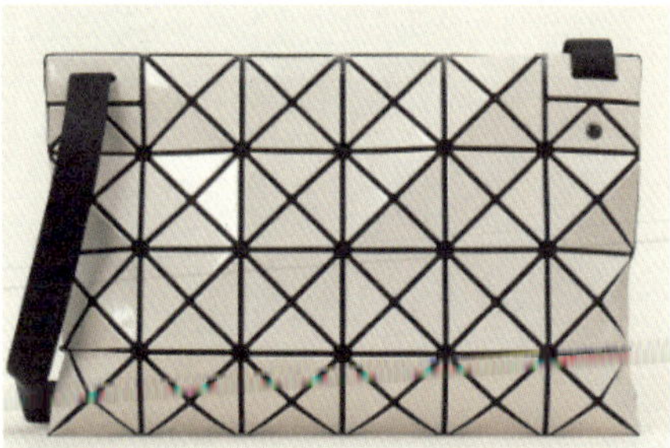

[그림] 바오바오 백

이쯤 되면 "패션 디자이너로 성공하려면 수학을 잘 해야 한다."는 말이 농담은 아닌 시대가 온 것 같다. 그런데 패션 디자인에 관심 있는 독자들 중에서 미야케의 영감의 원천이 무엇인지 생각해 본 적이 있는지 궁금하다. 필자의 생각으로는 그 중의 하나가 "종이접기"라는 확신이 든다. 패션 전문잡지인 Vogue지에서도 2010년 그의 패션을 오리가미(종이접기의 일본말)와 환경 보호에 기초를 둔 패션이라고 소개한 바 있다. 우리나라에도 그 전통이 남아있지만 일본에서는 종이접기가 Edo 시대에 기원을 둔 문화의 일부로 확실히 전통을 지키는 것 같다. 이세이 미야케가 디자인 한 바오 바오 백은 외국에서는 오리가미origami백으로 더 잘 알려져 있다. 가방 전체가 삼각형 조각들로 이루어졌는데, 그 때문에 가방 안에 여러 가지 물건을 넣어도 형태가 융통성 있게 변화한다. 그런데 이것을 자세히 보면 정사각형의 색종이를 몇 번 접을 때 나타나는 형태라는 것을 알 수 있다. 일본의 종이접기 문화가 21세기에는 명품 가방으로 재탄생 한 것이다. 종이접기는 로봇 디자인에도 응용된다고 하니 종이 접기 아트가 또 어떻게 변천할지 모르겠다는 생각이다.

종이접기에서 영감을 받은 로봇 디자인

[그림] 종이로 접은 스콜피온(좌)(Mateusz Głąb)와 개구리(우)(Robert, J. Lang)

[그림] 3단계로 스스로 접어지는 종이접기 로봇(Seth Kroll)

종이접기에서 영감을 받은 로봇 디자인은 우리가 어릴 때 많이 접어본 학이나 메뚜기 접는 방법을 3차원적인 로봇 설계에 적용하는 것이다. 로봇을 종이 접는 방식으로 설계하는 것은 일단 시간이 적게 걸리고 비용도 저렴하다. 종이접기 로봇은 평평한 종이 같은 평면을 다양한 방식으로 복잡하게 접는 패턴을 사용해서 입체적인 몸통구조를 만들 수 있으며, 이 패턴들이 여러 가지 기능과 이동성을 주게 된다.

2014년 MIT와 하버드 대학의 연구팀은 평평한 판으로부터 3차원의 움직이는 구조로 스스로 변신하는 로봇을 개발하였다. 이 로봇은 최종 형태로 조립되는데 약 4분이 소요되는데 변신하는 과정을 보면 어릴 때 아들들이 가지고 놀던 변신 로봇이나 영화 트랜스포머를 연상시킨다. 이 로봇의 구조는 제일 가운데에 구리선이 있고, 위와 아래는 종이 층, 바깥의 두 층은 형상 기억 폴리머로 이루어졌다. 일단 배터리를 장착하면, 로봇은 미리 결정된 형태에 의해서 스스로 접히고, 걷기 시작한다. 물론 이 네 발 로봇의 움직임은 소형 칩과 작은 모터에 의해서 컨트롤 된다. 이 로봇은 현재로는 일초에 5.4센티미터를 움직이지만 종이접기에 기초한 로봇공학의 미래는 매우 밝아 보인다. 이러한 마이크로 칩을 장착한 움직이는 로봇들을 박테리아나 편모의 형태로 설계하면 초소형 인공 수영로봇이 될 수도 있고, 인체의 내부에 들어가서는 의공학적인 수술도 할 것이다.

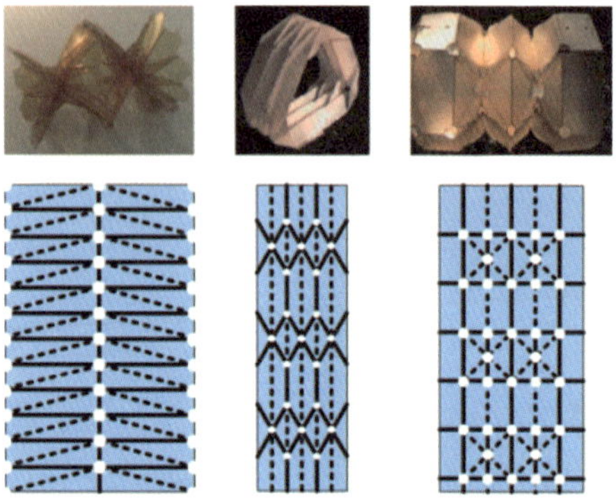

[그림] 종이접기 로봇의 수축성을 테스트한 몇 가지 디자인(위)과 이것들의 2차원 주름 패턴(Cagdas 외, 2013)

생각 코너

Mathematics Museum

이 절에서 생각해볼 과제는 아래의 정 삼각형을 잘 접어서 어떻게 하면 한 번에 가위질해서 삼각형을 오려 낼 수 있는지 그 방법을 찾는 것이다.

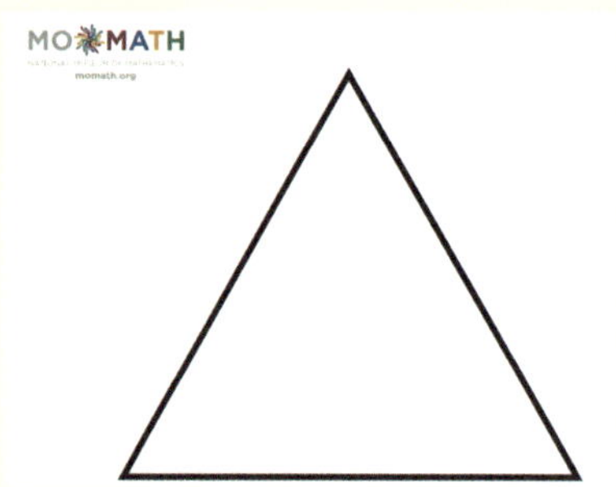

source : momath.org

02

영화 굳 윌 헌팅(Good Will Hunting)의 실제 주인공은 누구였을까?

보스턴 남쪽의 빈민가에서 일용직 노동자로 살고 있는 20세의 윌 헌팅Will Hunting은 사진기 같은 기억력eidetic memory을 가진 천재 수준의 지적 능력을 가졌다. 그는 정규적인 학교 교육을 때려치우고 혼자서 모든 것을 배워나간다. 욕실의 거울에 어려운 수학문제풀이를 적고 지우기를 반복하지만, 한편으로는 MIT에서 청소부로 일하며 친구들과 어울려 술이나 마시면서 시간을 보내기도 한다. 어느 날 수학과 교수이자 필즈메달(수학계의 노벨상) 수상자인 '램보' 교수가 대학원 학생들에게 도전적인 문제를 내 주는데, 그 문제는 그래프 이론의 난해한 문제이다.

Draw all homeomorphically irreducible trees of size N=10

(위상동형적으로 기약이며 크기가 N=10인 트리를 모두 그리시오)

(이 문제를 읽으면 어떤 사람들에게는 그 자체가 하나의 암호문처럼 느껴질 것이라는 것에 충분히 공감한다. 아니면 어떤 영화의 제목처럼 머릿속이 "Inside Out"이 될 지도 모르겠다. 하지만 어떤 문제였는지 소개하는 차원이니

까 너무 부담 갖지 마시기를.)

Good Will Hunting

윌이 그 문제의 해답을 신원을 밝히지 않고 칠판에 적어 놓자 수학과는 물론 전 대학 내에서 화제가 된다. 램보 교수는 신원 미상의 인물을 향하여 더욱 어려운 문제를 제시하며 그에게 도전해보라고 부추긴다.

이 영화는 하버드 대학을 다닌 맷 데이먼이 대학교 재학시절의 과제를 기초로 해서 만든 것이라고 전해진다. 유년시절의 상처로 인해 사회에 적응하지도, 친구를 향해 마음을 열지 못하면서 방황하는, 그러나 뛰어난 머리를 가진 인물을 소재로 만들었다고 한다. 처음에는 물리학 천재를 소재로 하려고 했는데 수학 천재가 낫겠다는 주위의 권고로 소재를 바꿨다는 이야기도 있다.

필자는 이 영화의 주인공인 맷 데이먼처럼 잘 생긴 화장실 청소부를 MIT에서 본 적이 한 번도 없기에 너무 비현실적인 영화라고 생각해서 오랫동안 쳐다보지도 않았다. 그러다가 연구실에 질문하러 찾아온 전자공학과 학생이 그 영화가 너무나 감명 깊었다고 이야기를 오랫동안 하는 바람에 다시 찾아보게 되었다. 그리고 '이 영화의 실제 모델이 누구였을까?'가 새롭게 궁금해지기 시작했다.

필자의 생각에 이 영화는 적어도 두 명의 인물을 융합시킨 것 같다. 한 사람은 수학계에서는 영화보다 더 전설적인 인물로 꼽히는 조지 댄치그George Dantzig이다.

"내가 버클리에 간 첫해에 일어난 일이지요. 그날 네이먼(Neyman) 교수의 강의에 늦게 도착했어요. 그런데 칠판에 두 개의 문제가 적혀 있기에 나는 그것이 과제일 거라고 생각했지요. 문제들을 노트에 적었어요. 그리고 며칠 뒤에 나는 네이먼(Neyman) 교수에게 과제를 늦게 제출해서 미안하다고 사과하면서, 그 문제들이 평소보다 좀 어려웠다고 말했지요. 그리고 교수에게 지금 제출해도 괜찮은지를 물었어요. 교수는 과제를 자기 책상 위에 던져놓으라고 말했지요. 그런데 책상에 너무 많은 페이퍼들이 널려있어서 혹시 내 숙제가 그 틈에서 영원히 사라질까 좀 두렵기도 했어요. 그리고 6주쯤 지났을까, 어느 일요일 아침 8시쯤이었어요. 아내와 나는 누군가가 일층 문을 세게 두드리는 통에 잠이 깼어요. 다름 아닌 네이먼(Neyman) 교수였어요. 그는 손에 내가 제출한 과제를 들고 뛰어 들어오더니, 소리를 질렀어요. '방금 너의 연구에 대한 서론을 썼어. 빨리 읽어봐. 그래야 내가 이것을 학회지에 제출할 수 있으니까.' 몇 분 동안 나는 그가 무슨 말을 하는지 알지 못했어요. 간단히 요약하면, 내가 과제라고 생각했던 칠판에 써진 문제들은 통계분야에서는 오랫동안 증명되지 못하던 문제였던 거지요. 그리고 나는 그걸 모르는 상태로 증명한 것이고요. 몇 년 뒤에 내가 학위 주제로 무엇을 해야 할 지 끙끙거릴 때 네이먼(Neyman) 교수는 '지난번에 푼 그 두 문제를 묶어 봐. 그걸로 박사학위를 줄게' 라고 말하더군요." (snop-ses.com 인용)

이 영화 같은 스토리는 수학을 전공하는 사람이 아니더라도 한 번쯤은 상상해볼만한 이야기다. 그런 일이 실제로 일어나다니! 영화의 소재가 되기에도 전혀 손색이 없어 보인다. 물론 이야기의 실제 주인공은 스탠포드 대학교의 교수도 역임하면서 전설적인 인물이 된다. 그런데 이 이야기는 여기서 끝이 아니다.

얼마 후에 댄치그Dantzig 교수는 자신이 인디애나 주에서 목사님의 설교의 주인공이 된 것을 발견하게 된다. 그가 예전에 루터 파 교회의 슐러Schuler 목사님과 대화할 때, 목사님은 '긍정적으로 생각하기'라는 주제로 이야기를 했었고, 댄치그Danzig 교수도 자신의 그 경험에 대하여 이야기를 했던 것이다. 그로부터 몇 달 후 댄치그Danzig 교수는 목사님으로부터 '긍정적 사고의 힘'에 관한 저서를 쓸 때 그의 이야기를 넣어도 되는지를 묻는 편지를 받았다고 한다. 목사님의 설교 내용은 간단히 요약하면 이런 주제이다. 만일 댄치그Danzig 교수가 옛날 네이먼Neyman 교수의 강의에 늦지 않았다면 어떻게 되었을까? 그렇다면 그 두 문제가 숙제가 아니고 오랫동안 해결되지 않은 악명 높은 문제였다는 것을 알았을 것이다. 그럴 경우에 그는 문제에 대해서 긍정적으로 생각하지 않고 아예 처음부터 기가 죽어서 해결하려는 용기가 생기지 않았을 것이다. 숙제라고 생각했기에 자신이 풀 수 있는 수준의 문제라고 확신했고 도전해서 성공한 것이다.

필자도 이 이야기를 학생들에게 종종 들려준다. 그리고 '이건 엄청 어려운 문제다. 여러분의 선배들도 못 풀었다'라는 식의 말을 되도록 삼가려고 노력하고 있다.

이 영화의 또 다른 주인공이 될 수 있는 인물은 윌리엄 사이디스William Sidis(1898~1944)라는 비운의 천재이다. 그의 삶은 영화에서 주인공인 '윌'이 세상을 피해서 청소부로 숨어 산다는 소재를 제공하는 것 같다. 그는 11세에 하버드 대학에 입학했고, 몇 년 지나지 않아서는 백 명이 넘는 수학 교수들 앞에서 4차원에 대한 강연도 했던 또 다른 전설적인 인물이다. 그러나 그의 인생에는 그를 천재로 만들겠다며 온갖 지원을 아끼지 않고 어린 아이를 밀어붙인 하버드대 심리학과 교수인 아버지와 아들을 위해서 의사라는 전문직을 포기한 어머니가 있었다. 완벽한 '헬리콥터 부모'의 원형이다. 더구나 그의 아버지는 자식을 자신의 심리학적 이론에 대한 '증명'으로 세상에 보이고 싶어 했다. 윌리엄은 라이스Rice 대학에서 수학교수 직도 제의 받지만 곧 사임하고 언론과 사회의 관심으로부터 숨기 위해서 이 도시 저 도시로 끝임 없이 피해 다녔다. 한번은 어떤 직장에서 그를 알아보고 철도 스케줄과 관련된 문제에 대하여 수학적인 해결 방법을 물어보았는데, 그는 하루 만에 그 직장을 집어치우기도 하였다. 하버드 대학에 다닐 때도 그는 '왕따'였고 조롱과 놀림감이었다고 한다.

언론에서는 그를 평화롭게 놔두지 않고 추적하면서 '한 때 모든 이들의 경이의 대상이던 천재가 이제는 비참하게 산다.'는 제목의 기사를 내 보냈고, 그는 이것에 맞서서 소송을 제기 하였다. 대법원까지 올라간 이 소송에서 그는 부분적으로 승소 했지만, 그 후에 곧 45세라는 젊은 나이로 세상을 뜬다. 그는 40개에 달하는 외국어를 스스로 깨우쳤고, 수많은 주제에 대하여 글도 썼지만 여러 가지 다른 필명으로 글을 썼기 때문에 실제로 그가 얼마나 많은 글을 썼는지는 아무도 모른다고 한다(eoht.info 인용).

행복하게 사는 데는 지적인 능력보다 더 중요한 것들이 많다는 것을 느끼게 해 주는 스토리다. 부모의 무모한 야심도 그를 불행하게 만드는데 큰 몫을 한 것 같다.

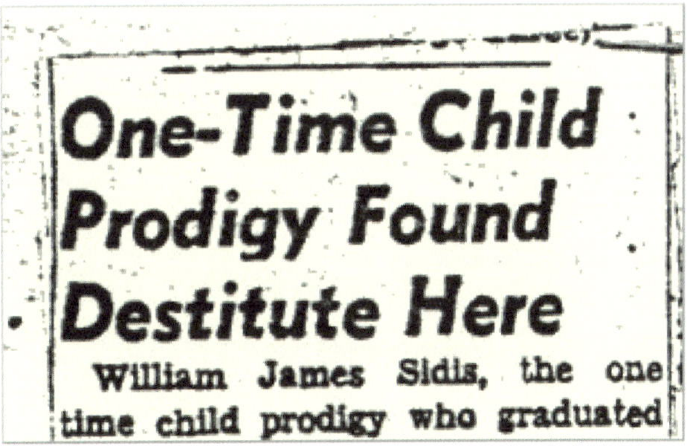
One-Time Child Prodigy Found Destitute Here
William James Sidis, the one time child prodigy who graduated

New Yorker article

굳윌 헌팅은 비록 영화이긴 하지만 해피엔딩으로 끝나서 왠지 다행이라는 느낌이다.

위의 장면이 주인공이 램보 교수가 소개한 문제였던 '점이 10개인 기약인 트리'를 칠판에 푸는 장면이다. 위에 5개가 그려져 있으니까 독자 여러분도 나머지를 생각해 보면 어떨까? 영화에서 소개되었던 난제라고 생각하지 말고 퀴즈의 일부라고 생각하면 10개 모두는 아니어도 그중 몇 개를 찾아낼 수 있지 않을까? 도전하고 싶은 독자들은 다음 페이지를 열지 말기를 바란다.

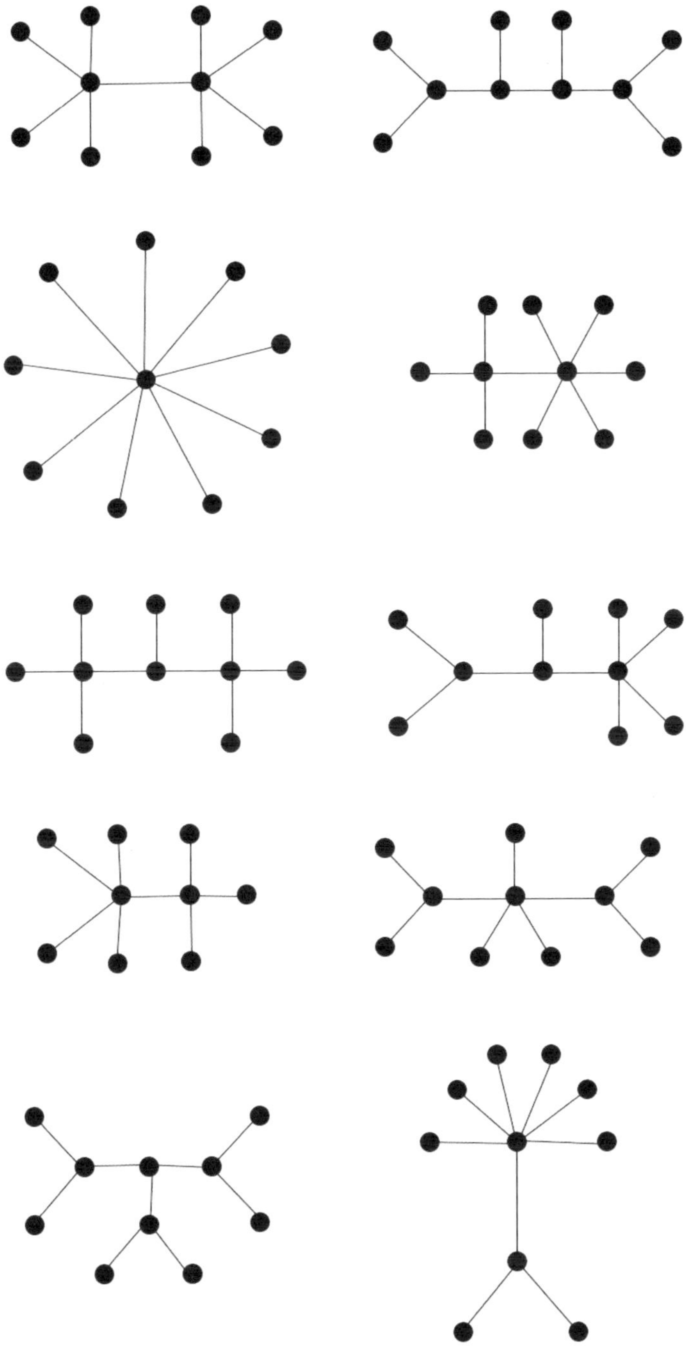

03
법원에 간 π

숫자, 특히 수학적 상수constant가 법정에 서는 일이 과연 있을까? 그런데 현실은 영화보다 더 드라마틱한 것 같다. 우리 모두가 잘 아는 π가 재판을 받았으니 말이다. 2012년 3월 14일 미국 오리건 주의 지방법원 판사인 마이클 시몬Michael Simon은 π에 대하여 무죄판결을 내렸다:

> "π는 저작권의 대상이 아니며, π를 음악으로 표현하는 것은 저작권적 아이디어가 아니다."

분쟁이 시작된 것은 마이클 블레이크라는 음악가가 π를 이용하여 작곡을 한 데서 출발한다. 그는 "π는 어떤 소리가 날까?What π sounds like?"라는 제목의 음악을 작곡하였는데, 이것은 π의 소수점 아래 처음 나타나는 32개 숫자들을 C-장조 음계로 바꾸어서 음악으로 만든 것이고, 2011년에 온라인에 비디오를 올렸다. 이 음악은 온 라인 상에서 꽤 주목을 받았다. 그런데 π에 기초한 또 다른 음악 "파이 심포니Pi Symphony"를 작곡한 에릭슨lars Erickson이 저작권 침해로 소송을 제기한 것이다. 그도 1992년 자신의 작곡을 미국 저작권 협회에 등록했으므로 블레이크의 작곡은 저작권 침해라는 것이다. 시몬 판사는 블레이크에게 유리하게 판결하였고, 이 두 사람 모두의 음악은 온라인에서 만날 수 있다.

유 튜브에서는 블레이크의 음악 뿐 아니라 조회 수가 400만에 이르는 "Song from π"라는 아름다운 음악도 감상할 수 있다. 아래 그림이 π의 소수점을 악보로 표현한 것이다.

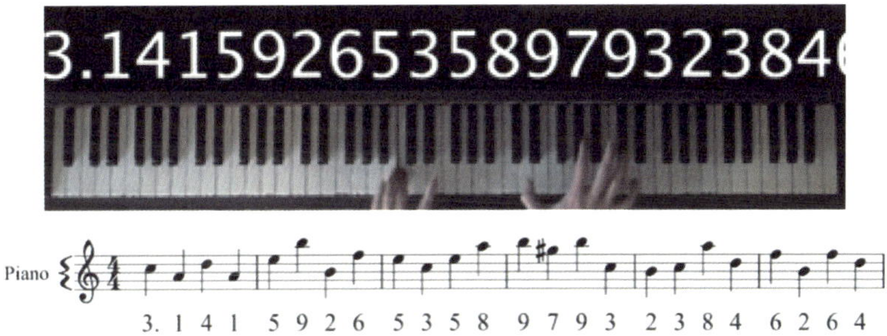

[그림] π로부터 온 음악(Song From π)

출처 : 유 튜브. https://loudr.fm/release/song-from/3HVRN

벤스 피터라는 청년은 버클리 음대의 오디션을 위해서 피보나치수열을 음악으로 표현하였다. 그런데 피보나치수열의 경우에는 0과 9 사이에서만 움직이지 않고 숫자의 크기가 점점 커지니까 10보다 큰 수는

7이나 8로 나눈 나머지를 가지고 음악으로 표현하였다. 필자는 위에서 언급한 세 음악을 모두 다 들어보았는데 "Song of π"는 매우 감미롭고 마음을 포근하게 해주는데 반하여 피보나치수열은 좀 더 웅장하고 스케일이 크다는 느낌이었다. 다음 파이 데이(3월 14일)에는 π 송을 들어보면 어떨까. 아니면 피보나치수열을 벤스 피터와는 다른 방식으로 변환해서, 예를 들면 9나 10, 11로 나눈 나머지를 이용해서 음계로 표현할 수도 있다.

이 글을 쓰다 보니 갑자기 무리수 $e=2.718281\cdots$을 음악으로 나타내면 어떨까 하는 생각이 떠오른다.

π는 미국에서 2009년부터 공식적인 기념일로 지정된 파이 데이(3월 14일)때 즐겨 입는 티셔츠에도 등장한다. 세상에서 가장 안전한 비밀번호Personal Identification Number가 바로 π의 마지막 네 자리 수라는 공공연한 선언이다.

My PIN is the last 4 digits of π

이 셔츠는 nationalpiday.org에서 구입할 수 있지만 사실 가장 안전한 패스워드는 π의 마지막 네 자리 뿐인 것은 아니다. π의 소수점 전개에서 가운데 8자리를 선택했다고 말해도 아무도 알아내지 못할 테니까.

π는 원주율이나 원의 넓이(πr^2), 구의 부피($\frac{3}{4}\pi r^3$)와 관련된 곳에서만 등장하는 것은 아니다. 진자의 주기, 하이젠버그의 불확정성의 원리에도 등장하며, 쿨롱의 법칙, 정규분포와 관련된 가우스의 적분이나 무한급수의 합을 간단히 나타내는데도 등장한다.

π가 등장하는 물리학과 수학의 공식들의 몇 가지 예

$T=2\pi\sqrt{\frac{L}{g}}$ (진자의 주기)

$\Delta x \Delta p \geq \frac{h}{4\pi}$ (하이젠버그의 불확정성의 원리)

$\int_{-\infty}^{\infty} e^{-x^2}dx=\sqrt{\pi}$ (Gauss 적분)

$\frac{1}{1}+\frac{1}{2^2}+\frac{1}{3^2}+\frac{1}{4^2}+\cdots+\frac{1}{n^2}+\cdots=\frac{\pi^2}{6}$ (무한급수의 합)

아르키메데스의 파이에 대한 근삿값을 구하는 방법

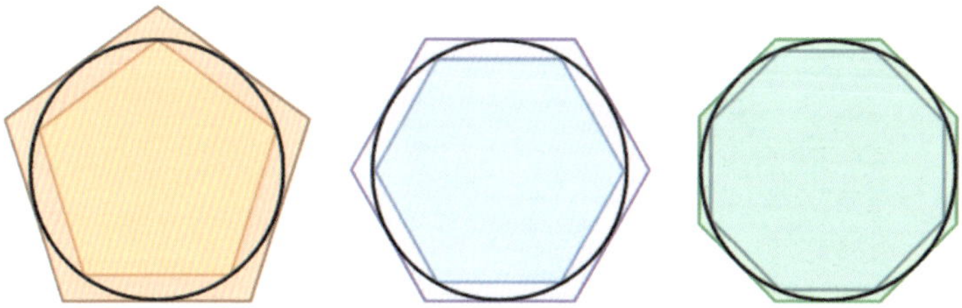

[그림] 아르키메데스는 주어진 원에 내접하는 정다각형과 외접하는 정다각형의 둘레를 구하는 공식을 이용하여 π에 대한 근삿값을 구하였다. 다각형의 모서리의 수를 12 → 24 → 48 → 96개까지 증가시키면서 π의 범위가 $3\frac{10}{71}<\pi<3\frac{1}{70}$ 임을 밝혔다.

04
최초로 도입된 원근법과 마사치오의 성 삼위일체

[그림] Giotto(1226~1337)의 마돈나와 성인들

르네상스는 이탈리아의 플로렌스(피렌체) 지방에서 1350년경에 시작돼서 유럽 전역으로 퍼져나간 인본주의적인 부흥운동을 의미한다. 르네상스 이전의 긴 시기를 중세 혹은 암흑기Dark Age라고 부르는 이유는, 1000년에 이르는 중세가 끊임없는 전쟁과 기근, 흑사병과 같은 비인간적인 특징들로 점철되었기 때문이다. 르네상스가 이탈리아에서 시작된 이유는 입지적인 여건이 가장 중요한 요인이지만, 이탈리아가 로마

제국의 중심이었다는 사실도 있다. 1453년에 비잔틴 제국이 멸망하자, 수도 콘스탄티노플의 학자들은 피신하였고, 이들은 고대 그리스와 로마의 소중한 유산들–서구 유럽에는 긴 중세동안 완벽히 잊혀졌던–을 함께 가지고 탈출하였다. 그리고 그 중에는 유클리드의 '광학'Optics이론도 포함되어 있었다.

[그림] Santo Spirito 성당의 평면도와 실제 모습

중세의 화가들은 상징을 통해서 자신들의 생각을 표현하는 것에 만족했다. 그들은 사람이나 사물을 매우 정형화된 방식으로 표현했는데 여기에는 종교적인 색채가 강했고 중요한 인물을 강조하기 위해서 황금빛의 배경을 주로 사용했으며, 이들 그림에서는 현실적인 연결은 그다지 느껴지지 않는다. 반면에 르네상스 시대의 화풍은 현실적으로 리얼하게 그리겠다는 욕망뿐만 아니라, 자연의 본질인 수학적 법칙을 따른다는 그리스적인 원칙이 다시 부흥하여 반영된 것이다. 르네상스의 화가들은 3차원적인 실제 세계를 2차원의 캔버스에 구현하는 수학적인 방법을 찾기 위해서 100년 이상 고민하였다.

선 원근법을 처음으로 발명한 사람은 브루넬레스키Brunelleschi다. 그는 원래는 건축을 목적으로 선 원근법을 고안했다고 한다. 자신의 고객에게 산토 스피리토Santo Spirito 성당이 완성되면 어떻게 보일지를 평면

도로 그려주었는데, 우리는 그가 그린 평면도와 실제 성당의 현재 모습을 앞에서 비교해 볼 수 있다.

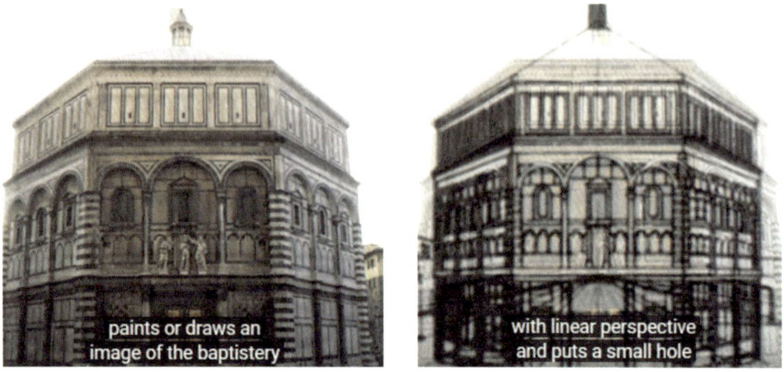

[그림] 피렌체 두오모의 세례당의 실제 모습(좌)과 그림으로 나타낸 이미지(우)

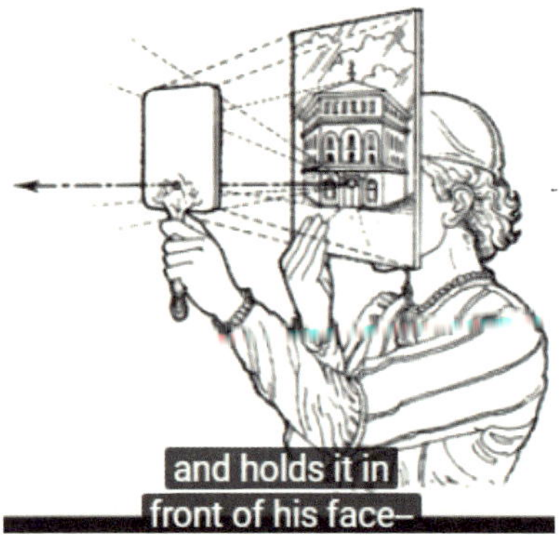

소스 : flicker.com/photos/centralasian/8163672329

부루넬레스키는 선 원근법을 설명하기 위해서 피렌체의 두오모Duomo(대성당)의 세례 당Baptistry의 이미지를 선 원급법과 (중앙의)소실점을 이용하여 그려 보여주었다. 이 그림에는 작은 구멍이 실제로 뚫려 있었는데, 이것이 소실점의 역할을 한다. 이제 그림을 뒤집어서 바깥을 향하도록 들고 반대 손에 든 거울을 작은 구멍을 통해서 보면, 그의 그림이 반사되어서 거울에 상이 맺힌다. 거울을 치우면 물론 세례 당을 직접 볼 수 있다. 이렇게 거울을 치웠다 들었다 하면서 거울에 비친 그림에 나타난 선들이 올바르게 코디 네이트coordinate되었는가를 확인하면서 작업을 했던 것이다.

이 방법은 서양 미술에 가장 심오한 영향을 준 사건으로 평가된다. 15세기 이후 서양 미술에서는 선 원근법을 작품에 반영하든지, 아니면 교묘하게 회피하는 방식으로 작품 활동을 하였다. 선 원근법은 3차원의 세계를 2차원 평면에 착시illusion를 통해서 재창조하는 과학적인 방법이다. 우리 눈에 보이는 모습 그대로를 정확하게 구현하려고 했던 리얼리즘의 정신이라고 해야 할 것이다. 선 원근법에는 아래서 보는 것처럼 네 가지 요소–평행선, 대각선, 수직선, 그리고 소실점이 필요하다.

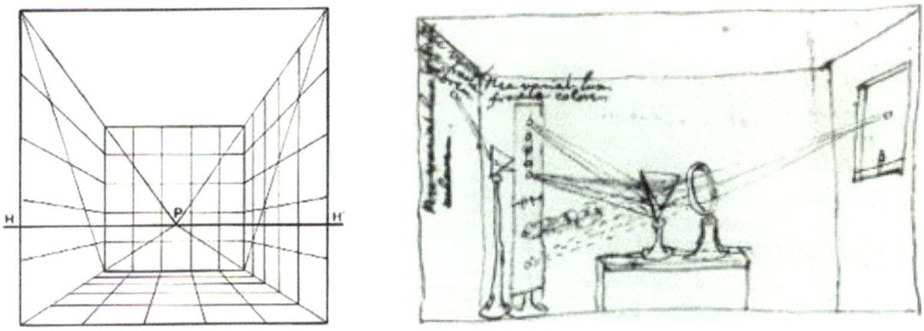

[그림] 선 원근법(좌)와 뉴턴의 광학(Optics)(우)

위의 프레임을 대각선으로 나누면 중앙의 교점은 무한을 의미하는 소실점이고, 모든 평행선들은 궁극적으로 소실점에서 만난다. 관찰자의 시야를 프레임 바깥에 놓고, 소실점을 통과하는 평행선을 단 하나 그릴 수 있다. 관찰자의 시점과 기찻길처럼 생긴 평행선들을 연결해보면 관찰자로부터 멀어질수록 연결되는 각의 크기도 작아지고 만들어지는 사각형의 넓이도 점차로 작아진다. 이렇게 해서 3차원적인 깊이가 평면에 구현되는 것이다. 그러니까 선 원근법은 유클리드 기하를 무의식적으로, 그리고 절대적으로 가정한 기초위에 세워졌다고 해석할 수 있다.

부루넬레스키는 그림의 이미지가 실제 모습과 흡사할 뿐만 아니라, 유클리드의 기하적 광학 법칙을 따르기를 원했다.

유클리드의 '광학Optics'은 36개의 공준으로 구성되었는데, 여기서는 원뿔이나 프리즘과 같은 대상들이 관찰하는 각도에 따라 크기와 형태, 그리고 위치가 어떻게 보이는가를 연구하였다. 오랫동안 잠들어 있던 '광학'은 15세기 초 르네상스 초기의 화가들에게 시각적인 현상을 기하적인 형태로 분석하는 수단을 제시해 준 것이다. 그는 이 기술을 그의 친구인 마사치오Masaccio에게 전수했는데, 마사치오가 그린 피렌체의 산타마리아 누벨라 성당에 그려진 삼위일체Trinity가 원근법을 도입한 최초의 작품으로 알려져 있다.

[그림] Trinity(삼위일체), 프레스코 벽화, Massaccio(1425년 경)

이 작품에 등장하는 인물들은 '삼위일체'의 전통을 따라서 성모 마리아(오른쪽)와 요한(왼쪽)인 것으로 추측된다. 마사치오는 원근법을 사용해서 평면적인 그림 속의 인물들이 마치 실제의 공간이 만들어진 곳에 있는 것 같은 효과를 내도록 묘사하고 있으며, 관찰자가 성당의 일정한 위치에서 그림을 볼 때 그림 속에 또 다른 공간이 있는 것 같은 느낌을 갖도록 한다. 작품에서 부채꼴로 펼쳐진 손을 따라가면 십자가 바로 아래에서 모이는 곳에 소실점이 위치한다. 관찰자의 눈높이도 거기에 맞춰진다. 그래서 보는 사람으로 하여금 성당의 벽을 뚫고 삼차원 공간의 깊이가 느껴지고 연장되는 느낌을 준다. 현대를 사는 우리들은 사진이나 텔레비전을 통해서 3차원을 2차원 평면으로 보는데 익숙해 있다. 그러나 그런 수단이 없던 당시의 사람들에게 이 그림은 매우 큰 충격이었다고 한다. 아마도 그것은 우리가 중세의 그림들–원근법이 사용되지 않아서 입체감이 없고, 인물의 크기는 작품에서의 비중에 따라서 결정되는 작품들–을 볼 때 이것이 비현실적이어서 오히려 유머러스하게 느끼는 것과는 정확하게 대칭점에 놓인 것 같다.

이 작품의 아래쪽 하단은 제단인데, 그 아래의 석관 안에는 비문이 새겨진 유골이 놓여있다.

“IO FU[I] G[I]A QUEL CHE VOI S[I]ETE E QUEL CH[']
I[O] SONO VO[I] A[N]C[OR] SARETE”

(“당신의 현재는 나의 과거였고, 나의 현재는 당신의 미래다”)

이 비문은 인간은 누구나 죽는다는 사실을 상기시키는 경고문memento mori으로 보이는데 삼위일체와 예수의 희생에 대한 믿음만이 인간의 한시적이고 유한한 삶을 극복할 수 있다는 신앙의 표현이라고 해석된다. 실제로 마사치오는 26세라는 젊은 나이에 요절하였다. 이 비문에 대하여 역사학자인 마리 매카시Mary McCarthy는 "이 프레스코 작품은, 비문에 적힌 끔찍한 로직logic과 함께 철학이나 수학에서의 '증명'처럼 느껴진다. 또 가차 없는 눈을 가진 하나님 아버지는 그로부터 모든 것이 따라 나오는 수학의 공준axiom처럼 느껴진다."고 자신의 수학적 교양을 은근히 뽐내며 말하였다.

아래 그림은 중세의 태피스트리(벽을 장식하는 카펫)인데, 인물들의 크기가 성벽의 높이와 거의 같은 것을 볼 수 있다. 르네상스의 그림과 중세 그림의 특징을 비교하기에 안성맞춤이어서 함께 소개한다. 중세의 작품들이 수준이 낮다고 폄하하는 것은 절대로 아니니까 오해는 마시기를.

[그림] Bayeux Tapesrty(1066). 길이가 70미터에 달하며, 노르망디 공작 윌리엄이 일으킨 Hastings전쟁 당시 군대를 묘사한 작품 중 일부이다.

1568년에 피렌체를 다스리던 메디치가의 코지모Cosimo공작은 조르조 바사리Giorgio Vasari에게 산타 마리아 노벨라 성당의 개보수를 맡겼다. 아마도 당시의 트렌드와 정치 종교적 입맛에 맞추고 싶었던 것 같다. 그런데 그 계획 중에는 마사치오의 프레스코 벽화가 있는 채플도 포함되어 있었다. 바사리는 그 작품을 훼손하기에는 너무 아깝다는 생각이 들어서 보수 작업에 들어가자 마사치오의 프레스코 앞쪽에 작은 간격을 만들어서 스크린을 세운 다음에 제단을 설치하였다. 결국 그의 작품을 안전하게 보호해준 것이다. 바사리는 그 사실을 비밀에 붙이고 스크린에 마돈나의 그림을 그렸다. 1860년 또 다른 보수 공사 중에 바사리가 세운 제단이 붕괴되면서 마사치오의 그림이 세상에 등장하여 사람들을 놀라게 하였다. 우리는 그의 작품에 이번에는 어떤 부제를 붙여줘야 정당할까?

"당신의 과거는 나의 현재다.
그러나 당신과 나는 현재에 함께 존재한다."

05

문학작품 속의 4차원과 4차원의 초 육면체

4차원은 어떤 면에서는 무한보다도 더 매력적인 주제이다. 4차원은 비유클리드 기하학이나 4차원 초 육면체가 알려지기 시작한 1800년 대 후반부터 많은 작가들에 의해서 탐구되기 시작했다. 그런데 네 번째 차원에 대한 작가들의 개념은 그것을 시간의 차원으로 볼 것인지, 혹은 3차원 공간에 하나의 차원을 더해서 확장한 것인가를 놓고는 혼재된 경향을 보였다. 요즈음도 대학생들에게 네 번째 차원이 무엇이라고 생각하

[그림] 시간여행을 다룬 사이언스 픽션 영화 Time Machine(1960)

는가 물어보면 시간의 차원이라고 많이들 대답한다. 아인슈타인의 상대성 이론이 알려진 후에 나타난 효과라고 생각된다. 그런데 역사를 거슬러 올라가면 잉카인들과 안데스 인들은 시간과 공간을 동일한 개념으로 받아들였다(Ardner Shirley, 1997).

잉카의 신화에서는 우주(코스모스)의 다른 영역들을 나누는 개념으로 Pacha(패차)라는 용어를 사용한다. 패차는 세계world를 의미한다고 해석되는데, 여기에는 상계, 하계, 현 세계world above, world below, this world라는 세 레벨이 있다. 그런데 이 영역들은 결코 공간적으로만 이루어진 것이 아니고, 공간적이며 동시에 시간적이다. 잉카인들에게 패차는 구체적인 순간으로의 세상world-moment인 것이다.

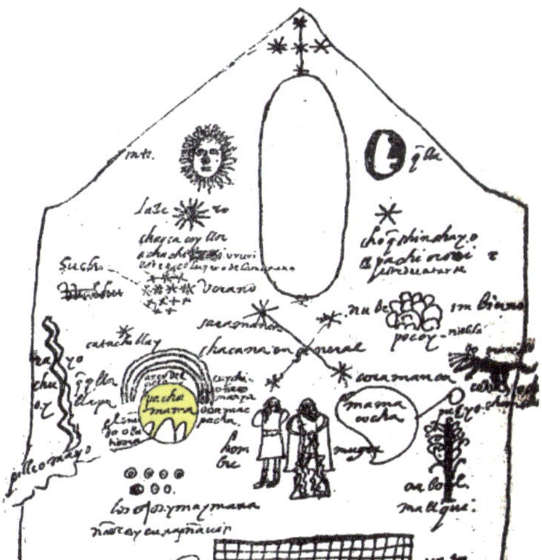

[그림] 태양의 신전 Quirikancha에 있는 그림에 따른 잉카 우주론인 Pachamana의 해석

작가들 중에서 에드가 알렌 포Edgar Allen Poe는 1848년 "유레카"라는 우주론에 대한 에세이에서 "공간과 시간은 하나다SPACE AND DURATION

ARE ONE"라는 견해를 최초로 피력한 것으로 알려진다. 그는 수학이나 논리를 쓰지 않고도 장장 90페이지에 걸쳐서 논증하면서, 시간과 공간은 결국은 동일한 것에 대한 다른 방식의 지각일 뿐이라고 언급하였다.

1880년 러시아의 문호 토스토예프스키는 "카라마조프 가의 형제들"에서 4차원의 세계는 3차원적 세계에 존재하는 세속적인 인간들은 결코 이해할 수 없는 어떤 것으로 묘사하였다: "… 나는 유클리드 적인 세속적인 마음을 가지고 있다네. 그런데 내가 어떻게 이 세계에 속하지 않는 것을 해결할 수 있겠나? 그리고 내 충고는 그런 것은 아예 생각하지 말라는 것일세. 알료샤, 알겠나? 특히 신에 대한 것은 더욱 그렇지. 신이 존재하든 안하든지 말이네. 이런 모든 질문은 3차원적인 아이디어만을 가지도록 창조된 우리의 마음에는 완전히 어울리지 않는 것이지."

1887년에 출간된 오스카 와일드는 소설 "캔터빌의 유령Canterville Ghost"에서 4차원을 유령으로 하여금 마법적으로 탈출할 수 있게 하는 일종의 장치로 사용한다. "… 그는 더 이상 낭비할 시간이 없었다. 그래서 급하게 4차원 공간을 탈출하는 수단으로 사용하자 그는 벽판을 통해서 사라져버렸고, 집은 다시 적막에 잠겼다."

1913년 프루스트는 "잃어버린 시간을 찾아서, 1권(스완의 집 쪽으로)"에서 이 네 번째 차원을 시간의 차원으로 묘사한다. 화자(나레이터)는 콤브레이Combray에 위치한 성당을 다음과 같이 묘사한다. "… 나에게 성당은 마을의 나머지와는 완전히 다른 어떤 것이었다. 그것은 마치 4차원의 시간까지도 점령한 건축물과 같은 존재였다" 그러니까 프루스트에게 4차원은 현재와 과거를 연결하는 시간인 것이다. 11세기에 지어진 이 성당은 원시적이지만 매우 효율적인 '타임머신'이어서 그가 원할 때는 언제나 그를 과거로 데려다줄 수 있었다-그의 글 중에 나오는 또 다른 유명한 마들렌 과자처럼.

독자 여러분에게는 위의 여러 가지 묘사들 중에서 어느 것이 가장 마음에 와 닿는지 궁금하다.

[그림] 프루스트의 콤브레이 Saint-Jaques 성당

이번에는 수학자들의 마음에 들 만한 소설을 소개하려고 한다. 소설 플랫 랜드Flat Land는 1884년에 교장 선생님인 Edwin Abbott이 지은 풍자소설이다. 플랫 랜드는 말 그대로 평평한 2차원의 세계이고, 여기에 거주하는 인물들은 모두 삼각형, 사각형, 오각형 등과 같은 다각형들이다. 소설의 화자인 'A Square(정 사각형)'은 어느 해의 12월 31일에 라인 랜드Line land로 가는 꿈을 꾼다. 라인 랜드는 1차원 세계이고 직선들만 거주한다. 그는 이곳의 독재자에게 플랫 랜드를 이해시키려고 하지만 성공하지 못하고 독재자는 그를 죽이려고 한다. 플랫 랜드로 돌아온 그에게 이번에는 3차원의 스페이스Space 세계에서 A Sphere(구)라는 손님이 찾아온다.

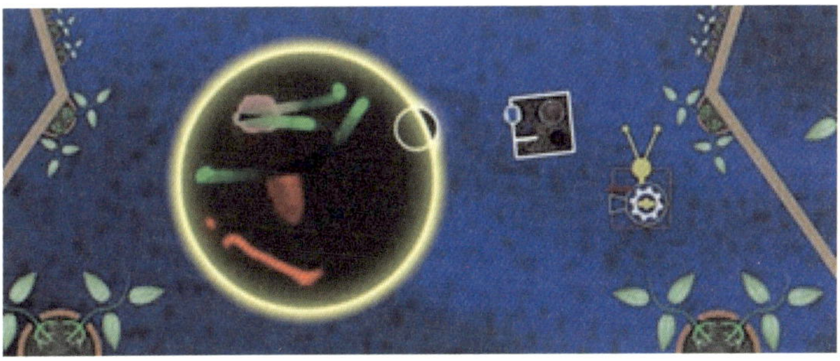

스퀘어(square)와 스피어(sphere)는 여러 차원이 존재할 가능성에 대하여 토의한다

[그림] 영화 Flatland의 한 장면

이 Sphere는 1천년에 한 번씩 플랫 랜드를 방문해서 이곳 거주자들에게 스페이스를 이해시키려고 노력한다. 플랫 랜드의 지배 계급은 스페이스 랜드의 존재를 이미 알고 있지만 일급비밀에 부치고, 3차원의 세계가 있다는 것을 발설하면 사형을 선고한다는 법을 선포하였다. 이제 스퀘어A Square가 새로운 차원에 대한 마음의 문이 열리자 스퀘어A Square는 스피어A Sphere에게 4차원, 5차원 등이 존재할 수 있다는 가능성을 말하지만 A Sphere는 그런 아이디어를 받아들이지 않고 그를 플랫 랜드로 쫓아낸다. A Square는 이번에는 플랫 랜드 거주자들에게 3차원의 스페이스 랜드를 이해시키려하지만 누구도 설득하지 못하고 7년을 감옥에서 보낸다. 그리고 그는 감옥에서 미래 세대를 위하여 자신의 경험을 바탕으로 회고록을 쓴다.

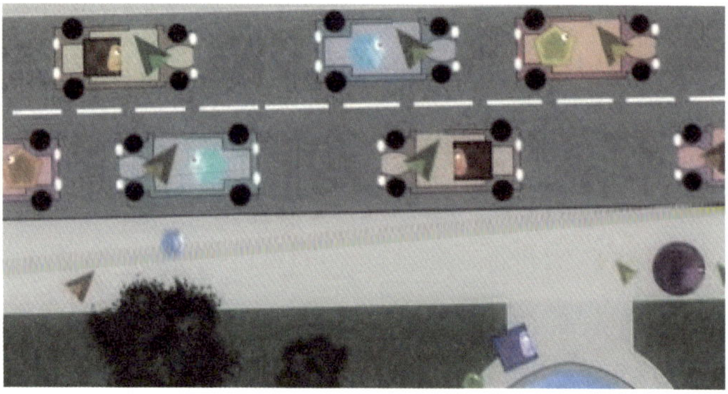

source : 영화 Flatland 중에서, Flatworld production

이 소설은 영국의 빅토리아 시대를 풍자하는 사회소설로 써졌지만 시간이 흐르면서 사회 풍자보다는 다양한 차원을 소개하는 글로도 모든 세대에게 인기가 높다고 한다. 2007년에는 영화로도 만들어졌고, 미국에서는 대학생들의 필독서이다. 소설에서는 남성은 여러 가지 형태의 다각형으로 묘사되지만 여성은 핀처럼 생긴 가느다란 형태로 2차원이 아닌 1차원에 가까운 모습으로 그려진다. 이 경우에 여성은 남성과 달리 면적이 0에 가깝다는 점에서 여성 비하적인 의미도 포함된다–빅토리아 시대에 태어나지 않은 것을 감사히 생각하기로 했다. Abbott은 사회 개혁자였고, 여성의 인권이나 교육의 기회에 대하여 평등주의적 사상을 가진 선구자였다. 당시는 여성이 옥스퍼드 대학이나 케임브리지 대학에 입학할 수 있는 허가를 받은 첫 세대였기에 아직도 여성이 대학에 입학하는 것이 어려운 시대였다. 그는 빅토리아 시대의 여러 가지 사회적 제약과 부조리에 대하여 비판적인 입장을 취했다. 필자는 물론 수학을 공부했으니까 차원의 문제뿐만 아니라 소설에 감춰진 의미가 더 흥미로웠지만 어린이들에게 차원을 어떻게 소개할지 생각해보면 소설보다는 영화가 더 안성맞춤인 것 같다.

플랫 랜드는 처음에는 문단의 주목을 받지 못했는데, 30년이 지나고 난 후에 4차원의 개념을 도입한 아인슈타인의 일반 상대성 이론이 발표되고 나서 재조명 되었다. 1920년에 윌리엄 가넷William Garnett은 네이쳐Nature 지의 에디터에게 쓴 "유클리드, 뉴턴, 그리고 아인슈타인"에서 플랫 랜드의 저자 Abbott을 '현상을 설명할 때 시간의 중요성을 직관적으로 깨달은 선구자'로 묘사한다.

"만일 우리의 삼차원 공간에서 사차원에 대응하는 운동이 있다면, 우리가 경험하는 모든 변화와 시간의 흐름에 대한 배정assign은 이 움직임 때문일 것이다. 미래의 모든 것과 지나간 과거는 4차원 안에서 항상 존재한다."

이렇게 많은 작가들에게 네 번째 차원은–아인슈타인의 상대성 이론이 나오기 이전에도–시간의 차원이었지만, 사실 수학자들에게 4차원의 개념은 공간적인 개념이다.

시간을 네 번째 좌표로 생각하는 것은 편리한 면도 있지만 논쟁의 여지가 있다. 우리가 공간 좌표 (x, y, z)를 사용하는 것은 각각의 좌표들이 독립적이라는 가정에서다. 그런데 시간을 네 번째 좌표로 도입하면 어떤 문제가 발생할 수 있다. 공간 좌표를 그대로 고정한 상태에서 시간의 좌표를 움직이는 것은 가능하지만, 그 반대의 경우는 성립하지 않기 때문이다. 나와 여러분은 공간상의 한 지점에서 과거와 현재, 미래에 존재할 수 있다. 그러나 공간상의 A지점에서 B지점까지 이동할 때는 시간의 변화 없이는 이 일이 가능하지 않기 때문이다. 그런 의미에서 시간을 공간과 완전히 독립적인 변수로 생각하는 것은 철학적인 토론의 대상이 될 수 있는 것이다. '잉카인들은 이 사실을 이미 깨달았던 것일까?'

4차원의 초 육면체(hypercube)를 상상해보자

4차원에 존재하는 대상 중에서 가장 많이 알려진 것은 하이퍼 큐브(hypercube) 혹은 tesseract(테세락트)라고 불리는 초 육면체이다. 옥스퍼드 사전에 의하면 1888년 찰스 하워드 힌턴(Charles Howard Hinton)이 하이퍼 큐브라는 용어를 "새로운 사고의 시대(A New Era of Thought)에서 처음 사용하였다. 1차원의 직선, 2차원의 정사각형이나 3차원의 정육면체에 대응하는 4차원의 초 육면체가 어떻게 만들어 지는지 생각을 발전시켜보자. 아래 그림을 보면서 일단 낮은 차원에서 시작해보자.

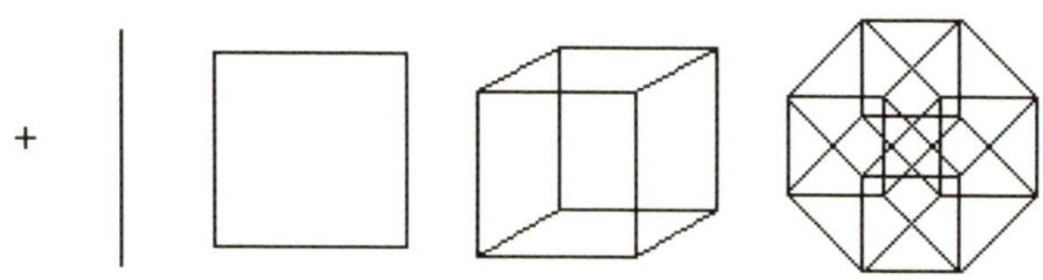

소스 : impossible.info/hypercube

먼저 점(●)을 1만큼 움직이면 선분(1차원)이 나타난다. 이번에는 선분을 선분과 수직인 방향으로 1만큼 움직이면 정사각형(2차원)이 그려진다. 정사각형을 이것이 놓여있는 평면과 수직인 방향으로 움직이면 정육면체(3차원)가 나타난다. 이제 정육면체를 공간과 수직인 방향으로 움직이면 나타나는 것이 4차원의 tesseract이고,

이 작업은 이상적으로는 차원을 높이면서 얼마든지 계속할 수 있다.

초 육면체를 만드는 또 다른(?) 방법을 하나 더 소개하려고 한다. 먼저 2차원에서 정사각형을 어떻게 만들었는지 생각해 보자: 정사각형은 1차원적인 평행하고 길이가 같은 직선 두 개를 가지고 점과 점을 연결해서 만들 수 있다.

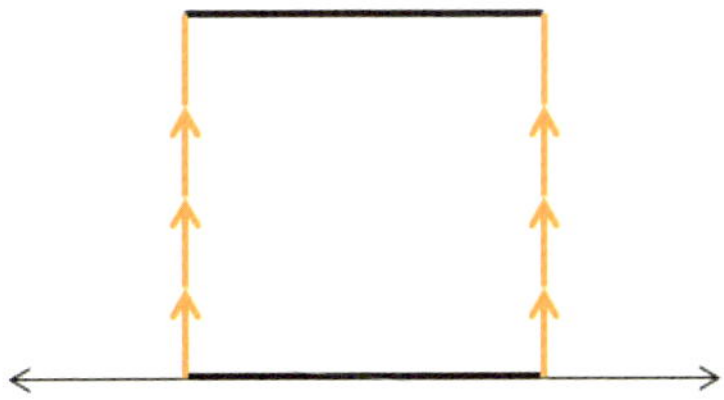

다음은 3차원의 정육면체이다. 정육면체는 우리가 위에서 만든 정사각형의 복사본을 하나 더 만들어서 평행하게 위와 아래에 놓고, 다음에 두 정사각형의 모서리와 모서리들을 연결해서 만들면 된다. 이 경우에는 새로운 모서리가 4개가 필요하다.

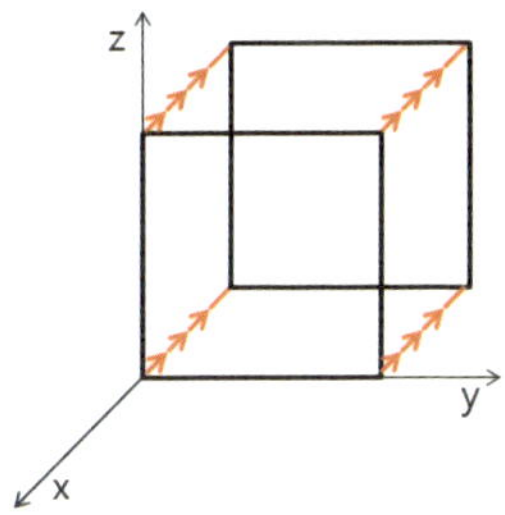

이제, 4차원의 초 육면체를 만들려면, 위의 정육면체와 동일한 복사 본을 4차원에서 평행하게 만든 다음에 연결하면 된다. 4차원 속에 있으니까 꼬이는 일은 없다. 그런데 이번에는 무엇과 무엇을 붙일까? 이번에는 면과 면을 연결해야 한다.

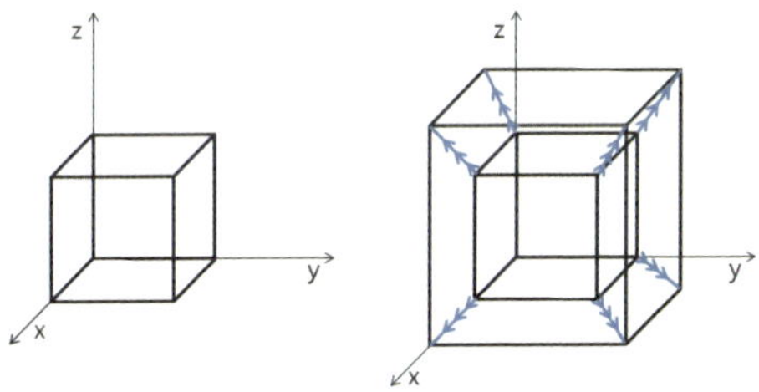

[그림] 정육면체(좌)와 6개의 연결 정육면체 (connector cubes)

잠깐 다시 생각하면 정사각형을 만들기 위해서는 두 평행한 선분(모서리)의 양 끝점을 동일한 길이의 선분(모서리) 두 개로 연결했다. 정육면체를 만들기 위해서는 평행한 두 개의 정사각형의 모서리들을 4개의 정사각형을 가지고 연결했다. 그러니까 초 육면체를 만들기 위해서는 평행한 두 정육면체의 면(6개)을 동일한 크기의 정육면체를 가지고 연결해야 한다. 즉 평행한 정육면체 두 개를 연결하기 위해서 6개의 연결 정육면체(connector cubes)가 필요하다. 아래 그림이 그 과정을 보여주는 것이다.

[그림] 여덟 개의 정육면체가 있는 모양을 네트라고 부르는데, 이것은 2차원에서 전개도에 해당한다(AnonMoos, Byteemoz, 2010)

그래서 초 육면체는 8개의 정육면체를(마치 전개도처럼) 4차원에서 포개서 만들 수 있다.

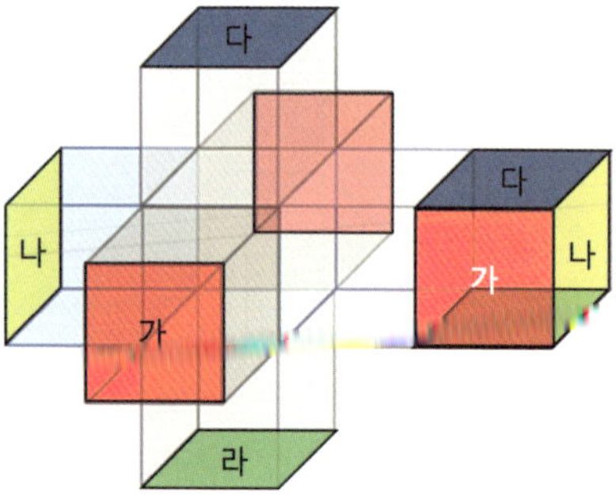

[그림] 제일 오른쪽의 정육면체를 보면 다섯 개의 면이 보인다(왼쪽은 인접한 정육면체와 붙어있다). 이제 이 다섯 개의 면을 (가)는 왼쪽의 (가)면과, (나)는 제일 왼쪽의 (나)와, 아랫면은 (라)와 붙이면 된다. 물론 3차원에서는 이 작업을 완수할 수 없다.

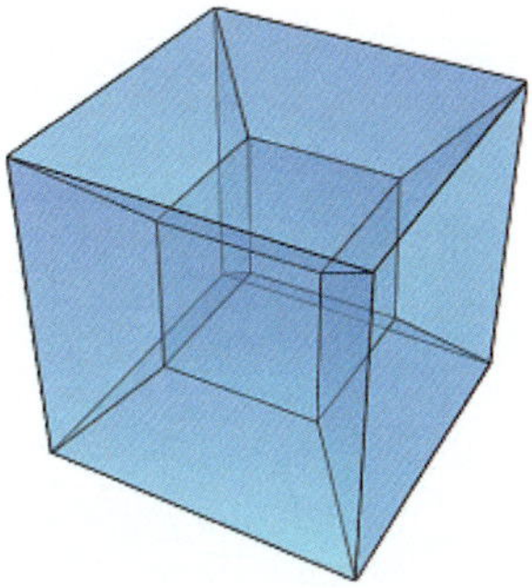

[그림] 4차원 초 육면체를 2차원으로 사영한 이미지

누군가 4차원에 거주하는 존재가 3차원에 있는 우리를 본다면 어떤 일이 생길까? 3차원 공간에 있는 우리가 2차원을 내려다보는 것을 통해서 유추해 보자. 일단은 우리의 겉과 속이 동시에 다 보일 것이다. 일부만 보이거나 하는 일은 없다. 그러니까 4차원에서 달을 관찰한다면 지구에 있는 우리에게는 보이지 않는 달의 뒷면도 동시에 보인다는 의미다.

이번에는 우리가 4차원 세계로 들어가면 어떤 일이 발생할까? 이것도 유추해보자. 2차원에 있는 정사각형은 경계가 있고 내부가 있지만, 이것을 3차원에 가져오면 내부라는 개념이 더 이상 없다. 그것처럼 우리 인간이 4차원으로 가면 내부와 외부라는 경계가 존재하지 않기에 우리의 뱃속에 있는 장기들은 더 이상 어떤 막으로 둘러 쌓여있지 못하게 된다. 그 다음은 상상에 맡기는 것이 좋을 듯하다.

06

초현실주의 작가 Dali의 예수의 초 입방체 십자가 처형(Corpus Hypercubus)

[그림] Salvador Dali(1954), Corpus Hypercubus

예수의 십자가 처형을 그린 이 작품은 달리Dali가 제2차 세계대전이 끝날 무렵 히로시마에 원자폭탄이 투하된 이후에 그린 작품이다. 그가 이전에 그린 다른 그림들, 예를 들면 '흘러내리는 것 같은 시계'The Persistence of Memory(1931년)나 '대나무처럼 뾰족한 코끼리들'The elephants(1948년)은 그를 대표적인 초현실주의의 반열에 올려놓았다. 하지만 원자폭탄의 투하는 달리Dali를 지진처럼 흔들었고, 그 이후에는 이것이 그의 사색의 단골 주제가 되었다. 달리Dali는 여기에서 영감을 받아서 새로운 예술 이론인 "핵신비주의nuclear mysticism"라는 개념을 도입한다. 이것은 과학, 수학, 종교, 그리고 자신의 고향인 카탈라니아적 문화를 접목 시키면서 과거의 초현실주의에서 벗어나서 "클래식으로의 복귀-고전적인 가치와 테크닉"을 주장하는 개념이다. 초현실주의를 통하여 달리는 꿈이나 몽상과 같은 것에서 구원을 찾기도 했지만 원자폭탄의 투하 장면이 그를 꿈에서 단 칼에 깨워버린 것이다.

달리는 이 작품을 기존의 전통적인 "예수의 십자가 처형"에서 벗어나서 완전히 새로운 방식으로 재창조 하였다. 먼저 예수의 처형은 어떤 역사적인 사건으로 조명되지 않는다. 마리아를 제외하고는 주변에 다른 십자가나 어떤 구경꾼도 없으며 예수는 십자가와 함께 추상적인 공간에 떠 있다.

이 작품에서 그의 아내 갈라Gala가 마리아 막달레나Mary Magdalena로 그려지는데, 그녀의 모습은 예수와 비교하면 매우 작게, 그리고 인간의 차원인 바닥에 그려져 있다. 마리아가 예수의 어머니가 아닌 다른 여성이라는 점도 특징이다. 그리고 마리아는 십자가라는 분위기와는 대조적으로 매우 화려한 색깔의 옷을 입고 있는 점도 의아하지 않는가? 이 점에 대해서 달리는 이러한 방식으로 인간의 영광glory을 드러내고자 했다고 설명한다.

바닥에는 거대한 체스보드가 그려진 것, 이것을 두고 혹자는 인생에서 걸어온 여러 가지 여정을 의미한다고 하는데, 이 부분을 제대로 설명하는 평론가는 아직 없는 것 같다.

이 작품에는 전통적인 예수의 십자가 처형에 나타나는 가시관이나 못도 보이지 않는다. 관람객은 시각의 높이 차이로 인해서 예수의 돌려진 얼굴을 볼 수 없다. 예수의 몸에서는 상처를 발견할 수 없고, 나무로 된 네 개의 못도 몸을 관통하는 것이 아니라 마치 떠 있는 느낌을 주고 있다.

누구나 동의하듯이 이 그림의 백미는 하이퍼큐브Hypercube를 풀어 놓은unfold 네트net(전개도)로 표현된 십자가다. 초 육면체는 4차원에 존재하고, 현실적으로 우리는 초 육면체를 3차원으로 풀어놓은 (일종의 전개도인) 네트를 보는 것이다. 필자는 4차원 초 육면체를 사용한 의도가 무엇일까 무척 궁금했었다.

여러 가지 해설을 읽어 보았지만 그 중에서 필자의 마음에 와 닿는 것은 단편 영화 제작자이며 신학자인 Reinier Sonnoveld의 설명이었다. 십자가는 우리의 현실(3차원)에서는 고통과 시련의 상징이지만, 이 특별한 십자가는 접었을 때fold는 다른 차원인 4차원에 존재하게 되고 그것은 완성을 의미하는 초 육면체가 된다. 그러니까 예수가 매달린 십자가는 신만이 존재할 수 있는 다른 세계로 들어간다는 것을 의미하는 장치이며 동시에 예수의 부활을 상징하는 것 같다. 이 해설을 읽고 아하! 그렇겠구나! 하고 동감하였다. 꿈보다 해몽이라지만 읽은 해석 중에서는 가장 그럴듯하다. 사실 달리의 그림에 등장하는 십자가의 예술적이고 종교적인 의미를 확실히 이해하지 못했기 때문에 필자는 이 글을 오랫동안 완성되지 못한 상태였다.

달리는 초현실주의의 꿈에서 깨어난 이후에는 자신의 영감을 과학이나 수학 그리고 신앙에서 찾으려고 하였다. 우연히 달리의 작품에 나오는 십자가를 수학적으로 해석하다가 달리와 친분을 쌓게 된 브라운 대학의 수학 교수인 토마스 밴초프Thomas Banchoff에 의하면 달리는 수

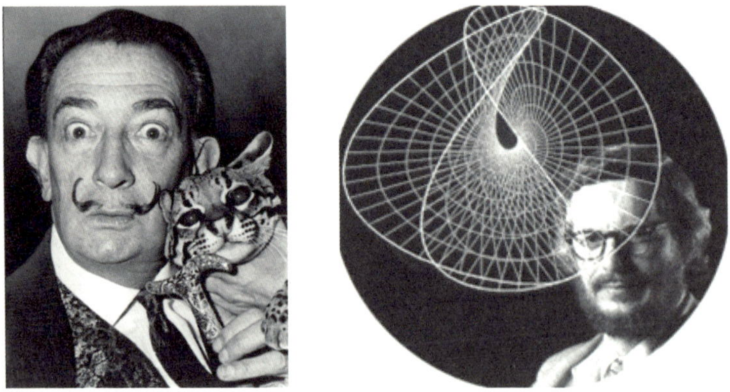

[사진] Dali(좌)와 수학교수 Thomas Banchoff(우)

학이나 과학적 주제들에 대하여 매우 관심도 많고 매우 많은 독서를 하여 박식한 인물이라고 묘사한다. 그가 처음 달리의 비서로부터 만나자는 전화를 받았을 때는 혹시 자신이 어떤 자리에서 말실수를 해서 소송을 당하는 것은 아닌지 엄청 가슴을 졸였다고 한다. 앞의 그림은 두 사람의 사진인데 수학자와 예술가가 각자의 개성 있는 수염으로 분위기를 압도하는 듯하다. 그렇지만 수학자의 수염은 예술가의 수염에 비해서 오히려 세속에 대한 무관심을 나타내는 것 같고 달리의 수염은 초현실주의를 상징하는 듯하다.

생각 코너 Mathematics Museum

(1) 다음의 전개도를 접었을 때 숫자 1부터 5는 오른쪽 도형의 어디에 해당할지 찾아 보시오.

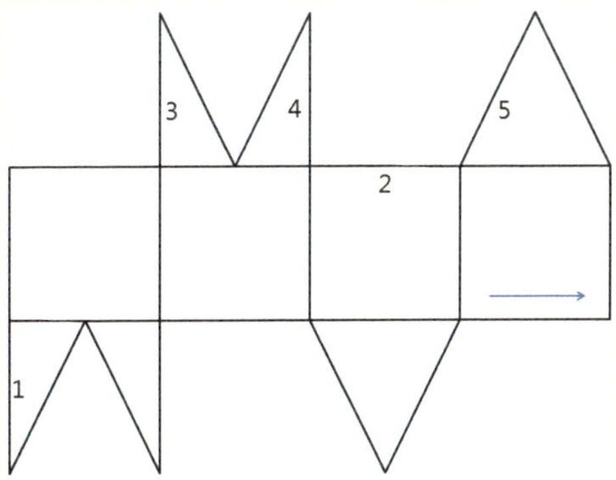

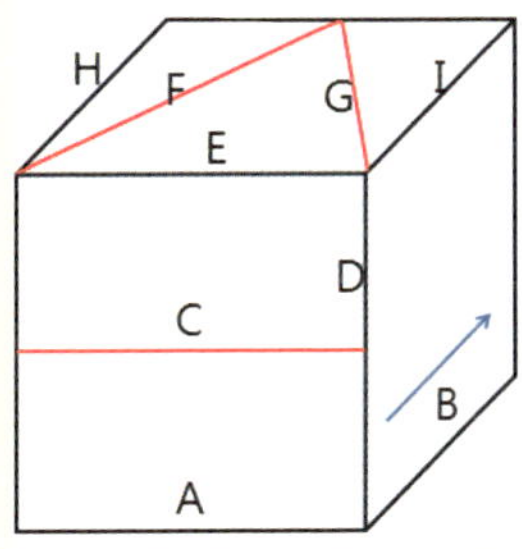

(2) 다음의 전개도를 접었을 때 숫자 1부터 5는 오른쪽 도형의 어디에 해당할지 찾아 보시오.

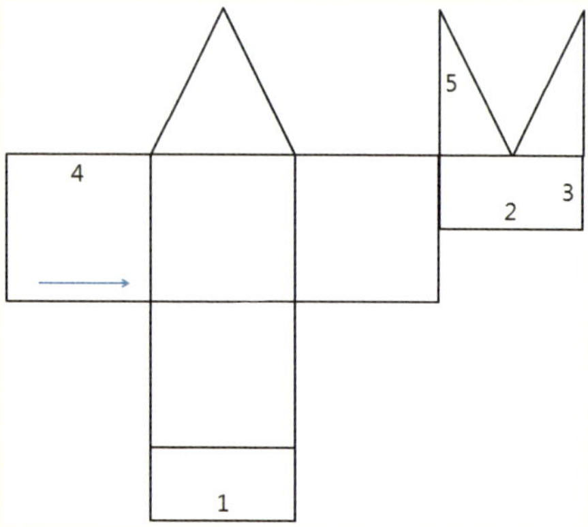

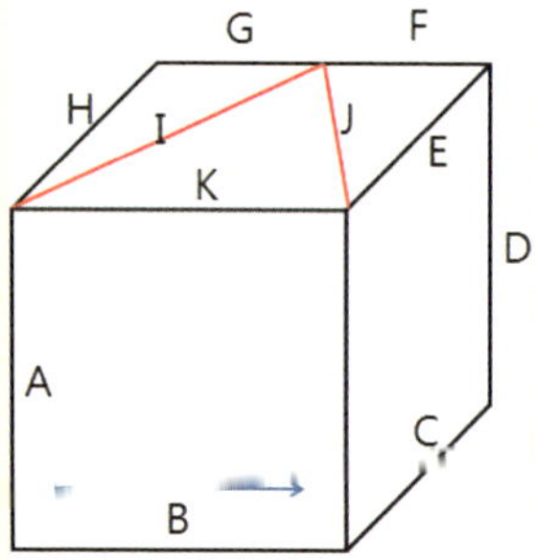

(3) 오른쪽 도형을 잘랐을 때 나타나는 단면의 모양은 1부터 5번 중 어떤 모양인지 고르시오.

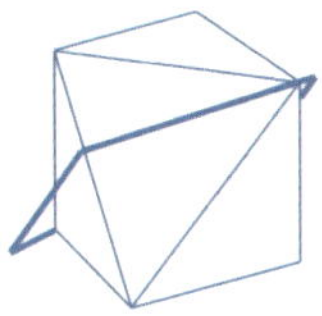

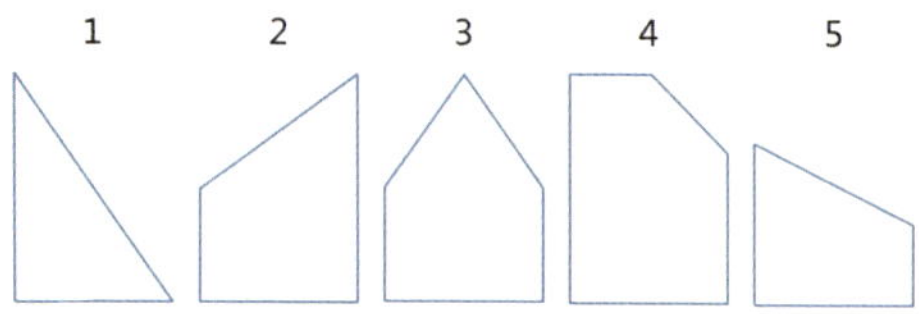

07

나만의 수학 시계를 만들어 보자

오른쪽의 시계는 여러 가지 수학 기호를 이용하여 1부터 12시를 나타낸 것이다.

여기 있는 기호들이 모두 해독 된다면 여러분은 틀림없이 수학을 잘 할 것이다.

생각 코너 Mathematics Museum

이번 절의 과제는 숫자는 1, 2, 3만 사용하고 다른 수학 기호를 이용해서 여러분만의 수학 시계를 만들어보는 것이다. 그런데 모든 수에 1, 2, 3이 반드시 들어가야 한다는 것이 규칙이다. 예를 들면 3시는 $\sqrt{1+2+3!}$ 로 표현한다. 그리고 가우스 함수나 다양한 진법을 이용해도 좋다.

가우스 함수와 반대 개념의 함수를 하나 사용한다. $\lceil N \rceil$은 N을 초과하는 최소의 정수를 나타낸다. 그러면 $\lceil \sqrt{3} \rceil = 2$ 이고,

$10=12-\lceil \sqrt{3} \rceil = 12-2$.

몇 개의 기호를 이용해서 우리는
다양한 물리적 현상을 한 장의 종이에 묘사할 수 있다
(With a few symbols on a paper,
you can describe a wealth of physical phenomena).

– Peter Tyson –

Mathematics
Museum

3

보이지 않는 것을 보여주는 수학

미사일 요격 시스템

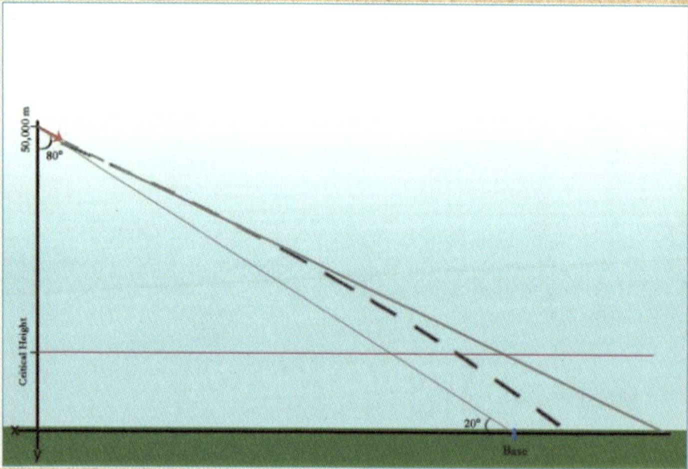

[그림] 적군의 미사일을 레이더로 감지한다.

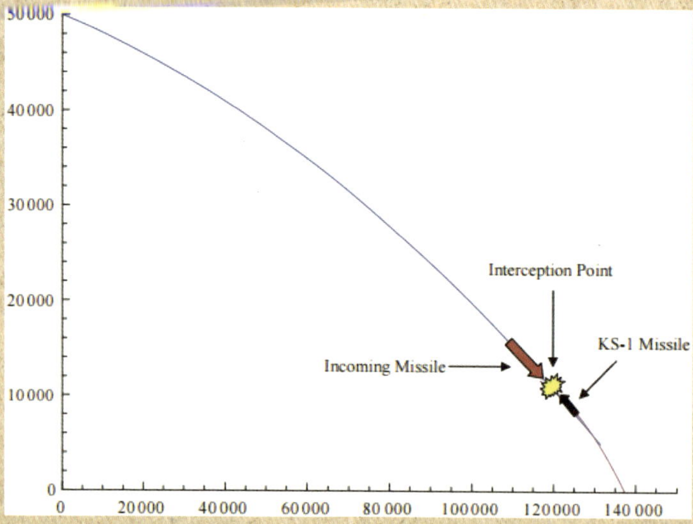

[그림] 미사일의 궤적을 계산, 예측하여 요격한다.(Luis Cintron, 2010)

01

범죄 수사학(Forensics)의 아버지는 누구일까

외국 드라마를 보면 범죄 현장에 과학 수사대가 신속하게 출동해서 범죄 현장에서 다양한 증거들을 수집하고, 희생자의 신원을 밝히며 가해자를 찾아가는 과정이 매우 박진감 있게 그려진다. 과학 수사대원들은 완전 범죄는 없다는 신념으로 증거를 합법적으로 수집하고 이 증거들을 과학적으로 분석한 후에, 범죄에 대한 육하원칙(언제, 어디서, 누가, 누구를, 어떻게, 왜)을 구성하는 것이다. 범죄 수사학은 과학과 테크놀로지의 발전에 따라서 매우 빠르게 진화하였는데, 덕분에 과거에는 사용할 수 없었던 단서들도 이제는 믿을만한 증거로 쓰

이게 되었다. 그래서 과거의 미제 사건cold case이었던 것들이 새로운 수사기법과 증거들을 바탕으로 해결되는 경우도 종종 있다. 예를 들면 범죄자들의 DNA를 데이터베이스 화 하는 작업이 1990년 대 후반부터 구축되면서 미궁에 빠졌던 사건들이 해결되는 사례들이 가끔 언론에 보도된다.

범죄 수사학의 아버지가 누구인지 학생들에게 물어보면 셜록 홈즈라고 대답하는 학생이 있어서 모두들 웃은 경험이 있다. 의학의 아버지가 누구인지는 많이 들었어도 범죄 수사의 아버지는 생소한 모양이다. 그런데 뛰어난 추리력의 소유자이자 탐정인 셜록 홈즈도 어떤 면에서는 비과학적인 면모가 있었다. 예를 들면 셜록 홈즈는 커다란 머리를 가진 사람의 지능이 높다고 추론했는데, 이렇게 사람의 두개골의 형상을 보고 그의 성품과 지능을 판단할 수 있다고 믿는 골상학phrenology은 이제는 더 이상 과학의 영역에 속하지 못한 과거의 유물이다. 또 코난 도일의 작품인 "푸른 카벙클Blue Carbuncle(푸른 홍옥)"에서 그는 여덟 군데에서 잘못된 추론을 하는데, 범죄 수사학 시간에 학생들은 이 작품을 읽으면서 그 여덟 군데를 찾는 것이 교육 과정의 일부에 포함되어 있다고 한다. 아무리 뛰어난 셜록 홈즈라 해도 범죄 수사학을 전공한 사람과 겨룬다면 과연 홈즈가 과학적 기법들로 무장한 요원들보다 더 우수할지에 대해서는 의심이 든다.

범죄 수사학에서는 의학, 독물학, 심리학, 생물학 등의 첨단 과학의 모든 테크닉을 사용한다. 그런데 수학은 어디에서 쓰일까? 사실 수학은 혈액 검사나 DNA 지문채취 만큼이나 기초적인 작업에서 사용된다. 과학 수사대원들이 도착하면 제일 먼저 하는 것 중의 하나가 체온을 측정해서 사망시간을 확인하는 작업이다. 또 발자국이 남아 있으면 그 길이와 폭을 측정해서 발자국 주인의 키를 추정할 수 있고 주인공의 성별도 알 수 있다. 만일 발자국이 보드라운 진흙에 남겨졌다면 그의 몸무게를 추정하는 것도 어느 정도 가능하다. 또 여러분이 고등학교 때 배운 피타고라스의 거리 구하는 공식과 원의 방정식을 이용하여 범죄가 일어났을 최대 반경을 예상할 수 있다. 만일 여러분이나 내가 그 반경 안에 우연히 있었던 것이 알려지면 우리는 범죄의 용의선 상에 오를 것이다.

사망자의 체온을 측정해서 사망 시간을 알아내는 것은 '뉴턴의 냉각 법칙'을 따른다. 이것을 직관적으로 이해하는 것은 어렵지 않은데 어떤 물체의 온도를 시간 t의 함수로 나타내서 $T(t)$라고 하고, 주변의 온도를 T_s라고 하면 물체의 온도가 변화하는 속도는 주위 온도와 그 물체의 온도의 차이$(T_s - T(t))$에 비례한다는 가정에서 유도된 것이다. 경험적으로도 물체의 온도보다 주위의 온도가 낮으면 물체는 차가와질 것이고, 반대의 경우라면 물체의 온도는 올라갈 것이다. 아이스크림은 여름에 더 빨리 녹고, 뜨거운 커피는 겨울의 찬 공기에서 더 빨리 식는다. 그래서 온도가 변하는 속도는 주변 온도와의 차이가 얼마나 큰가에 달려 있다. 이 뉴턴의 냉각 법칙을 풀면(여기서는 과정은 생략하겠다) 온도는

$$T(t) = T_s + (T_0 - T_s)e^{-kt}$$

와 같은 지수함수의 형태가 된다. 여기서 T_0는 물체의 최초의 온도이

다. 실내 온도를 체크해서 $T(t)$에 대입하고, 한 시간쯤 후에 변화된 체온을 측정하면 k(냉각상수라고 부른다)를 구할 수 있다. 그러니까 위의 식에 따르면 온도 변화는 선형적으로(일정한 기울기를 가지고) 일어나지 않고 지수적으로 변화한다. 다음 그림은 감소하는 지수함수의 그래프의 한 예이다. 물론 과학 수사대는 이 식을 일일이 푸는 것은 아니다. 그들에게는 참고할 수 있는 테이블도 있고, 경험이 쌓여서 사망시간을 좀 더 빠르게 구할 수 있다.

$$T(t) = 37.5 + 9\,e^{-0.02t}$$

Plots:

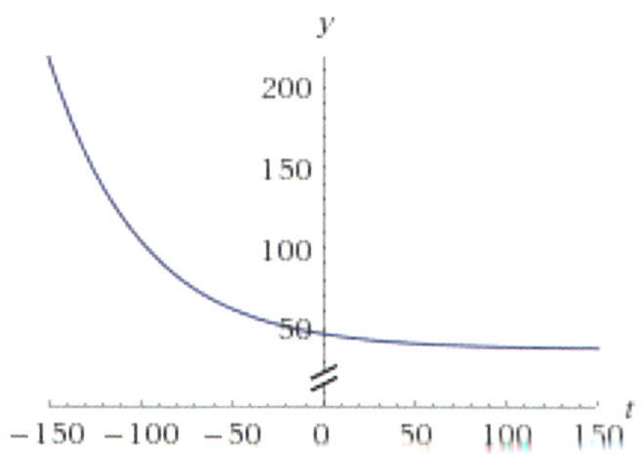

(t from −150 to 150)

삼각측량법은 휴대폰의 위치를 추적해서 용의자나 납치당한 사람을 찾는 또 다른 수사 방법이다. 이것은 용의자나 납치된 사람의 휴대전화가 발신되는 기지국에서 제공되는 정보(거리와 방향)와 삼각함수의 몇 가지 법칙들을 이용해서 그의 위치를 추적할 수 있다. 물론 용의자는 위치를 노출시키고 싶지 않기 때문에 자신의 휴대전화를 끄고 공중전화나 일회용 전화를 사용해서 발신지 추적을 어렵게 만든다. 앞으로는 용의자의 스마트 폰 (범 지구) 위성항법장치GPS, Global Positioning System를 사용해서 범인을 검거하도록 우리나라도 법이 바뀐다고 한다. 이 방식은 24개의 인공위성에서 보내오는 마이크로파로 전해지는 정보(3차원적인 위치, 속도, 시간 측정)를 이용해서 위치를 추적하는 것이기 때문에 오차가 매우 작다는 장점이 있다.

GPS 시스템의 간단한 이론

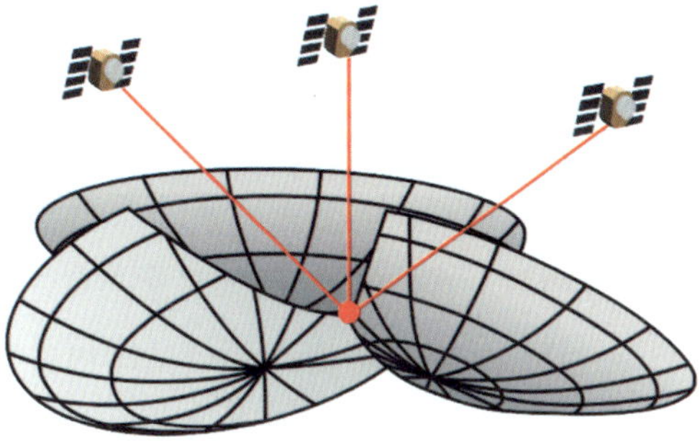

[그림] 세 개 이상의 GPS 위성으로부터 송신된 신호를 수신하여 위성과 수신기의 위치를 결정한다(Trex2001, 2010).

위성에서 송신된 신호와 수신기에서 수신된 신호의 시간차를 측정하면 위성과 수신기 사이의 거리를 구할 수 있다. 이 때 위성으로부터 거리가 일정한 점들의 집합은 구로 나타난다. 그러니까 수신국(혹은 용의자)은 구 위에 있는 어떤 한 점에 위치한다. 이것은 결코 충분하지 못한 정보이다. 두 번째 위성에서 온 신호는 두 번째 구를 결정해준다. 그러면 위치는 두 구의 교선, 즉 원주의 어딘가에 있게 된다. 정보가 좀 더 정확해졌다. 이제 세 번째 위성에서 온 신호는 세 번째 구를 그려준다. 여기서도 교선으로 원주상의 한 점이 현재 위치가 될 것이다. 이 세 개의 구의 공통집합인 한 점이 수신국의 위치가 된다. 그러나 시계가 완전히 정확하지 않기 때문에 오차가 발생하고, 오차를 보정하고자 보통 네 개 이상의 위성을 이용해 위치를 결정한다.

그런데 범죄 수사의 전체 과정에서 수학이 사용되는 것은 이런 특수한 경우에만 국한되는 것이 아니다. 과학 수사대들은 혼자서 일하는 것이 아니고 팀워크를 이루며, 모든 증거들에 기초해서 연역적인 추론을 한다. 이 연역적인 추론과정이 가장 수학적인 사고력을 동원하는 것이라고 필자는 생각한다. 증거들을 종합해서 합리적이고 분석적으로 판단하는 능력은 수학적 사고와 동일하기 때문이다.

이 글을 읽으면서 여러분들이 누가 과연 '범죄 수사학의 아버지'라는 타이틀을 가져야 한다고 생각했을지 궁금하다. 공식적으로 그는 아르키메데스(287 B.C.~212 B.C.)이다. 히에론 왕으로부터 왕관이 순금으로 만든 것인지를 녹이거나 부수지 말고 확인해달라는 요구를 받고, 그는 부력의 원리를 이용하여 문제를 풀었다. 아르키메데스의 원리로 알려진 이 법칙은 "어떤 물체를 물(또는 유체)에 넣었을 때 부력(밀어내는 힘)을 받는데, 그 크기는 물체가 물에 잠긴 부피에 해당하는 유체의 무게와 같다는 내용이다. 아르키메데스는 만일 그 왕관이 순금으로 만든 왕관이라면 동일한 무게를 가진 다른 순금 덩어리와 비교했을 때 동일한 양의 물을 밀어내야 한다는 것을 깨닫고 '유레카'를 외친 것이다.

다음에는 우리가 셜록 홈즈 또는 아르키메데스가 되어서 연역적인 추론을 해 보자.

연역 추론 문제를 함께 풀어보자. 셰릴의 생일날은 언제일까?

알버트와 버나드가 셰릴과 친구가 되었다. 이들은 셰릴의 생일 파티를 해 주고 싶어서 셰릴에게 생일을 물어보았다. 그러자 셰릴은 10개의 가능한 리스트를 주었다. 그 리스트들은 다음과 같다:

5월		15	16			19
6월				17	18	
7월	14		16			
8월	14	15		17		

이들 중 하나가 그녀의 생일이다. 두 사람이 불평하자 셰릴은 힌트를 더 주었는데, 알버트에게는 생일이 든 달을 알려주었고, 버나드에게는 날짜를 알려주었다. 이 정보를 들은 후에 알버트가 말하였다:

알버트: 나는 셰릴의 생일이 언제인지 모른다. 그러데 나는 버나드도 모른다는 것을 알고 있다.

버니드: 나는 셰릴의 생일이 언제인지 몰랐는데, 이제 알게 되었다.

알버트: 나도 이제 셰릴의 생일이 언제인지 알게 되었다.

과연 셰릴의 생일은 언제일까? 이들의 대화 내용을 따라 가면서 연역적으로 추론해 보자.

풀이 알버트는 생일이 든 달을 안다. 그러니까 만일 생일이
5월 이라면 → 가능한 날짜는 15, 16, 19일
6월 이라면 → 가능한 날짜는 17, 18일
7월 이라면 → 가능한 날짜는 14, 16일
8월 이라면 → 가능한 날짜는 14, 15, 17일이다.

반면에 버나드는 날짜를 안다. 그러니까 만일 생일이
14일 이라면 가능한 달은 7월, 8월
15일 이라면 가능한 달은 5월, 8월
16일 이라면 가능한 달은 5월, 7월
17일 이라면 가능한 달은 6월, 8월
18일 이라면 가능한 달은 6월
19일 이라면 가능한 달은 5월이다.
이제 주목할 것은 알버트의 말이다. '나는 생일이 언제인지 모른다. 그런데 버나드도 모른다는 것을 알고 있다' 여기서 어떤 결

과를 유도할 수 있을까? 버나드는 날짜를 들어서 알고 있다. 그가 들은 날짜가 18일이나 19일 이라면 버나드는 생일을 알게 된다. 그러나 알버트의 입장에서 버나드가 모른다는 것을 알려면 알버트는 생일이 든 달이 7월이나 8월이라는 언급을 받았어야 한다. 그래서 생일은 5월이나 6월이 아니다. 또 생일은 18일이나 19일도 아니다. 5월과 6월, 그리고 18일과 19일을 리스트에서 제외하자. 그러면 알버트는 다음 정보를 가지고 있게 된다.

7월 이라면 → 가능한 날짜는 14, 16일
8월 이라면 → 가능한 날짜는 14, 15, 17일이다.

또 버나드는 다음 정보를 가지고 있게 된다.
14일 이라면 가능한 달은 7월, 8월
15일 이라면 가능한 달은 8월
16일 이라면 가능한 달은 7월
17일 이라면 가능한 달은 8월이다.
그런데 버나드는 (날짜를 아는) 이제 생일이 언제인지 알게 되었다고 했다. 그는 알버트의 말로부터 생일이 든 달이 7월이나 8월이라는 것을 유추하였다. 날짜가 14일이라면 그는 계속해서 오리무중이었을 것이다. 그러므로 생일은 15일이나 16일, 17일이다. 알버트의 리스트에서 다른 날들(14일)을 제외하자.

7월 이라면 → 가능한 날짜는 16일
8월 이라면 → 가능한 날짜는 15, 17일이다.

이제 알버트도 생일이 언제인지 알게 되었으므로 그것이 가능한 것은 7월 16일이다. 셰릴의 생일은 7월 16일이다.

(이 문제는 2015년 아시아(홍콩) 수학 올림피아드(SASMO)에 출제되었고, 2015년 4월 10일에 Kenneth Kong의 페이스 북에 올라온 문제이다. 그리고 뉴욕 타임즈 (2015년 4월 15일)와 가디언에도 게재 되었다.)

생각 코너

Mathematics Museum

심리학자들에 따르면 우리가 머릿속에서 사고를 수행하는 방식에는 두 가지 타입이 있다고 한다. 첫 번째 타입은 신속하지만 조심스럽지는 않은 타입이고, 두 번째는 느리지만 숙고하는 타입이다. 교실에 들어오는 사람이 수학 선생님이라는 것을 확인하는 데는 첫 번째 방식이면 충분하다. 반면에 $\sqrt{17869}$ 의 근삿값을 구하는 문제를 해결하기 위해서는 두 번째 방식으로 접근해야 할 것이다.
다음 문제를 살펴보자.

〈문제1〉 야구공과 야구방망이의 값을 합하면 1100원이다. 그런데 야구 방망이의 가격은 야구공보다 1000원이 더 비싸다. 각각의 가격은 얼마일까?

여러분이 이 문제를 풀 때 직관적으로 떠오른 답, 즉 야구공의 가격이 100원이라고 생각했을 확률은 무려 80%가 넘는다. 예일 대학교의 Shane Frederick 교수가 수행한 연구에 따르면 미국의 대학생 3428명 중에서 17%만 정답을 말했다고 한다.
이것은 물론 수학실력을 확인하는 문제는 아니다. 야구공의 가격이 100원이라면 배트의 가격은 1000원이고, 그 차이는 900원이 된다. 답을 말하기 전에 잠시라도 생각해 보면 잘못된 답이라는 것을 알 수 있다.

〈문제2〉 5개의 장치를 만드는데 5개의 기계가 5분간 작동되어야 한다. 그러면 100개의 장치를 만들기 위해서 100개의 기계는 얼마동안 작동해야 하는가?

출처: Shane Frederick, 2005

02

알렉산더 대왕과 매듭 -고르디우스 매듭은 어떤 모양이었을까

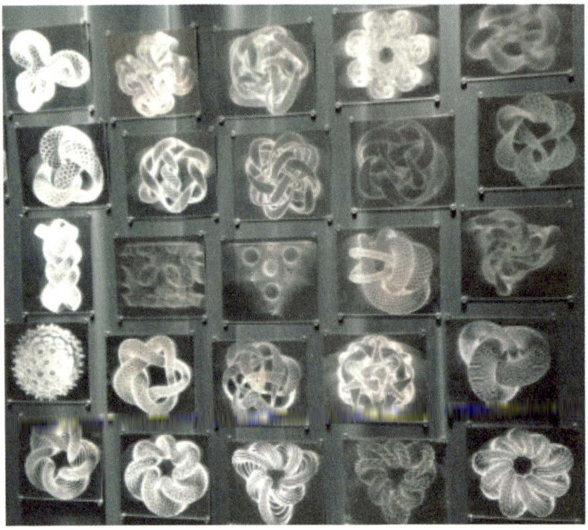

소스: 수학 뮤지엄(뉴욕)

역사적으로 가장 유명한 매듭은 아마도 알렉산더 대왕과 연관 있는 고르디우스Gordian 매듭인 것 같다. 고르디우스 매듭은 프리기아Phrygian의 전설로 내려오는 매듭이다. 먼 옛날 프리기아의 신탁에 의하면 소달구지를 끌고 성문으로 들어오는 사람이 다음 왕이 될 것이라고 하였다. 어느 날 농부인 고르디우스가 소달구지를 끌고 성안으로 들어왔고, 그는 왕으로 추대되었다. 감사의 마음으로 그는 수레를 프리기아의 신(제우스에 해당한다)에게 바쳤다. 그리고 아주 정교한 매듭을 만들어서 기둥에 묶었다. 그런데 또 다른 신탁에 의하면 그 매듭을 푸는 사람이 아시아의 왕이 될 것이라는 것이었다. 많은 사람들이 매듭을 풀어보려고 하였지만 모두 실패하였고 수레는 그 상태로 오랫동안 사원의 기둥에 묶여 있었다. 드디어 333B. C.에 알렉산더 대왕이 근처를 지나가다가 소문을 듣고 그 매듭을 풀어보려고 하였다. 그러나 아무리 애를 써도 매듭을 풀지 못하자, 알렉산더 대왕은 단칼에 그 매듭을 둘로 쪼개버렸다는 전설이 내려온다.

물론 이 대목에서 우리는 알렉산더의 방식이 왠지 공정하지 못하다는 의구심이 든다. 누구도 그의 면전에서 대놓고 말하지는 못하였겠지만 그 매듭은 끊으라고 존재한 것이 아니라 매끄럽게 한 줄로 풀어보라는 퍼즐이었으니까. 그런데 여기서 잠깐 생각해보자. 알렉산더는 아리스토텔레스로 부터 배운, 결코 어리석은 사람이 아니었다. 아마도 당시에 유행하던 많은 논리적인 수수께끼에도 접해보았을 것이다. 혹시 알렉산더는 그 매듭이 어떤 조작으로도 풀 수 없는 매듭이라는 것을 곧 깨달은 것은 아닐까? 당시 그리스인들은 자와 컴퍼스만 가지고 원과 동일한 면적을 가지는 정사각형을 작도하는 문제도 제시하곤 하였다. 그리고 오늘날 우리는 그것이 불가능하다는 것을 증명할 수도 있다. 매듭과 관련된 일설에는 신하인 아리스토불르스가 아주 간단하고 쉬운 해법을 제시했는데, 그 방법은 매듭을 푸는 대신에 멍에를 수레와 연결하

[그림] Jean-François Godefroy(1767) 고르디우스 매듭을 자르는 알렉산더

는 핀을 뽑아버리는 것이었다. 이렇게 하면 전차는 기둥에서 저절로 떨어져 나온다.

알렉산더 대왕이 실제로 매듭을 두 동강냈는지, 혹은 핀을 뽑았는지는 이후에도 계속 논란이 되어오지만, 이 전설은 “불가능한 매듭을 푸는” 것과 같이 해결하기 힘든 문제와 그것을 ‘상자 밖에서 생각해서think outside the box 창의적으로 해결한’ 알렉산더 대왕 식의 문제해결에 대한 은유로 사용된다. 과연 고르디우스의 매듭은 어떤 모양이었을까? 만일 그것이 매듭의 양 끝이 이어져서 끝이 없는 매듭이라면, 그것은 테크니컬하게는 수학자들이 다루는 매듭인 것이다.

매듭 예찬론자들은 인류의 문명은 매듭과 함께 하였다고 주장할 것이다. 사실 오랜 세월을 인류에게 도움을 주었으면서도 그다지 주목을 받지 못하는 것이 매듭인 것 같다. 매듭이 우리의 일상생활에서 어떻게 쓰이는지 알면 사실 놀라게 될 것이다. 기본적으로 모든 신발 끈, 남성들의 넥타이에, 머리를 묶을 때 쓰이는 고무줄, 스카프의 매듭, 벨트, 낚시 그물, 스웨터의 직조문양에도 케이블-니트가 있고, 간호사들은 지혈을 위해서 압박붕대를 매듭으로 묶는 것을 배운다. 디지털 테크놀로지와 로봇의 시대에도 매듭은 사용된다. NASA에서 만든 화성 탐사로버 큐리오시티Curiosity 갑판에도 많은 케이블들은 먼 옛날부터 어부들이 사용해온 갈대 매듭을 변형한 매듭들로 묶여 있었다.

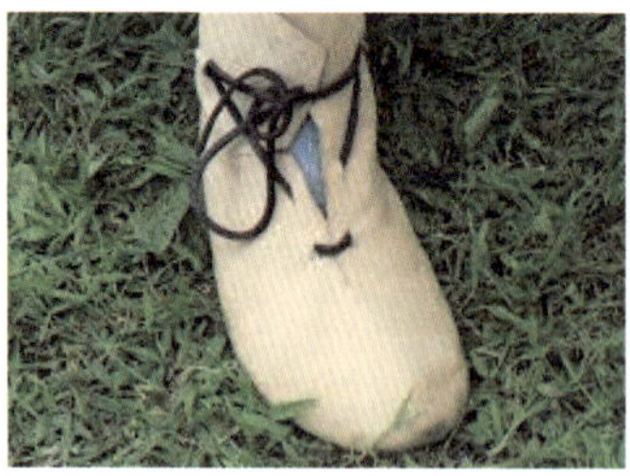

[그림] 신발의 매듭

매듭이 학문적으로 주목을 받기 시작한 것은 약 100여년 정도 되니까 그리 오래된 것은 아니다. 그렇지만 일상적인 매듭과 수학적 연구의 대상으로서의 매듭은 조금 다른 면이 있다. 수학자들이 다루는 매듭은 풀거나 묶을 수 없는 끝이 없는(양쪽 끝을 붙인) 매듭이다.

어떤 매듭을 3차원 유클리드 공간 내에서 자기 자신을 통과하거나 cross, 절단하지 않고 약간 움직여서 다른 매듭으로 변형할 수 있을 때 두 매듭을 동등하다고 한다.

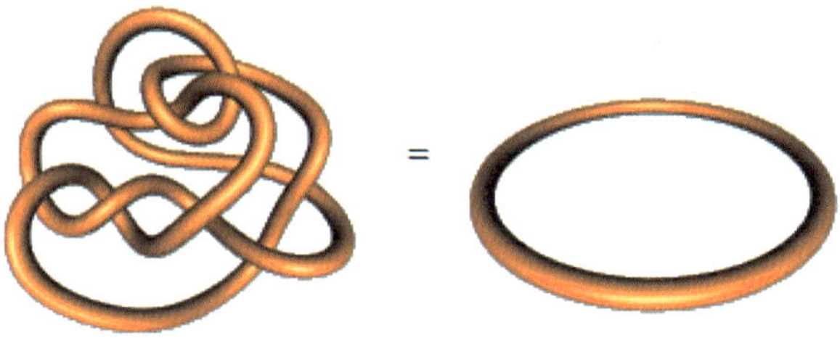

[그림] 꼬인 것처럼 보이지만 실제로는 동등한 매듭의 예(위키피디아)

위의 두 매듭은 믿기 어렵지만 동등한 매듭이다. 일반적으로 두 매듭이 동등한지를 결정하는 것은 매우 어려운 문제이다. 그래서 매듭이론의 초기 연구들은 이 주제에 대한 답을 찾는 테크닉을 개발하는데 바쳐졌다. 매듭이론은 Topology(토폴로지)라고 불리는 위상수학의 한 분야인데, 어떤 위상 공간을 그보다 차원이 높은 다른 위상공간에 묻는 embed 것이다. 매듭 이론에서는 다양한 매듭을 분류하고, 그 매듭을 몇 차원 공간에 묻을 수 있는지를 연구한다. 그러기 위해서는 두 매듭이 동등한지를 이해하는 것이 가장 기본이라고 할 수 있다.

매듭 중에서 원과 동등하지 않으면서 가장 단순한 매듭이 다음의 세 잎 매듭trefoil이다. 세 잎 매듭이 원과 동등하지 않다는 것은 눈으로 쉽게 알 수 있다(물론 증명은 좀 더 어렵겠지만).

[그림] 세 잎 매듭(오른쪽과 왼쪽은 거울상이며 동등하지 않다)

매듭을 연구하는 사람들은 가장 기본적인 매듭인 세 잎 매듭으로 출발한다. 이 매듭의 위상은 수에서는 첫 번째 홀수이며 소수인 3이 차지하는 위치와 같다고 할 수 있다. 위의 세 잎 매듭에서는 연속적인 변형으로 한쪽 매듭left handed이 다른 매듭right handed으로 변형될 수 없다. 세 잎 매듭이 바로 고르디우스 매듭이었을까?

폴란드의 포즈난Poznan 대학의 물리학자인 피요트르 피어란스키Pootr Pieranski 교수는 고르디우스 매듭이 실제로는 원과 동형인 매듭이었다고 가정하고, 그것이 어떤 과정을 거쳐서 결코 풀 수 없게 되었는지를 설명한다(Devlin, 2001). 그러니까 고르디우스의 매듭이 진정한 매듭이 아니었다면 몇 번의 조작을 거치면 원으로 돌아와야 할 것이다. 그러나 그것을 풀기 위해서 칼에 의존해야만 하는 것이 유일한 답이었다면, 그래야 했던 이유는 매듭의 물리적인 두께가 장애물이기 때문에 조작을 할 수 없었다는 추론을 할 수 있다. 그 형태를 만드는 방법을 추측하면 다음과 같다. 먼저 매듭-실제로는 원형인-에 동일한 형태를 몇 개 더 겹쳐 붙인다. 그리고 이것을 물에 오랫동안 적셔서 충분히 불린 다음에, 모양을 복잡하게 하여(마치 매듭인 것처럼 속이는 과정이다) 뜨거운 태양빛에 급속으로 건조시킨다. 그러면 두꺼운 밧줄로 만들어진 매듭은 오그라들어서 손가락 하나도 들어갈 자리가 남지 않게 된다. 그의 이 가설은 스위스의 라잔느Lausanne 대학의 생물학자인 Andrzej Stasiak 교수도 동조하고 있다. 물리학자들이 매듭에 관심을 갖는 이유는 물질에 대한 최근의 이론들이 "모든 물질은 타이트하게 감긴(혹은 매듭지어진) 시공간의space-time 고리로 이루어졌다"는 끈 이론String Theory의 가설 때문이다. 생물학에서 매듭에 관심을 가지는 것은 길고 끈처럼 생긴 DNA 분자가 세포 안에 스스로 코일처럼 감기는 형상을 연구하기 위해서다. 물리학자나 생물학자들이 연구하는 매듭은 물리적으로 실재하는 고정된 직경이 있는 매듭이다. 이것은 두께가 없고 얼마든지 늘어날 수 있는 수학자들의 매듭과는 다르다. 피어란스키 교수는 매듭을 조작하는 알고리즘을 개발해서 고르디우스 매듭이라고 주장하는 것들은 대부분 실패한다는 것을, 결국은 조작을 통해서 풀린다는 것을 보였다. 그러니까 그가 주장한대로 원을 이리저리 꼬아서 눈속임을 한 다음에 부풀리는 것이 유일한 방법인지도 모르겠다.

[그림] 고르디우스의 매듭은 위의 오른쪽과 왼쪽의 두 매듭처럼 복잡한 물리적 형상을 가졌을까 혹은 가운데의 수학적 매듭과 같은 모양이었을까?

전통적으로 매듭은 교차하는 횟수crossing number에 따라서 분류되었다. 주어진 교차 수에 대응하는 매듭의 가짓수는 지수적으로 증가한다.

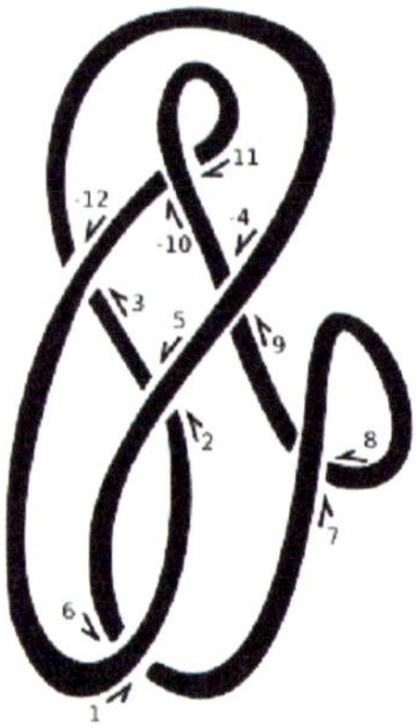

[그림] 매듭에서 꼬임(crossing)은 위와 같이 Dowker의 표시법에 따라 순서와 레벨이 결정된다(Public Domain)

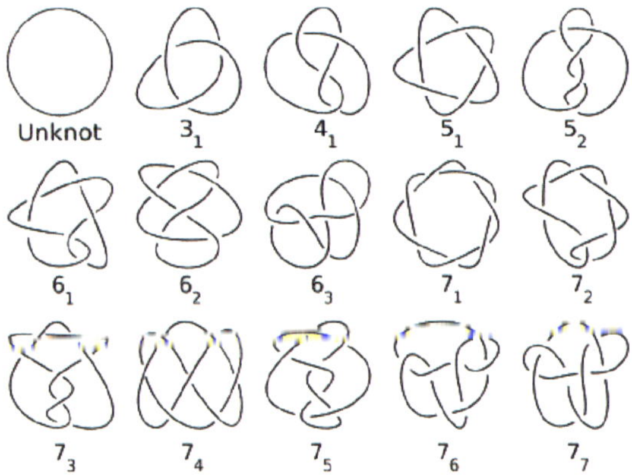

[그림] Alexander–Briggs 표시법에 따라서 등급을 매긴 매듭들(첫 번째 꼬임이 없는 경우부터 7번의 꼬임이 있는 매듭들)(JKASD, Public domain)

필자가 개인적으로 좋아하는 매듭은 헤라클레스의 매듭이다. 많은 예술가들에게 영감을 주고 있는 이 매듭은 '사랑의 매듭'이라고도 불린다. 고대 상징사전에 따르면 결혼식 날 신부의 의상을 장식한다고 해서 붙여진 이름이다. 헤라클레스의 이름이 붙은 것은 이 매듭이 그의 전설적인 힘을 상징해서 이다. 처음에는 고대 이집트에서 병을 낫게 하는 부적으로 사용되었는데, 그리스와 로마에서 사랑의 징표로 더욱 인기를 얻게 되었다.

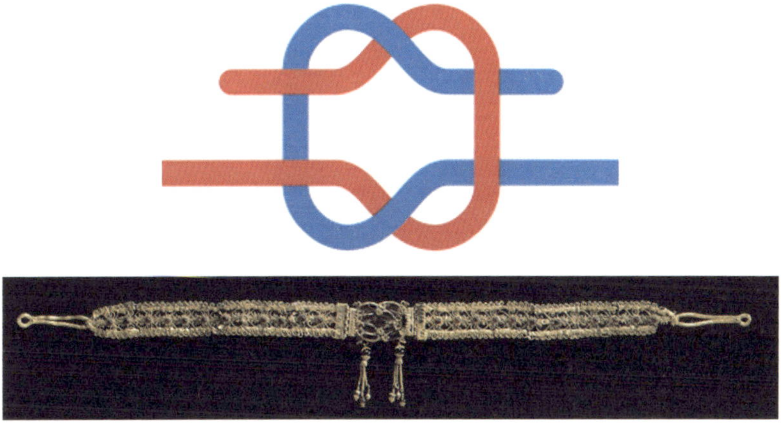

[그림] 헤라클레스 매듭(Ηράκλειον ἅμμα) (Walters Art Museum, BC300년 경 그리스)

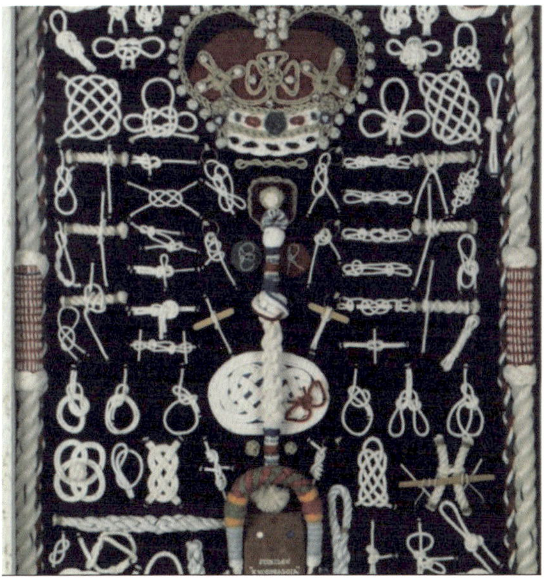

[그림] 매듭 판(Royal Museums Greenwich)

03

암호의 유래

스코틀랜드 매리 여왕의 암호

1586년 10월, 포더링헤이Fotheringhat 성의 으스스한 홀에서 스코틀랜드의 매리 여왕은 그녀의 목숨이 걸린 재판을 받고 있었다. 오랜 연금 생활과 류머티즘으로 고통을 받아온 상태이지만 그녀는 여왕의 기품을 잃지 않고 평정심을 유지하고 있었다. 자신의 주치의가 인도하는 대로 매리 여왕은 재판관과 귀족들을 지나서 긴 홀의 좁은 복도 중간에 있는 왕관으로 다가갔다. 매리 여왕은 그 왕관이 자신을 향한 경의의 제스추

[그림] 연금 상태의 매리 여왕(1578)과 엘리자베스 1세

어라고 생각하였지만, 실제로 왕관은 그 자리에 참석하지 않은 엘리자베스 여왕을 상징하는 것이었다. 매리 여왕은 반역죄, 즉 자신의 왕위를 되찾기 위해서 엘리자베스 여왕을 암살하려는 음모를 꾸민 것으로 기소되어 재판을 받는 것이었다. 그러나 엘리자베스 여왕의 수상인 월싱험Walshinham 경은 매리 여왕의 공모자들을 체포하고, 자백을 받아서 이미 처형한 상태였다. 그것을 모르는 매리 여왕의 유일한 희망은 배빙톤Babington 음모로 알려진 이 사태에서 그녀가 배빙톤 경에게 보낸 암호화된 편지들이 안전하게 전달되고 자신은 감옥으로부터 구출되는 것이었다. 그러나 편지들이 적의 손에 들어가고 해독되는 날에는 그녀를 도와온 카톨릭 파들은 프로테스탄트인 엘리자베스 여왕 파에 의해서 무시무시한 종교탄압을 받고 그녀의 생명도 안전하지 못할 것이다. 매리 여왕의 계획은 카톨릭을 믿는 스페인의 필립II세와 프랑스의 카톨릭 연합이 영국을 침입하여 엘리자베스 1세를 암살하고 매리 여왕을 왕위에 복귀시키는 것이었다. 그러나 월싱험 경은 첩자를 이용해서 빼낸 이 편지들을 해독하고 이것을 역이용하여서 매리 여왕을 합법적이고 정치적 부담 없이 제거하는데 사용하였다. 수상일 뿐만 아니라 첩보 국장이기도 한 월싱험 경의 해독사들은 매리 여왕이 배빙톤에게 보내는 암호화된 편지의 말미에 자신들이 추신을 덧붙여서 이 음모에 가담하는 자들의 실명을 암호화해서 보내라고 요구한다. 이렇게 해서 매리 여왕은 음모의 중심에 있는 사람이 되고 여왕과 배빙톤, 그리고 매리 여왕의 복구를 돕던 사람들은 모두 형장의 이슬로 사라지게 되는 것이다.

매리 여왕은 도대체 어떤 암호체계를 사용하였기에 그것이 쉽게 해독되었을까?

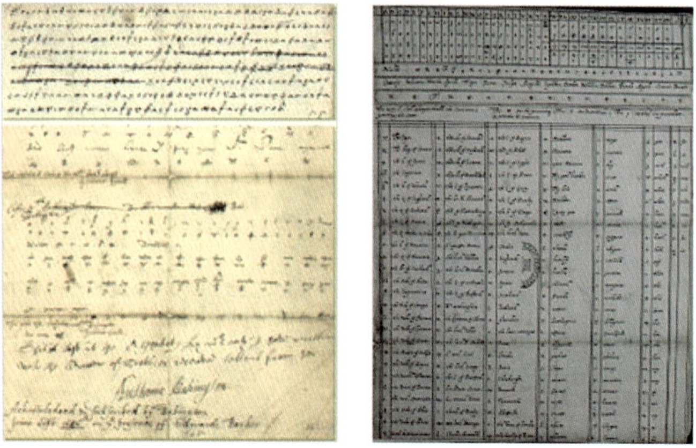

[사진] 매리 여왕이 배빙톤에게 보낸 편지(좌)는 해독되어서 가담자들의 이름을 밝히는데 역이용된다. 매리 여왕의 암호 코드(우)

출처: The National Archives, UK

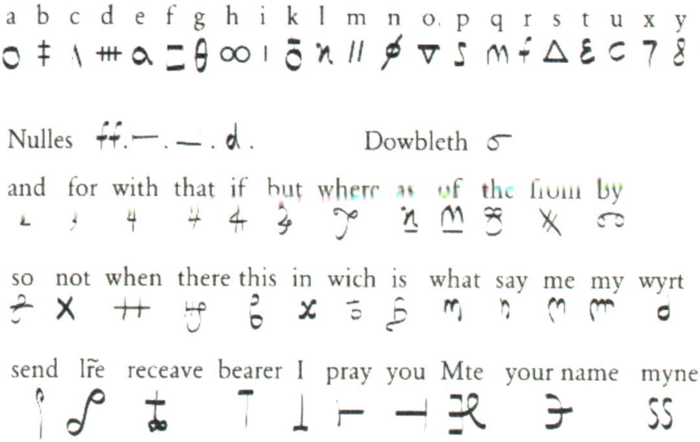

[그림] 매리 여왕이 사용한 암호

http://simonsingh.net/The_Black_Chamber/maryqueenofscots.html

매리 여왕이 사용한 암호 체계가 위에 있다. 그것은 기본적으로 알파벳을 다른 문자나 기호로 대체하는 치환암호였고, 자주 사용하는 단어도 암호 문자로 치환하는 방식이었다. 만약 매리 여왕이 사용한 암호 체계가 해독을 불가능하게 할 정도로 강력했다면 스코틀랜드의 여왕이기도 한 매리 여왕은 정치적 소용돌이에서 살아남을 수도 있었을 것이다. 위와 같은 수준의 암호체계는 당시의 암호 해독사들이 해독하는 데는 큰 어려움이 없었던 것으로 보인다.

하지만 매리 여왕의 암호 체계는 고대로부터 사용되어온 방식들과 비교하면 상당히 진전된 것이다. 비밀스럽게 문서를 전달하는 방식 중에서 역사적으로 기록된 가장 오래된 내용은 역사학의 아버지로 불리는 헤로도투스Herodotus가 전하는 그리스와 페르시아 간의 갈등을 그린 내용이다. BC 480년 경 페르시아의 왕인 크세르크세스Xerxes는 공물을 바치지 않던 그리스의 아테네와 스파르타를 공격하고 영토를 확정할 계획을 비밀스럽게 지휘하고 있었다. 이때 그리스에서 추방당해서 페르시아의 도시인 수사Susa에서 지내던 데마라투스Demaratus는 비록 추방당한 상태이지만 국가에 충성스런 마음을 간직하고 있었다. 그는 페르시아 왕의 계획을 알고 이를 그리스에 알리려고 결심한다. 그러나 이것이 발각되면 안 되기에 데마라투스Demaratus는 아이디어를 짜낸다. 먼저 접혀지는 두 개의 나무판에서 왁스를 벗겨낸 다음에 나무판에 페르시아 왕이 공격할 것이라는 계획을 알리고, 다시 왁스로 덮어서 아무 것도 써지지 않은 것처럼 위장해서 보내는 것이었다. 메시지는 무사히 그리스로 건너갔다. 그러나 이번에는 아무도 나무 판에 숨겨진 비밀을 찾지 못하였다. 그러다가 클레오메네스의 딸인 고르고가 밀랍을 벗겨보라고 기지를 발휘해서 메시지는 알려지고 그리스는 전쟁에 대비할 시간을 갖게 된다. 이것이 이 순신 장군의 명량 해전과 더불어 세계 3대 해전의 하나인 살라미스 해전에서 약세인 그리스 연합군이 페르시아를 대파하고 민주주의를 지킬 수 있었던(헤로도투스의 평가에 의하면) 비하인드 스토리이다.

시저 암호

사람들은 암호를 수천 년 전부터 사용해 왔다. 예를 들면 줄리어스 시저가 58 B. C. 경에 사용한 암호는 기본적으로 치환하는 방식의 암호이다substitution cipher. 시저는 군사적으로 중요한 내용을 메신저를 통해 보내야 했을 때 혹시라도 메시지가 도난당할 위험을 생각했던 것 같다. 시저의 아이디어는 간단하다. 영어 알파벳을 A부터 Z까지 나열한 후에 그것을 일정한 간격만큼 이동하는 것이다. 예를 들어서 3만큼 오른 쪽으로 이동하면 각 알파벳은 다음과 같이 바뀐다.

A B C D E F G H I J K L M N O P Q R S T U V W X Y Z
D E F G H I J K L M N O P Q R S T U V W X Y Z A B C

만일 시저가 보낸 메시지가

ATTACK

라면, 그 메시지는 암호화를 통해서

DWWAFN

이 될 것이다. 시저가 사용한 암호는 그 후에도 100여 년 간 사용되었다. 그러나 이런 암호는 문제점이 있다. 치환했다는 것만 확실하면 이동한 것이 3인지 20인지는 26번만 확인 해보면 가능하다.

시저의 암호는 알파벳을 일일이 쓰는 것보다는 각 알파벳을 숫자에 대응시키는 방법이 훨씬 쉽다. 그러니까 A는 1에, B는 2에, ..., 마지막으로 Z는 26에 각각 대응시킨다.

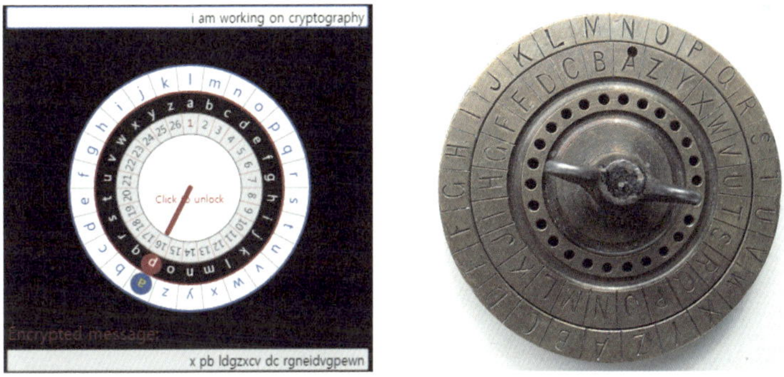

a는 p에, b는 q에 대응시키면 박스 위의 문장이 아래처럼 바뀐다

실제 시저 암호화 도구

[그림] 치환 암호화

소스: Kahn Academy

A	B	C	D	E	F	G	H	I	J	K	L	M
1	2	3	4	5	6	7	8	9	..	..	..	
N	O	P	Q	R	S	T	U	V	W	X	Y	Z
	15	16				20			23			26

[그림] 알파벳의 각 문자는 숫자로 대응된다.

그러면 알파벳을 이동시키는 것은 숫자를 더하는 것에 대응될 것이다. 예를 들어보자.

캐롤CAROL이 친구를 위해 서프라이즈 파티를 계획하고 있고, 그녀가 친구에게 보내는 (비밀)메시지는 다음과 같다.

PARTY STARTS AT NINE PM. CAROL.

이때 7만큼 치환하는 암호화 방식을 결정했다고 하자. 먼저 위의 문장을 숫자로 변환하면 다음과 같다.

16-1-18-20-25 19-20-1-18-20-19 1-20 14-9-14-5 16-13. 3-1-18-15-12.

여기에 각각 7을 더해주면 다음과 같이 변한다.

23-8-25-27-32 26-27-8-25-27-26 8-27 21-16-21-12 23-20. 10-8-25-22-19.

혹시 위의 수열에서 특이한 점을 눈치 챘는지 궁금하다. 알파벳은 26개인데 숫자 7을 더한 결과 26보다 큰 숫자들이 나타났다. 이 문제를 해결하기 위해서는 26보다 큰 수들에서는 26을 빼 주면 된다. 앞에서도 3만큼 뒤로 이동할 때 X → A, Y → B, Z → C인 것과 같은 원리다.

암호 해독(code cracking) 기술의 발달

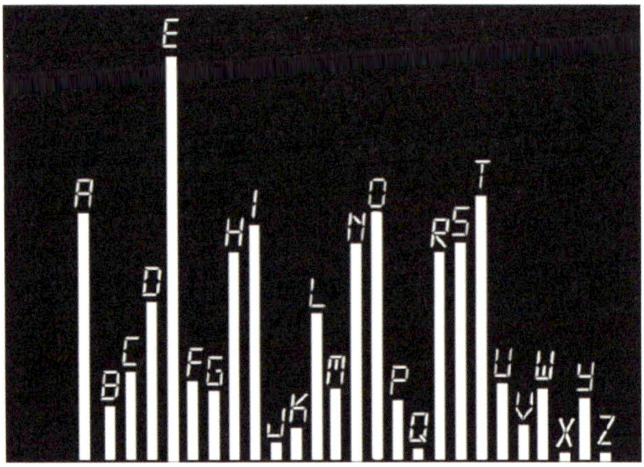

[그림] 영어 알파벳의 빈도(frequency)를 분석한 것이다. 알파벳 e가 가장 높은 빈도로 나타난다(Khan Academy).

치환 암호는 치환 가능한 방법이 다양했기 때문에 오랫동안 난공불락으로 여겨졌다. 그렇지만 치환 암호를 깨는 테크닉이 발달하면서 암호분석cryptoanalysis이라는 분야가 나타나기 시작했다. 이런 계기를 마련한 것은 흥미롭게도 이슬람 문화가 황금기를 누리던 시기였다. 당시에 수많은 외국의 고문서들이 바그다드로 들어와서 거대한 도서관에 소장되기 시작하였다. 이들 중 어떤 문서들은 암호화 되어 있었고, 이것이 이슬람의 암호 해독가들로 하여금 그 비밀을 찾는 노력을 기울이게 한 동력이 된 것이다. 아래 그림은 Al-Kindi의 "암호 메시지의 해독에 대하여On Deciphering Crypographic Message"라는 책의 첫 페이지이다. 여기에는 빈도분석에 의해서 암호를 해독하는 가장 오래된 표현이 기술되어 있다. 아랍 문자에서는 a와 i가 가장 높은 빈도로 등장하고, 영어에서는 e와 t의 빈도가 가장 높다.

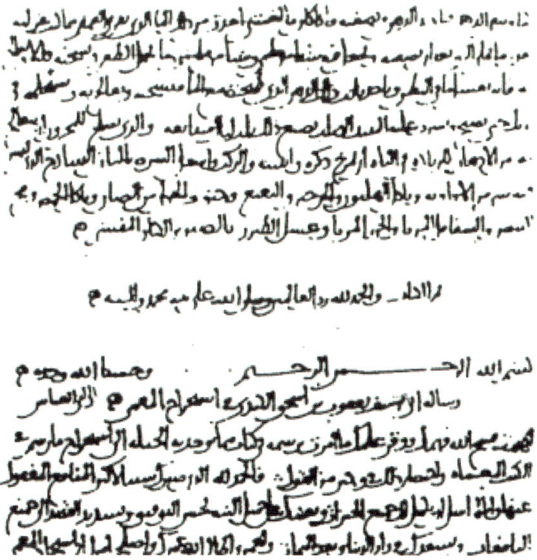

[그림] Al-Kindi의 "On Deciphering Crypographic Message"의 첫 페이지(9세기)

치환 암호체계를 이용한 메시지를 깨려고 할 때, 알파벳의 빈도를 분석하는 것이 도움이 된다. 이런 분석방법에서는 모든 알파벳의 빈도에 대한 통계 값을 알고 있어야 한다. 예를 들면 영어를 사용하는 경우에는 알파벳 e의 빈도가 가장 높은데, 모든 알파벳 중에서 약 12.7%를 차지한다. 반면에 알파벳 z는 빈도가 가장 낮아서 약 0.1%에 그친다. 알파벳을 치환해서 다른 문자로 바꾼 경우에도 오리지널 문자의 빈도는 그대로 유지되기 때문에 그 문자들이 원래는 무엇이었을지 추측할 수 있다. 그러니까 암호문에서 가장 빈도가 높은 알파벳이 U라면, U는 실제로는 E일 가능성이 높다. 또 문장에 G가 두 번째로 자주 등장한다면, G는 T일 가능성이 높은 것이다.

아래 표는 문장(평문)을 써 보고, 그 문장에 나타나는 알파벳의 빈도를 조사한 다음에 일반적인 평균 빈도와 비교한 것이다.

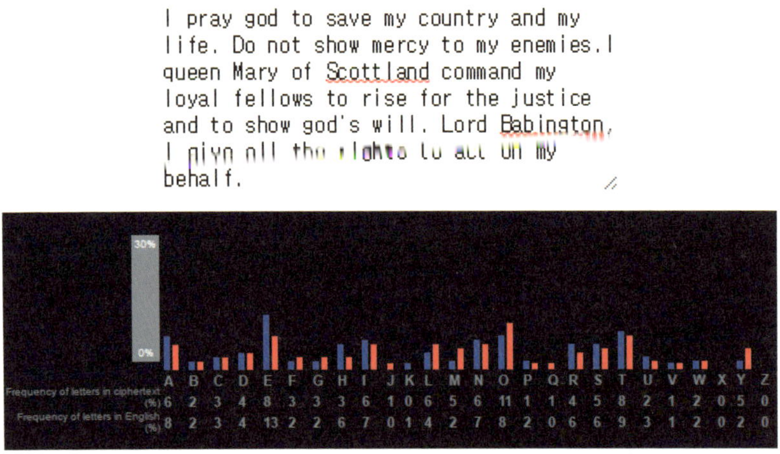

[그림] 위의 문장에 대한 알파벳 빈도 분석과 일반적인 빈도 분석과의 비교(simonsingh.net이용). 파랑색은 주어진 문장에 대한 빈도분석이고 붉은색은 영어에서 평균적인 빈도를 나타낸다. 둘이 완전히 일치하지는 않지만 E와 T의 빈도가 높게 나타난다.

Beale 암호

Beale 암호는 시저 암호를 조금 확장한 것으로 15세기 중반에 개발되었다. 여기서는 열쇠Key로 단어나 문장을 사용하는 것이고, 시저 암호에서 사용한 단 한 번의 치환 대신에 각 알파벳에 대하여 매 번 치환을 하는 방식이다.

예를 들어서 WETHEPEOPLE을 key로 사용해 보자. 그리고 내가 보내려는 메시지는 ATTACK THE ENEMY이다. 이 둘을 칼럼에 나란히 쓰고 각각을 숫자로 바꾼 다음에 key에 해당하는 숫자만큼 메시지의 숫자를 더해주면 완성 된다:

KEY : W E T H E P E O P L E → 23 5 20 8 5 16 5 15 16 12 5

메시지 : A T T A C K T H E E N⋯ → 1 20 20 1 3 11 20 8 5 5 14…

암호문 : 24 25 40 9 8 27 25 23 21 17 19

이 방식을 사용하면 위에서 본 단어들의 빈도가 매우 균등하게 분포하게 되어서 빈도 분포를 이용해서 공격을 하기는 시저 암호에 비하여 쉽지 않다. 그렇지만 여기에도 약점은 존재한다. 그 이유는 열쇠key를 반복적으로 사용하기 때문이다. 이 경우에는 암호를 깨려는 사람은 key 자체가 아니라 key의 길이를 먼저 파악해야 한다. 물론 안전하게 암호화하려는 사람은 하나의 단어를 key로 사용하는 대신에 아주 긴 문장(백과사전이나 성경의 한 페이지와 같은 문장)을 key로 사용하는 것이 안전하다.

일회용 암호표

가장 안전한 암호화 방법이 19세기 말에 등장하였다. 그것은 반복적인 패턴도 없고, 사용했을 때 빈도 분포도 균등하기 때문에 매우 안전하게 여겨졌다. 그 아이디어는 암호화하는 열쇠의 무작위성randomness에 있는데, 아무 의미 없는 숫자들을 열쇠로 사용하는 것이다. 그런 무작위한 숫자들을 어떻게 만들 수 있을까? 간단한 아이디어는 1부터 26까지 써진 26개의 면을 가진 주사위를 굴려서 나오는 숫자를 그때그때 사용하는 것이다. 예를 들어서 친구에게 HELLO라는 메시지를 암호로 보내려고 한다.

메시지 : H E L L O

key : 23 12 2 10 11

숫자로 바꾼 메시지 : 7 4 11 11 14

암호 : 30 16 13 21 25 (26보다 큰 수는 26을 뺀다)

암호 : 4 16 13 21 25 → E Q N V Z

이 때 열쇠의 길이는 암호화하려는 문장만큼 길어야 한다. 그리고 나와 친구는 암호화하는 열쇠가 무엇인지 사전에 약속해야 한다. 우리는 이것을 일회용 암호표One TIme Pad라고 부른다. 패드Pad라는 단어에서 볼 수 있듯이 이 암호체계는 매번 패드에서 한 페이지씩 암호표로 사용한 다음에는 그것을 폐기한다. 시저 암호는 기껏해야 26개의 숫자 중에서 하나 이동한 것이다. 이 경우에는 해독하기 위해서 인내심을 갖고 노력하면 시간과의 싸움에서 이길 수 있다. 그러나 일회용 암호표의 경우에는 단어의 길이가 5라 하더라도 해킹하는 입장에서는 가능한 경우가 어마어마하게 많다.

E N E M Y

위의 단어를 암호화 한다고 생각해 보자. 이 때 각 알파벳이 바뀔 수 있는 경우의 수는 26×26×26×26×26개라는, 약 1200만의 조합이 가능하다. 이것을 깨기 위해서 일일이 시도하려는 사람은 없을 것이다. 소련의 KGB에서는 요원들에게 초소형의 flash paper에 인쇄된 일회용 암호표를 제공하였는데, 그들이 사용한 종이는 화학적으로 니트로셀룰로즈nitrocellulose로 바뀌어서 순식간에 타고 재를 남기지 않았다.

일회용 암호는 생성된 숫자가 무작위하다는 조건과, 부분적으로라도 재사용되지 않는다는 조건, 그리고 key의 길이가 암호화하려는 평문과 동일하다는 조건이 있으면 결코 깰 수 없는 것으로 알려져 있다. 그러나 위의 조건들은 실현하기가 어려울 뿐 아니라, 암호 표 자체를 안전하게 유지해야하는 등의 실질적인 문제 때문에 널리 사용되지는 못하였다.

2차 세계대전 중에 독일군은 암호화와 해독을 위해서 에니그마Enigma라는 기계-전기식 시스템과 3개의 회전자rotor를 사용하는 복잡한 기계를 만들어냈다. 각 회전자는 일련의 단순한 치환 암호를 생성하지만 이것이 여러 회전자를 연속적으로 거치면서 암호화 과정이 반복되는 것이다. 그들은 이 기계에 대하여 절대적인 신뢰를 가졌지만, 영국의 정보국은 20세기의 가장 뛰어난 컴퓨터 천재인 튜링Alan Turing의 도움을 받아서, 에니그마Enigma의 코드를 해독하는데 성공하였다. 만일 독일 군이 에니그마Enigma 대신에 일회용 암호기를 사용하였다면 전쟁의 승패가 갈렸을지도 모른다고 역사가들은 생각한다.

[사진] 1930년 대 사용된 1세대 에니그마(Museo scienza e tecnologia Milano, Italy)

오늘날에는 일회용 암호 표를 만들기 위해서 난수 생성기random number generator를 사용한다. 난수 생성을 이해하려면 주사위를 던졌을 때 나타나는 수들을 생각하면 된다. 물론 여기서는 1부터 9까지의 수들이 무작위로 만들어진다. 포커 카드를 섞어도 난수가 만들어진다. 로또에 당첨되는 수들도 무작위로 선택되는 수들이다. 그런데 여기서도 생성된 수들이 진정으로 예측 불가능한 수인가라는 질문에는 그렇다고 확답할 수는 없다. 왜냐하면 컴퓨터 알고리즘을 이용한 경우라면 결국은 어떤 법칙에 근거해서 숫자 열이 생성되기 때문이다.

예를 들면 처음에 x_0 라는 수에서 시작해서(이것을 seed, 출발 값이라고 부른다) n번째 만들어지는 수를 x_n 이라고 한다면 그 다음의 수 x_{n+1} 은 (ax_n+b)를 어떤 수 m으로 나눈 나머지로 결정하는 알고리즘에 의해 만들어지기도 하기 때문이다(여기서 a, b, m은 보통은 매우 큰 정수이다). 컴퓨터 테크놀로지를 이용한 초기에는 처음에 출발하는 값seed으로 32bit 정도 크기의 정수를 사용하기도 하였다. 이 경우에는 생성하는 난수의 개수는 2^{32} 개를 넘지 못하고, 컴퓨터가 이것들을 모두 체크해서 확인하는 데는 시간이 오래 걸리지 않는다. 최소한 128bit의 정수를 출발 값으로 사용해야 한다. 그리고 높은 수준의 암호 시스템이라면 난수 생성기가 주기적으로 seed number를 바꿔주는 방식도 동시에 채택하고 있다. 결국 난수 생성기가 신뢰성이 있으려면 다음의 조건들을 만족해야 한다.

- 생성된 수들이 균등하게 분포되어야 할 것
- 생성된 수들에서 패턴을 간파하기 어려워야 할 것
- 생성된 수들이 결코 주기적이지 못할 것(혹은 어마어마하게 긴 주기를 가질 것)

등이다.

암호화와 암호의 해독은 끊임없는 진화를 거듭하는 창과 방패의 싸움인 것이다.

04

$0!=1$?, 0^0은 얼마인가?

대학 신입생들에게 수학 강의를 하다 보면 위의 두 경우에 대하여 혼란스러워 하는 경우를 자주 본다. 하긴 $0!=1$인 것은 직관적으로도 이해하기가 쉬운 것은 아니다.

어떤 학생이 $n!$은 n명을 줄 세우는 방법의 수니까 $0!$은 0명을 줄 세우는 방법의 수고, 그 방법은 한 가지라고 제법 똘똘하게 말하는 경우도 있지만 그래도 다른 학생들은 왠지 미심쩍어하는 분위기다. 수학에서 '이건 외우는 거야'라고 말하는 경우는 없으니까 좀 더 합리적인 설명을 찾아야 할 것 같다. 물론 공과 대학생이라면 감마 함수gamma function를 배우는데, 그것을 배우고 나면 $0!=1$이 확실해 진다. 일단 우리는 좀 더 쉽게 출발해 보자. 먼저

$$n!=n(n-1)(n-2)\ldots3\times2\times1 \text{ 이다.}$$

그리고 $(n+1)!=n!(n+1)$ 이다. 그러니까

$$4!=\frac{5!}{5}=24$$

$$3!=\frac{4!}{4}=6$$

$$2!=\frac{3!}{3}=2$$

$$1!=\frac{2!}{2}=1$$

동일한 방법을 계속하면 $0!=\frac{1!}{1}=1$ 이다.

이것이 아직 왠지 만족스럽지 못하면 다음과 같이 생각해 볼 수도 있다.

우리가 조합을 생각할 때 ${}_nC_k$란 n개의 물체(혹은 사람) 중에서 k개를 뽑는 경우의 수로 약속하였다.

$${}_nC_k=\frac{n!}{(n-k)!k!}$$

예를 하나 들어보자. 어떤 모임에 5명의 손님이 참석했는데, 이들이 모두 악수를 나눈다면 악수는 모두 몇 회 이루어지는가?

이 문제에 대한 답은 위의 조합을 이용하면

$${}_5C_2=\frac{5!}{3!2!}=10$$

이라는 것을 알 수 있다. 만일 $n=2$라면 어떻게 될까?

두 명의 손님이 악수하는 경우는 한 가지 밖에 없다. 그리고 이때는

$${}_2C_2=\frac{2!}{2!0!}=1 \text{ 이다}$$

이것이 의미를 가지려면 $0!=1$이어야 한다.

이제 다음 주제인 $0^0=?$로 넘어가자.

이 값은 0인가? 1인가? 혹은 정의되지 않았을까?

0^0이 어떤 값을 가져야 하는지에 대하여는 수학계에서 오랫동안 토론해 왔다.

어떤 수학자 그룹은 이 값은 정의되어서는 안 된다고 생각한다. 그 이유는 다음과 같다.

(수학자 A) : 모든 0이 아닌 실수 a에 대하여 $a^0=1$, $(a\neq0)$이다.

그런데 모든 양수 a에 대하여 $0^a=0,\ (a>0)$ 이다.

그러므로 이 모순을 극복하려면 0^0 은 정의되어서는 안 된다.

그러나 다른 의견도 만만치 않다.

(수학자 B): 이항정리에 의하면 $(x+1)^n$ 은 다음과 같다.

$$(x+1)^n=1+nx+\frac{n(n-1)}{2}x^2+nC_3x^3+\cdots+x^n.$$
$$=\sum_{k=0}^{n} nC_k x^k$$

이 식은 $x=0$인 경우에도 성립해야 한다. 좌변에 $x=0$을 대입하면 그 값은 1이고, 우변은 $k=0$인 경우에 0^0 만 남고 나머지 항들은 모두 0이므로 총합은 0^0 이다. 등식이 성립하기 위해서는 $1=0^0$ 이어야 한다.

이번에는 그래프를 통해서 확인해 보자. $y=x^x$ 의 그래프를 그려서 x값이 0으로 매우 가까워질 때의 극한값을 살펴보자.

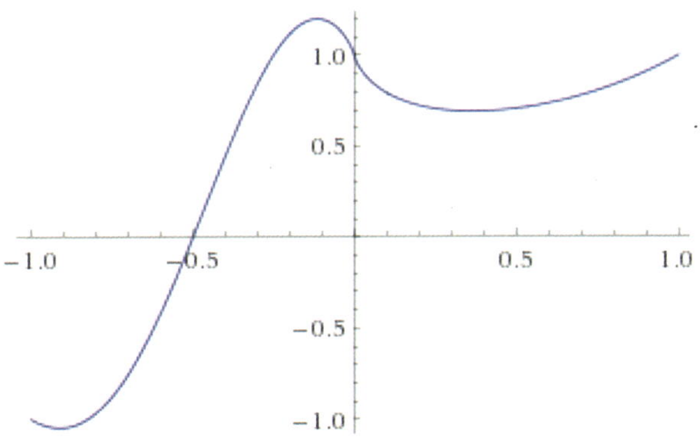

[그림] $y=x^x$ 의 그래프

그래프 상으로는 x 값이 0으로 매우 가까워질 때 함수 값은 1에 가까워지는 것을 알 수 있다.

물론 이 값은 극한값일 뿐이다. 필자의 판단으로는 두 수학자 그룹 중에서 0^0이 1이어야 한다고 주장하는 수학자가 더 많은 것 같다. 그런데 이런 상황은 $\frac{0}{0}$처럼 부정형이라고 부르고, 구체적인 문제들은 로피탈의 규칙 같은 테크닉을 사용해서 해결할 수 있으니까 너무 염려하지 않아도 될 것 같다

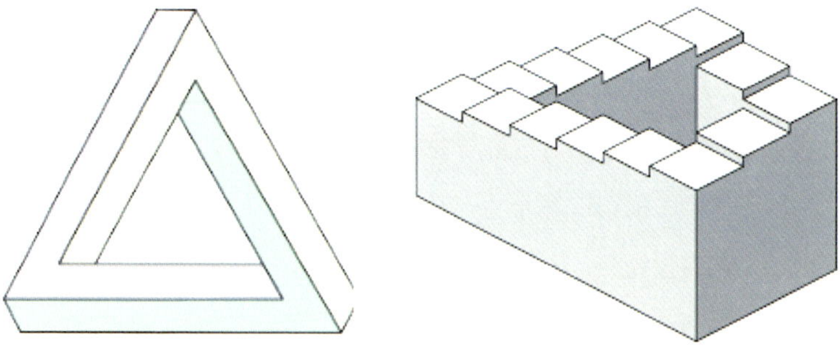

[그림] Penrose 삼각형(1956)(좌)과 영화 Inception(2010)에서 사용된 '펜로즈의 층계'(우)

[그림] 악마의 포크(Devil's Fork)(Schuster, 1964)(왼쪽), 불가능한 도형의 또 다른 예

05
4색 문제

1. 배경

[그림] 4색 퍼즐을 칠한 것인데 그림처럼 핑크색이 코너에서 만나는 것은 용인된다. 몇 군데 실수를 찾을 수 있다.

출처 : http://www.nikoli.com/en/take_a_break/four_color_problem/

4색 문제는 위의 그림처럼 생긴 지도 혹은 분할된 평면을 칠할 때, 이

웃하는 옆면이 겹치지 않으려면 (최소한) 몇 가지 색이면 가능한가를 질문하다가 발전된 문제이다. 과거에는 4색 문제라고 불렸지만 이제는 4색 정리라고 불리는 이 문제는 수학사에서 매우 독특한 위치를 차지하고 있다. 이 문제는 처음 접했을 때는 이웃하는 면들을 동일한 색으로 칠하지 않는다는 간단한 조건만 있기 때문에 매우 단순해보여서 쉽게 해결할 수 있겠다고 생각되지만 예상 외로 아주 복잡한 문제라는 것으로 드러났고, 드디어는 수학적인 문제의 해결에 컴퓨터가가 한 몫을 한 기이한 예라고도 할 수 있다.

이십 년쯤 전에 보스톤에 있는 과학박물관에 갔을 때, 컴퓨터 스크린에 지도가 나타나고 참가자가 직접 색을 선택해서 칠해보는 부스가 있었다. 요즈음은 인터넷을 통해서 이런 지도를 직접 칠해보면서 퍼즐을 풀 수 있으니까 돈을 내야만 입장하는 박물관보다 훨씬 편리해졌다. 위에 있는 그림을 보면 핑크 색으로 칠한 부분이 코너에서 겹치는 곳이 있다. 그런 것은 용납된다. 다만 경계를 공유하는 두 면에는 동일한 색을 칠하면 안 된다는 조건은 만족해야 한다. 과거에 나온 지도를 색칠하는 퍼즐은 한 번 틀리면 그걸로 끝이고 처음부터 다시 시작해야 했다. 하지만 요즈음 나온 앱들은 틀린 곳을 발견하면 원하는 영역의 색깔을 바꾸면서 계속 고칠 수 있어서 시도해 보기에는 더 좋다. 그런데 그 때나 지금이나 나의 실력은 크게 변한 것 같지는 않다. 퍼즐 틀린 곳을 고쳐보다가 그 상태로 보여주는 것도 낫겠다는 생각이 들어서 그림을 그냥 올리기로 하였다. 여러분들의 마음속에 '수학 교수도 나랑 크게 다르지 않네!'라는 생각이 들기를 바라기 때문이다. 여러분도 이 사이트에 들어가서 맘에 드는 미로 형태의 퍼즐을 골라 도전해보면 어떨까?(여기서는 마우스를 클릭 할 때마다 다른 컬러로 바뀌면서 칠해진다)

[그림] http://mathworld.wolfram.com/Four-ColorTheorem.html

마틴 가드너Martin Gardner는 1975년에 만우절 조크로 위의 왼쪽 그림과 같이 110개로 나누어진 지도를 소개하며, 4색 문제에 대한 반례를 찾았다고 해서 수학계를 놀라게 하였다. 물론 그것은 해프닝으로 끝난 만우절 농담이었지만, 후에 웨이건Wagon은 위(오른쪽)와 같이 지도를 네 가지 색으로 칠할 수 있음을 실제로 보이기도 하였다.

사실 지도를 제작하는 사람들에게는 이 문제가 큰 도움을 주지는 않는다고 한다. 지도를 네 가지 색으로만 칠하는 것은 극히 드문 일이고, 보통은 다섯 가지 색을 사용한다. 또 어떤 경우에는 세 가지 색으로도 충분하다. 다섯 가지 색으로 지도를 칠하는 것은 '5색 정리'로 알려져 있고, 이것은 1890년에 히우드Heawood에 의해서 증명이 되었다. '5색 정리'는 증명이 비교적 간단하지만 '4색 문제'는 훨씬 복잡하다. 이 문제가 알려진 1852년부터 수많은 사람들이 '4색 문제'를 증명했다고 나섰고, 잘못된 반례들도 무수히 등장했다. 페로Ferro라는 학자는 잘못된 증명들이나 여러 유형의 반례들의 오류를 증명하고, 그것을 논문으로 싣기도 하였다.

수학자들이 이 문제에 아직도 집착한다면 그 첫 번째 이유는 이 '4색 문제'는 내용이 매우 단순하고 우아하기 때문에 수학자들로서는 증명의 아이디어도 그 자체로는 우아하고 단순하기를 기대한다는데 있다. 그럼에도 불구하고 증명은 1만 가지에서 시작해서 1973가지의 구체적인 경우들로 세분화 된 후에 IBM 370 컴퓨터 알고리즘을 사용해서 케이스 바이 케이스로 증명되었다. 수학자들의 자존심에 손상을 입힌 사건인 것이다. 두 번째는 이유는 컴퓨터 프로그래밍에는 에러의 가능성도 있다는 사실이다. 세 번째는 컴퓨터 알고리즘을 수학적인 명제로 명확하게 대응시켜서 기술하는 것이 어렵다는 사실이다. 종합하면 그것들이 수학자들에 의해서 손으로(혹은 머리로) 일반화되어 증명되지 않았기 때문에 수학자들은 이 증명에 아직도 의구심을 보내는 것이다(Gonthier, G. 2008).

[사진] (좌) August De Morgan, (우) William Hamilton

출처 : http://nrich.maths.org/6291

어떤 지도라도 단지 네 가지 색을 이용해서 칠할 수 있을 것이라는 추측conjecture은 런던 대학의 교수이던 드 모르간De Morgan(1806~1871)이 친구인 해밀턴Hamilton(1805~1865)에게 보낸 1852년의 편지에서 처음 등장한다. 드 모르간 자신은 그 문제를 자신의 학생이던 거트리Francis Gurthrie로부터 들었다. 거트리 역시 그의 형의 질문을 대신 해 준 것이다.

이 문제는 매우 단순하게 설명되면서도, 증명하는 것은 어렵고 수학자들을 애타게 하는 문제였기 때문에 당시에는 많은 수학자들의 상상력을 부추겼다. 1860년대 후반에 드 모르간은 이 문제에 대한 자신의 증명을 들고 미국으로 여행을 갈 정도였다. 드 모르간이 사용한 아이디어 중의 하나는 다음과 같다. 네 개의 영역이 있는 어떤 지도에서 각각의 영역이 다른 세 영역과 만난다면, 그들 중 하나는 반드시 다른 영역들로 완전히 둘러싸인 다는 것이다.

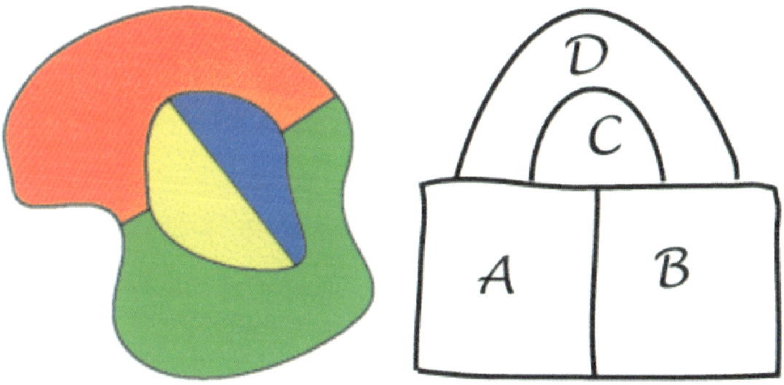

[그림] 드 모르간이 해밀턴에게 보낸 최초의 편지에 들어있던 증명을 위한 아이디어와 그래프

(http://nrich.maths.org/6291)

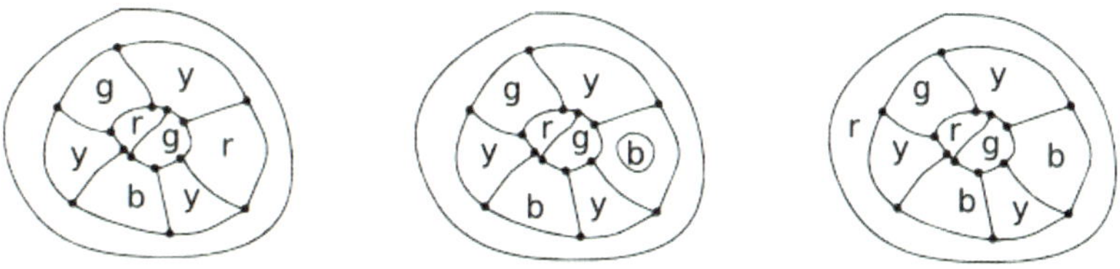

[그림] 케일리는 지도를 칠하기 위해서 네 개의 색을 다 사용한 후에 다른 영역이 새로 추가되면, 그 때는 원래의 칠하는 방식을 항상 고수할 수 있는 것은 아니라는 것을 보였다.

2. 전환

1813년에 이 문제는 새로운 전환을 맞게 된다. 다면체에서 면의 수(f), 모서리의 수(e), 꼭지점의 수(v) 사이에 항상 다음의 오일러 공식

$$f+v-e=2$$

가 성립한다는 것이 알려지게 되었다.

이후에 이것은 코시Cauchy(1759~1857)에 의해서 다면체를 평면에 사영시키면, 이때는 네트(그래프)가 만들어지고, 이 경우에는

$$f+v-e=1$$

이 성립한다는 것을 보인 것이 전환점이 된 것이다(물론 이 경우에는 그래프의 바깥 영역은 세지 않았다). 그리고 1900년이 되자 수학계에서는 평면상에 있는 모든 그래프는 지도로부터 구할 수 있다는 사실을 알게 되었다. 좌측의 그림에서 육면체를 평면에 사영시킨 그림자 도형에는 면(f)이 5개, 꼭짓점(v)은 8개, 모서리(e)는 8개가 있다. 이 때

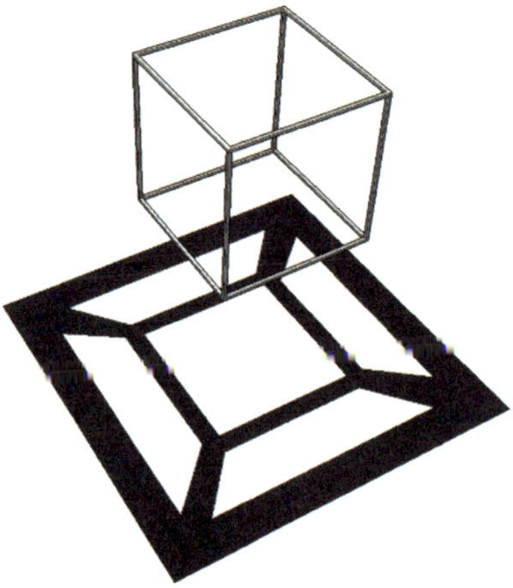

[그림] 다면체를 평면에 사영시키면 그래프로 대응된다.

$$f+v-e=1$$

이 성립한다. 이 경우에 면의 수가 5개인 것은 가장 큰 경계면을 세지 않았기 때문이다.

아래 그림처럼 지도에 있는 각 영역은 그래프에서는 점node으로 대응되고, 두 영역이 이웃하는 경우에 두 점은 모서리로 연결된다. 이제 4색 문제는 지도가 아닌 그래프에서 "그래프에서 연결된 점들을 동일한 색으로 칠하지 않으면서 그래프의 점들을 네 가지 색으로 칠하는 것이 가능한가?"의 문제로 바뀌게 되었다.

아래 그림에서 왼쪽의 지도는 8개의 영역과, 10개의 점과, 17개의 모서리로 이루어져 있다. 이것에 대응하는 오른쪽 그래프는 9개의 영역과, 9개의 점과, 17개의 모서리로 되어있다.

그래프의 제일 아래쪽에 칠해진 녹색 점은 지도에서는 무한한 외부 영역을 나타낸다.

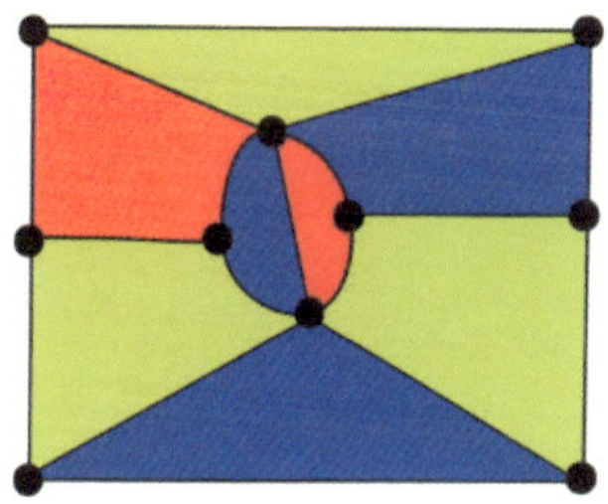

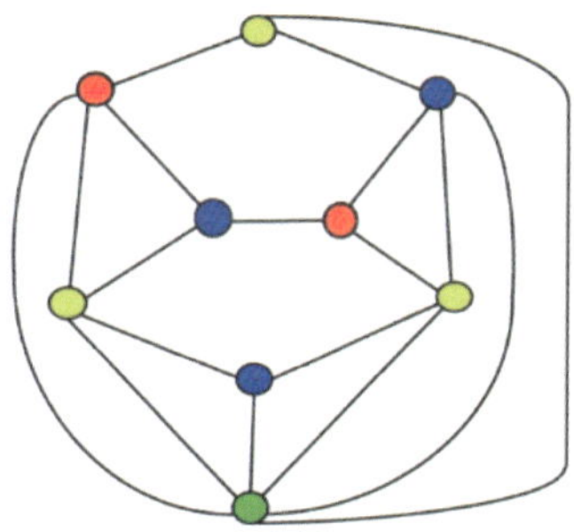

[그림] 지도를 그래프로 대응시킬 수 있다.

원래의 지도와 그래프는 둘 다 그래프에 대한 다음 오일러의 공식

$$f+v-e=8+10-17=1$$ (영역의 수 + 점의 수 −모서리의 수 =1)

을 만족한다.

20세기 초반에 수학자들은 복잡한 지도를 그래프에 대응시키고, 그래프를 분류해서, 그것들의 성질을 찾는 방법들을 연구하였다. 처음에는 그런 분류를 했을 때 9000가지가 넘는 카테고리로 나뉠 것으로 예측

되었기 때문에, 수학자들도 결국은 컴퓨터에 의존해서 아이디어를 테스트하는 알고리즘을 개발하는 단계로 양상이 바뀌었다.

드디어 1976년에 일리노이 대학의 케니스 아펠Kenneth Appel과 울프강 하켄Wolfgang Haken이 코흐John Koch와 함께 카테고리들의 축소 가능성을 함께 연구하던 중에 테스트할 문제들을 1936개의 배열을 갖는 집합들로 줄이는데 성공하였고, 4색 문제에 대한 완벽한 해결이 이루어졌다. 지도를 축소하는 것을 다시 체크하기 위해서 다른 컴퓨터와 다른 프로그램이 사용됐다. 그들의 증명은 다섯 개의 색으로 칠해야 하는 지도는 존재하지 않는다는 것을 보여준 것이다.

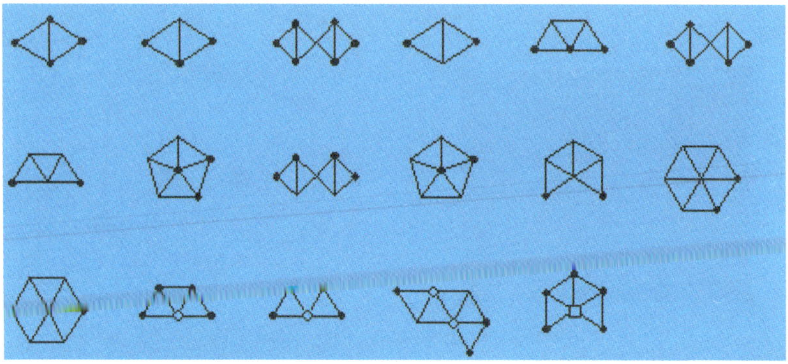

[그림] 4색 정리와 알고리즘의 증명과정에 나타나는 그래프들의 configuration의 일부(Neil Robertson 외, 1996)

4색 정리의 전개 과정은 수학자들에게 여러 가지 질문을 안겨주었다. 과연 어떤 정리를 증명한다는 것은 무엇일까? 컴퓨터를 이용한 증명도 여기에 포함시켜야 하는가? 이런 일이 반복 된다면 수학자들의 역할은 곧 끝나는 것인가? 사람들은 아직도 수학적 증명에서 컴퓨터의 역할에 대하여 토론하고 있지만, 알파고와 같은 인공지능 컴퓨터가 잘 하지 못하는 것 중의 하나가 연역적인 증명이다. 그리고 무엇보다도 증명을 하려는 어떤 문제를 애초에 생각해 내는 것 자체가 창의적인 상상력을 요구하는 것이기 때문에 수학자들의 일거리가 사라질 염려는 당분간은 없을 것 같다.

그렇다면 4색 문제는 실생활에서 어떤 분야에서 사용될까? 간단한 예는 모바일 폰의 안테나를 생각해볼 수 있다. 모든 지역을 커버할 수 있는 안테나는 존재하지 않는다. 그런데 안테나들이 어떤 지역을 겹치면서 커버할 수도 있기 때문에 이들이 동일한 주파수로 송신할 수는 없다. 겹치는 어떤 두 개의 안테나도 동일한 주파수를 갖지 않기를 보장하는 간단한 방법은 이들에게 다른 주파수를 할당해주면 된다. 그런데 정부(혹은 회사)는 이들 주파수를 소유하면서 사용료를 물리기 때문에, 우리는 가능한 한 최소한의 주파수를 사용하기를 원한다. 이 때 커버하는 영역들은 지도로 나타낼 있고 다른 주파수는 다른 컬러로 표시할 수 있다. 부연하면, 4색 문제의 답을 찾을 수 있기 때문에 우리가 네 가지 주파수를 사전에 예약할 수 있다면 안테나의 정확한 위치를 모르더라도 데이터 송신이 가능하다는 의미다. 물론 그런 시스템이 사전에 구축되어야 하겠지만(cs.stackexchange.com)

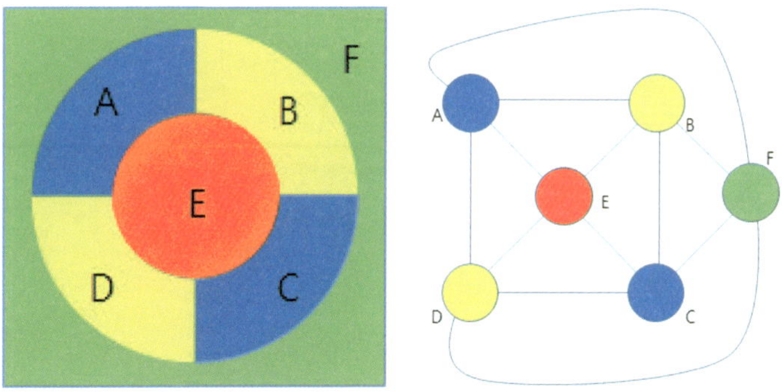

[그림] 지도와 그에 대응되는 그래프(오른쪽)

문제 앞의 그림처럼 아래 지도에 대응하는 그래프를 그려보고 4색으로 점들을 칠해 보시오.

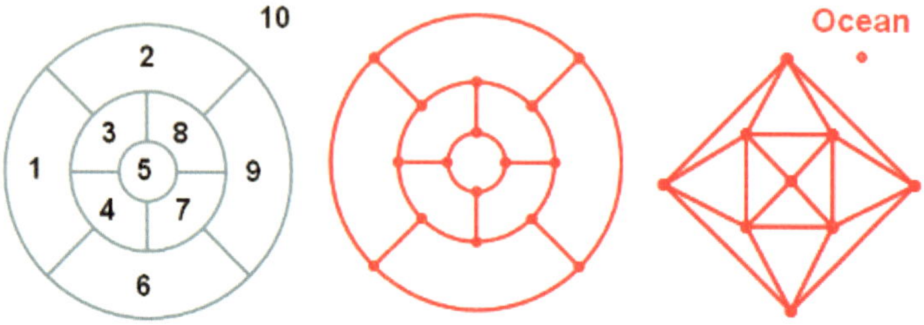

소스 : mathoverflow.net

문제 다음 지도를 네 가지 색으로 칠하시오.

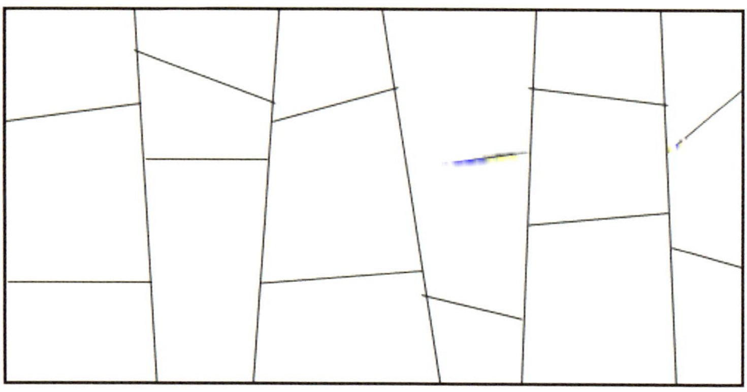

06

악기들은 왜 서로 다른 소리를 낼까

오케스트라를 시작하기 전에 여러 악기들은 오보에 주자가 440HZ의 기준음인 라A음을 부는 것에 맞추어서 음을 조절한다. 이것을 튜닝이라고 한다. 우리에게 익숙한 피아노와 바이올린, 기타와 같은 악기들은 각자 고유한 음색을 가지고 있다. 두 악기가 동일한 옥타브의 동일한 음계를 연주할 때에도 귀에 들리는 음색은 분명히 다르고 예민한 사람이라면 그 악기들을 구별할 수 있을 것이다. 그것이 가능한 이유 중에는 악기들이 다른 재료로 만들어졌다는 것과 다른 형태를 가진 것을 들 수 있다. 그 중에서 다른 형태를 가졌다는 것은 결국 다른 형태의 울림통을 가졌다는 의미이다. 울림통은 악기의 음색에 어떤 방식으로 영향을 미치는 것일까?

악기 중에서 순음pure tone을 내는 것은 거의 없다고 알려진다. 그러나 특수하게 제작된 소리굽쇠(조음기)는 순음을 내는 것으로 알려졌다. 조음기는 다른 공명 장치와는 달리 고정된 톤을 내도록 제작된 것으로 포크처럼 생겼다. 대부분의 상업용 조음기는 440Hz라는 기본 진동수에서 진동 에너지를 갖고, 그 외의 배음에서는 에너지를 거의 갖지 않는다.

켜는 현악기(bowed string)

발현악기(plucked string instrument)

음고가 없는 타악기

목관악기

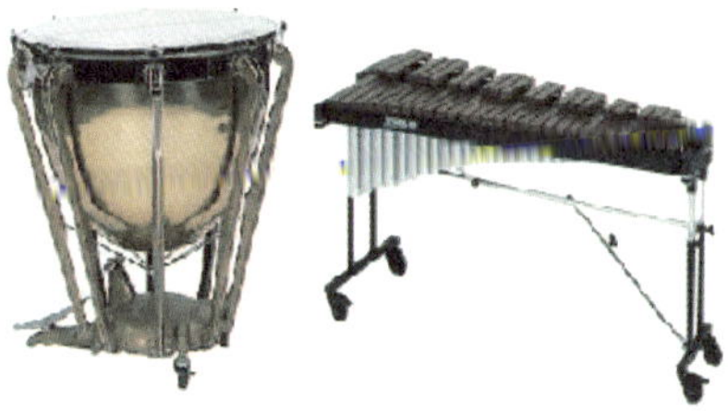

음고가 있는 타악기

금관악기

[그림] 조음기

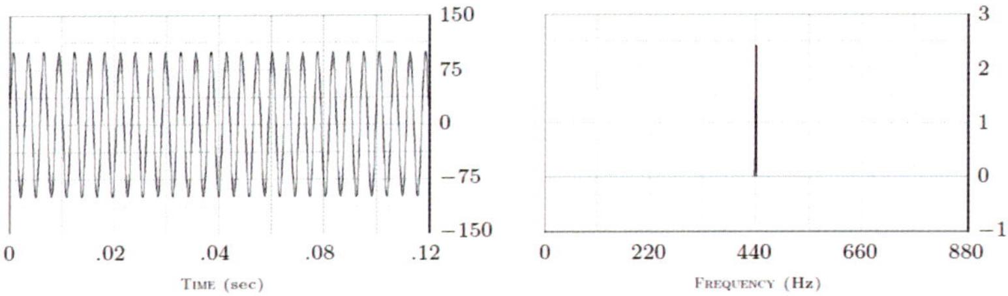

[그림 4] 440Hz의 순음(pure tone)의 파형(좌)과 진동수(푸리에 스펙트럼)(우)

악기를 연주할 때, 모든 악기에는 기본 진동 혹은 제1 조화 음이라고 부르는 특별한 진동모드가 존재한다. 기본진동은 그 악기가 가지고 있는 가장 낮은 진동수의 사인 파 형태의 진동을 의미한다. 기본 진동에 의해서 악기가 진동하면 악기의 진동에 의해서 공기 입자가 사인 파동처럼 진동하게 된다.

사인파를 이해하려면 아래 그림처럼 반시계 방향으로 회전하는 바퀴를 상상하면 된다.

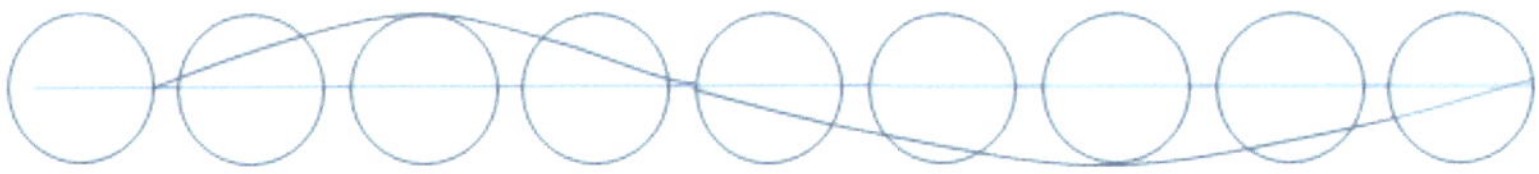

[그림] 사인파

현이나 파이프가 기본 진동음을 연주하면, 그때 발생하는 진동이 울림통에 의해서 악기의 다른 부분으로 전달된다. 그러면 악기의 나머지 부분에서는 특별히 몇몇 진동수에 반응해서 공명이 일어난다. 결국 악기의 구조가 어떤 화음을 선택할지를, 혹은 어떤 화음이 강하게 혹은 약하게 선택될지를 결정한다. 최종적으로 선택된 조화 음들의 조합이 각각의 악기에 독특한 음색을 주는 것이다. 그렇기 때문에 악기의 울림통과 구조가 매우 중요한 것이다.

이것을 조금 더 수학적으로 분석해보면 악기가 만들어내는 음은 단일한 주파수, 예를 들면 440Hz의 "라A"로 이루어진 하나의 사인sine 파가 아니라, 문자 그대로 많은 사인sine파들의 합으로 이루어졌기 때문이다. 그리고 이 각각의 사인sine파들이 조금씩 다르게 기여한다. 그러니까 우리의 귀에 들리는 복합적인 파동은 실제로는 많은 재료(사인 파)들의 조합인 것이다. 아래 [그림 1]은 진동수가 다른 두 개의 사인파를 보여주는데, 이들의 합은 [그림 2]와 같은 형태의 진동을 하기 때문에 각각의 진동과는 다른 형태가 된다.

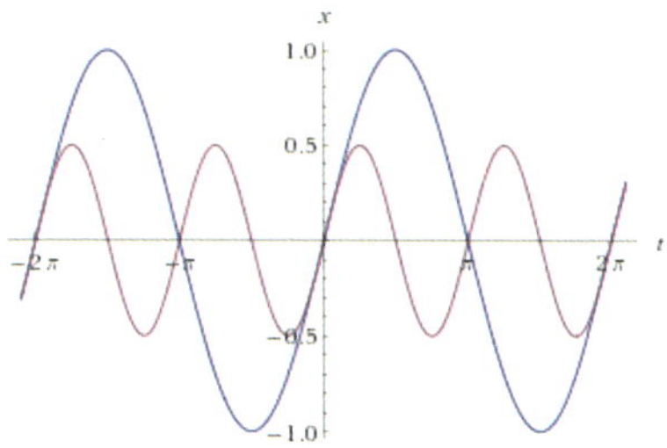

[그림 1] $x=\sin t$ 과 $x=\frac{1}{2}\sin 2t$ 의 그래프

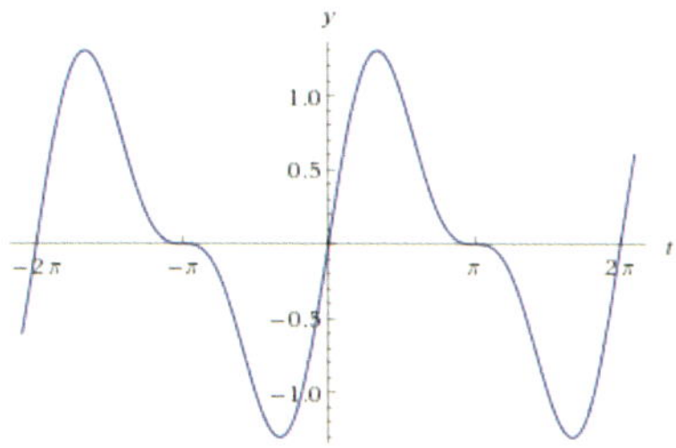

[그림 2] $y=\sin t+\frac{1}{2}\sin 2t$ (위의 두 그래프, 기본 진동과 제2 배음을 더한 것이다)

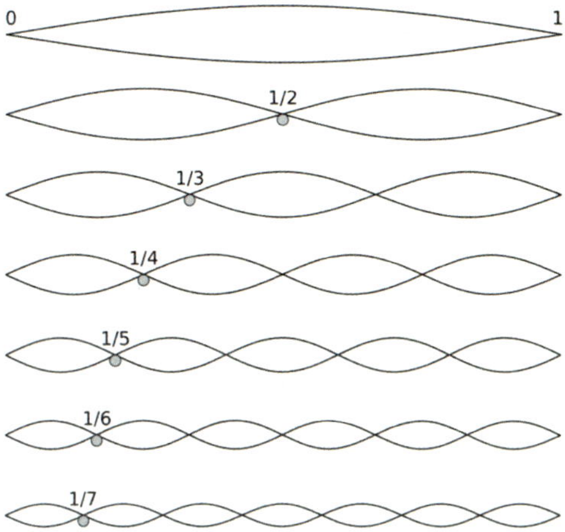

[그림 3] 이상적인 현악기의 진동 모드

[그림 3]의 첫 번째는 기본 진동, 즉 가장 낮은 진동을 하는 정상파를 보여준다. 이것을 바이올린의 A440이라고 가정하자. 이상적인 제1 배음(오버 톤)은 현의 길이가 1/2이 될 때 만들어진다(그림에서 두 번째). 두 번째 줄이 A880을 만드는 제1배음overtone을 보여주는데, 이것을 기본 진동과 비교하면 진동수는 두 배가 되었다. 나머지 열에 나타난 현들도 첫 번째 현을 1/3, 1/4씩 나눔으로써 기본 진동수의 정수배인 피치pitch를 생성하는 제2배음, 제3배음 등을 보여준다. 이것들은 기본 진동보다 조용해서 주의를 기울여야만 한다. 아래로 내려갈수록 진폭이 약해지는 것을 볼 수 있다.

그러나 어떤 악기들에서는 배음이 기본음이 가진 진동수의 정수배에 가깝지 않을 수도 있다. 그런 경우라면 화음이 아닌 불협화음이 생길 것이다. 대부분의 현악기와 바순처럼 가늘고 긴 악기들에서는 처음의 몇 개의 배음들은 기본음의 정수배에 매우 가깝다. 그래서 좋은 악기일수록 불협화음이 생기지 않도록 제작한다. 금관악기에서 끝이 나팔처럼 생긴 것도 소리를 크게 하려고 그런 모양을 갖는 것이 아니라,

배음들이 기본음의 정수배인 진동수를 갖게 하는 관의 길이의 마무리 효과를 위해서 제작된 것이다.

[그림 4] 금관악기의 나팔모양은 소리를 크게 하기 위한 것이 아니라 배음들이 기본음의 정수 배인 진동수를 갖도록 설계한 것이다.

아래 [그림 5]는 바순과 플루트가 동일한 음계를 연주할 때의 근사적인 파형을 보여주고, [그림 6]에서는 그 파형들의 진동수(스펙트럼)를 분석한 것인데, 우리는 이것을 오실로스코프와 스펙트럼 분석기에서 보게 된다. 바 그래프의 높이는 결국 개개의 배음(하모닉)의 에너지를 이미한다. 아래 그림은 비교적 단순화시킨 그래프이고, 실제 스펙트럼 분석기는 수백 개의 주파수를 보여준다.

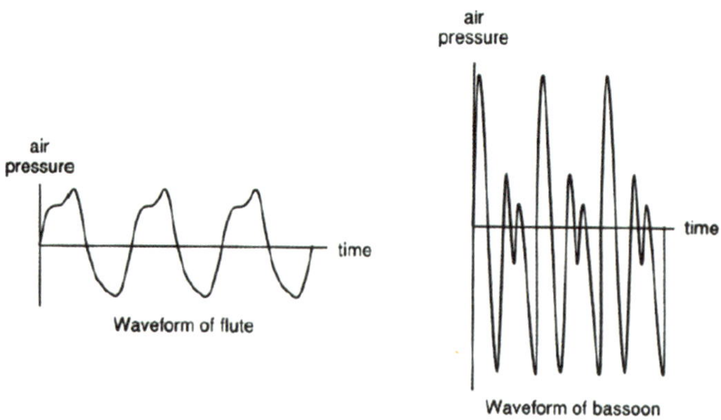

[그림 5] 플롯과 바순의 파형

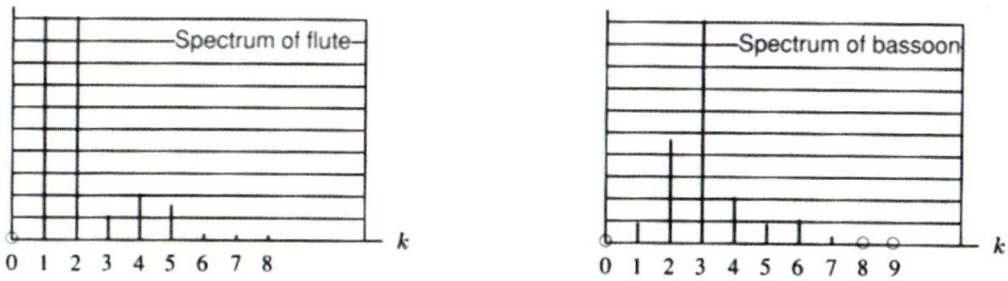

[그림 6] 플롯과 바순의 스펙트럼 분석

source: Fourier Analysis and applications, Osgood)

위의 [그림 6]의 스펙트럼 분석은 악기의 음 또는 시그널을 푸리에 분석이라는 방법을 통해서 각 주파수에 해당하는 진폭(의 제곱 값)을 구한 것이다. 악기의 파형(시그널)을 그대로 보는 것보다는 스펙트럼으로 분석하는 것이 악기들이 왜 서로 다른 소리를 내는가를 명확히 보여준다. 이것을 음식에 빗대어 표현하면 요리에 들어가는 재료와 그 재료들의 양의 차이를 보여주는 것이라고 설명할 수 있다. 위의 바 그래프에서는 특정 막대의 높이를 올리거나 내리거나 혹은 없애는 것을 쉽게 상상해 볼 수 있다. 그렇지만 이 작업을 [그림 5]의 파형 그래프에서는 시도해 보기에는 매우 어렵다.

푸리에 분석은 신호나 이미지 처리, 분광기, 회로 디자인 등 다양한 공학과 과학 분야에서 사용되는 분석방법이다. 영상의학의 일종인 MRI 분석에도 푸리에 변환이 사용된다. 스탠포드 대학의 수학자인 Osgood은 푸리에 분석의 모토를 한 줄로 요약해서 다음과 같이 표현한다. "모든 신호나 영상은 스펙트럼을 가지고 있고 스펙트럼으로 이루어진다. 우리는 그 신호나 영상을 시간의 축이나 주파수 축에서 분석할 수 있다" 그는 이것이 우주의 위대한 비밀 중 하나라고 믿는다.

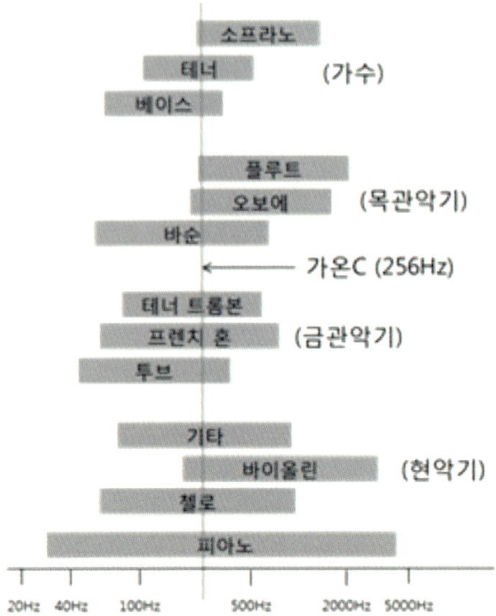

[표] 여러 악기들의 주파수 영역

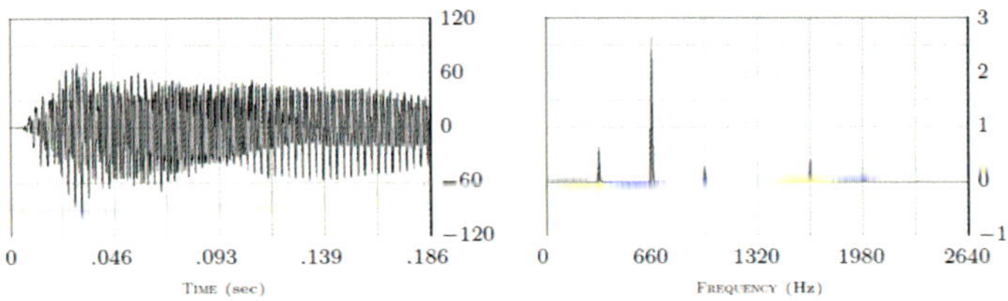

[그림 7] 피아노 음계 E4와 스펙트럼 분석(우)

[그림 7]은 피아노 음계의 음계 E4와 이것의 스펙트럼 분석을 보여준다. 여기서 첫 번째 피크는 기본음fundamental인 330Hz에서 발생하고, 나머지 피크들 모두 330Hz의 배수인 660Hz, 1320Hz – 배음이라고 불리는 – 에서 발생함을 보여준다. 대부분의 악기들에서는 배음이 기본 진동의 배수가 되도록 설계되어 있다.

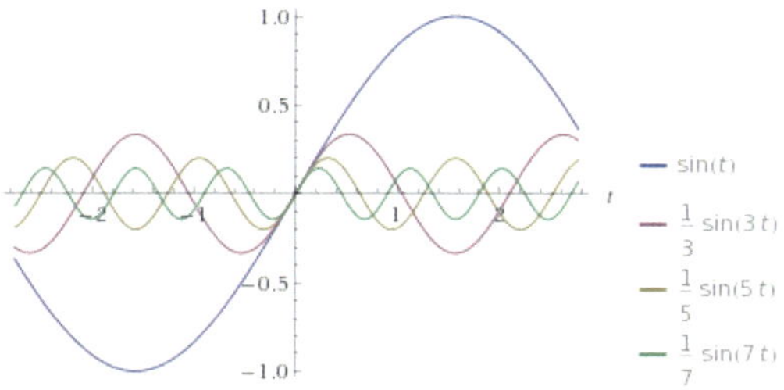

[그림 8] 홀수 배음들

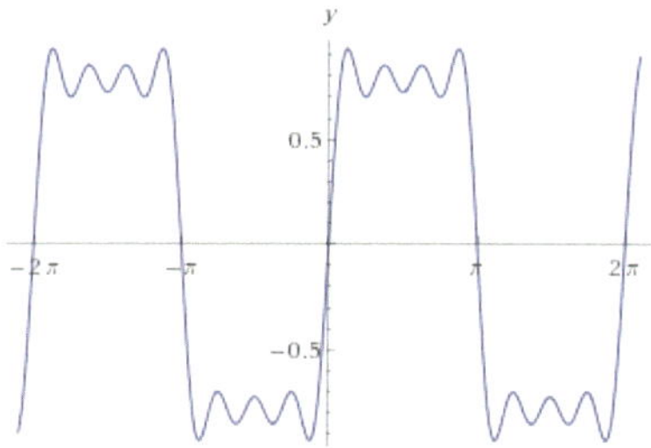

[그림 9] 홀수배음 진동의 합

[그림 10] 초기의 푸리에 변환 계산기(사진 : Babele Dunnit)

"수학은 모든 곳에서, 매일의 일상생활의 거의 모든 면에서,
우리를 둘러싼 자연에서, 그리고 우리 손안의 테크놀로지에서 자신을 나타낸다.
수학은 과학과 공학의 언어라는 역할을 통해서
우리가 관찰하는 것들을 이해할 수 있게 해 준다"

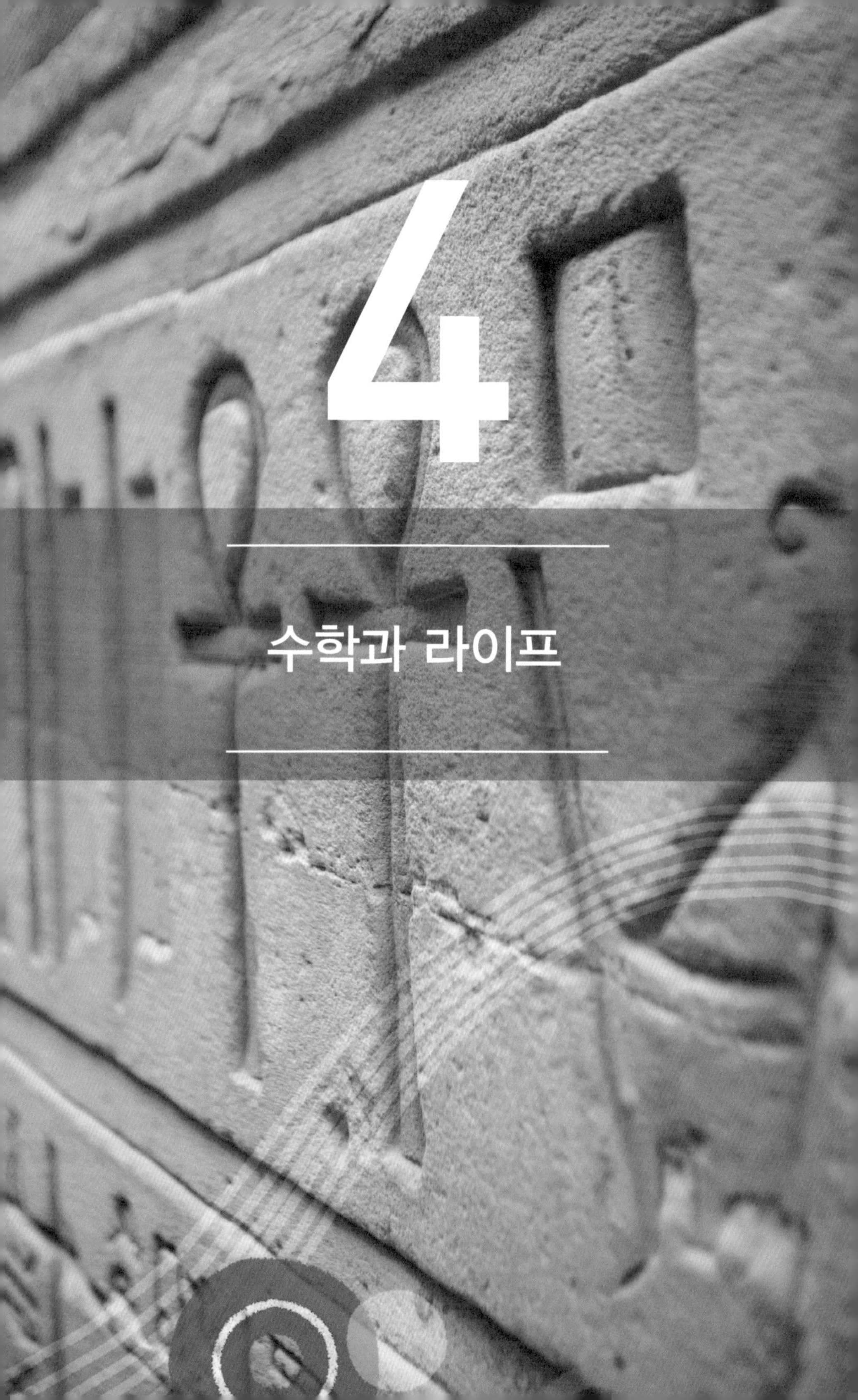

4

수학과 라이프

[그림] 피자의 가격 비교: 피자 슬라이스 두 개가 있다. 이들의 토핑이 동일할 때 어떤 것을 선택하는 것이 소비자에게 유리한가?

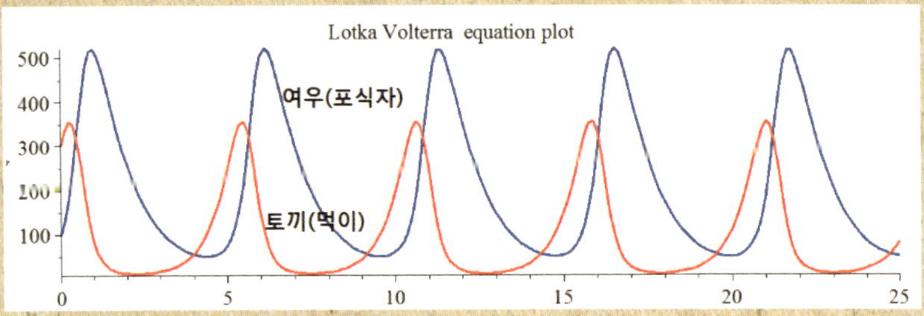

[그림] 생태계에서 포식자–먹이의 개체수 그래프

소스 : Gisling(2013)(위키미디아)

01

헝거 게임(Hunger Game)과 게임 이론

영화 헝거 게임은 수잔 콜린즈Suanne Collins가 쓴 동명의 사이언스 픽션을 바탕으로 한 3부작이다. 헉슬리의 "멋진 신세계"나 조지 오웰의 "1984"처럼 이 책도 디스토피아Dystopia(유토피아의 반대 개념)적인 미래에 나타날 수 있는 인간성을 말살시키는 사회를 그린 것이다. 이 나라는 중앙집권적이고 사악한 세력이 권력을 가진 수도(캐피톨)와 12개의 주변 구역으로 이루어져 있다. 72년 전에 발생했던 반란 때문에 이 열 두 구역들은 극심한 물질적인 빈곤과 정신적인 고통을 받으며 살아야 하는 상황이다. 이 영화의 여주인공인 캣니스Katniss는 용감하고, 영리하며 또 정의감이 살아있는 12구역에 살고 있는 소녀이다. 72년 전에 발생한 반란 사건으로 인해서 매년 각 구역에서는 12세에서 18세의 소년 소녀들을 한 명씩 선출해서 헝거 게임에 내보내야 한다. 각 구역에서 모인 24명의 소년 소녀들은 생존이 달린 서바이벌 게임을 벌여야 하는데, 최종적으로 한 명만 남을 때까지 게임은 계속된다. 그리고 영화는 불행히도 죽음의 로또에 뽑힌 여동생을 대

신해서 캣니스가 헝거 게임에 자원하면서 일어나는 사건들을 그렸다.

영화에서는 자세히 그려지지 않았지만 헝거 게임에 참여하는 소년 소녀를 뽑는 방식은 일단은 제비뽑기 방식이다. 그런데 일단 한 번 뽑힌 사람은 다음 해에는 대기 명단에 이름이 올라가지 않는다. 왜냐하면 그(그녀)는 헝거 게임에서 살아남아서 영웅이 되었던지 아니면 이 세상에는 더 이상 없을 테니까. 그런데 여기에는 독특한 추첨 방식이 있다. 그것이 여기서 살펴볼 수학과 관련된 내용이다. 12세에 명단에 이름이 올라간 소년과 소녀는 13세가 되는 다음 해에는 명단에 이름이 한 번 더 오르게 된다. 이렇게 함으로써 이들이 헝거 게임에 참여할 확률은 두 배가 되는 것이다. 그리고 14세가 되면 명단에는 그들의 이름은 세 번 중복해서 오르게 된다. 이렇게 계속 함으로써 19세가 되기 전까지는 나이가 들수록 선택될 확률이 점차로 올라가게 된다.

그런데 상황을 더욱 복잡하게 만드는 것은 소년 소녀들의 부모나 혹은 당사자가 자발적으로 그들의 이름이 올라가는 횟수를 높일 수 있다는 점이다. 열 두 구역에 사는 사람들은 모두 굶주림에 허덕이고 있다. 그래서 어떤 가족이 소년 소녀들의 이름을 자발적으로 한 번 더 올리겠다고 자원하면–명단에 자식의 이름이 나타나는 횟수가 늘어나서 헝거 게임에 뽑힐 확률도 올라간다는 것이다–이들은 약간의 식량을 더 받게 된다. 영화에서는 주인공이 여동생에게 정부에서 주는 식량을 절대로 받지 말라고 당부하는 장면으로 간단히 나온다.

예를 들어 소년 중에 12세인 A와, 13세인 B, 그리고 14세인 C가 있다. 그러면 헝거 게임에 참여할 사람을 선택하는 명단은 (A, B, B, C, C, C)로 구성되고 이 중에서 한 명이 선발된다. 그런데 13세인 B의 가족이 식량을 더 받는 대신에 B의 이름이 명단에 오르는 횟수를 올리겠다고 자원할 수 있다. 그러면 새로운 명단은 (A, B, B, B, C, C, C)이고 B가 선발될 확률은 2/6에서 3/7으로 올라간다.

어떤 가족도 자신들의 자식이 그 명단에 이름이 한 번이라도 더 중복돼서 올라가는 것을 원하는 경우는 없을 것이다. 그렇지만 누구나 굶주림에 지쳐있기 때문에 식량을 더 받을 수 있다는 제안은 솔깃한 유혹일 수 있다. 명단에 이름이 한 번 더 올라간다고 해서 게임에 반드시 뽑힌다는 보장이 있는 것도 아니다. 그런데 식량을 더 받음으로써 생존할 확률이 높아지는 것과 동시에 헝거 게임에 뽑힐 확률이 올라갈지를 판단하는 것은 개개인의 믿음과 관련된 주관적인 것이다. 이런 종류의 확률은 주사위를 던졌을 때 각각의 숫자가 나올 확률은 $\frac{1}{6}$이라는 객관적인 확률과는 사뭇 다른 것이다. 우리는 사실 이렇게 불확실성을 대면하면서 끊임없이 의사결정을 해야 하는 상황과 함께 살고 있다.

"결정 이론Decision Making"이라는 분야는 최근에는 경제학이나 심리학, 그리고 수학에서도 연구하는 분야이지만 그 뿌리는 플라톤까지 거슬러 올라간다. 우리가 내리는 결정에는 '택시를 타는 것과 지하철을 타는 것 중에서 어느 것이 더 빠른가?' 하는 비교적 소소한 결정에서부터 '어떤 분야의 직업을 선택하는 것이 최선인가'와 같은 좀 더 장기적인 영향을 주는 결정도 포함된다. 수학이나 경제학에서 다루는 결정 이론에서는 불확실한 상황과 직면한 인간이-그가 합리적이고 이성적이라고 가정한다면-어떻게 의사결정을 내리는가를 모델링하는 분야이다. 물론 최근에는 인간이 내리는 의사결정이 그다지 합리적이 아니라는 것이 속속 밝혀지고 있기는 하다.

여기서 '불확실성'이라는 의미는 '한 치 앞을 모른다.'는 속담처럼 앞으로 일어날 일을 모르기 때문에, 우리가 내리는 판단과 결정이 어떤 결과를 가져올지 모른다는 의미이다.

결정 이론은 개인들이 자신들의 선호를 알고 있고, 주어진 상황에 대하여 최소한의 정보를 가지고 있지만 그 결과에 대해서는 알지 못하는 불확실한 상황에서 자신의 이익이나 효용을 최대한으로 하고 싶을 때 실제로 어떤 결정을 내리는가를 연구하는 분야라고 설명해야 할 것 같다(Lewis, 2012). 헝거 게임에서 부모들이 식량의 대가로 자녀들의 이름을 자발적으로 명단에 올림으로써 자녀들이 사망할 확률은 높아진다. 그렇지만 그 확률에 대하여는 정확히 알지 못하는 불확실성을 마주하고 있다. 한편으로 그런 선택을 하지 않으면, 이번에는 굶주림으로 사망할 확률이 높아지지만, 그 확률도 정확하게 알지 못하는 또 다른 불확실성인 것이다. 이런 상황이 진정한 디스토피아라는 생각이 든다.

헝거 게임에서 또 다른 (수학적) 관전 포인트는 24명의 참가자들이 연합하는 과정이다. 12개의 구역에서 온 참가자들은 만인의 만인에 대한 투쟁을 선택하는 대신에 일시적으로라도 그룹을 형성해서 다른 그룹과 대항한다. 적과의 동침인 셈이다. 그런데 이들은 밤이 되면 정말로 잠재적인 적과 작은 공간에서 함께 잠을 자야 한다. 만일 그들 중에 한 명이 잠들지 않고 다른 사람들이 잠들기를 기다렸다가 나를 해치려고 한다면 어떻게 될까? 잠자는 것조차 불안한 상황이다. 필자의 기억에 그런 장면이 여러 번 있었던 것 같다.

이러한 상황 설정은 게임 이론에 나오는 '죄수의 딜레마'를 연상 시킨다. 혹시 처음 들어보는 사람들을 위해서 간단히 소개하겠다. 이것은 수학자 내쉬Nash에게 노벨 경제학상을 안겨준 게임 이론이다. 여기 두 명의 용의자(A와 B라고 하자)가 경찰에서 취조를 받는다. 그런데 아직 증거가 불충분해서 범죄 사실을 입증하기 위하여 경찰은 어떻게 해서든 자백을 받아야 한다. 그들은 이전에도 작은 범죄를 저지른 적이 있다. 경찰에서는 이들을 따로 따로 심문하면서 이들에게 제안을 한다. 경찰이 A를 심문하면서 말한다. 만일 당신이 범죄사실을 부인하더라도 B가 그 사실을 인정하면 당신은 10년 형을 받게 되고, B는 자백의 대가로 자유롭게 풀려날 것이다. 두 사람 모두 혐의를 인정하면 그들은 협조한 대가로 둘 다 5년 형을 선고 받는다. 물론 두 사람 모두 혐의

[그림] 죄수의 딜레마의 상황(CXJ Jensen & Greg Riestenberg, 2012)

한 금융회사의 두 실무자가 몇 년 동안 보고서를 비밀리에 조작하여왔다. 그들은 수입의 상당부분을 누락하는 방식으로 이익을 줄여서 보고하였다. 이들은 두 사람이 공동으로 접근권이 있는 스위스의 비밀계좌에 횡령액을 예치하였다. 그렇지만 몇 년 후에 회사의 감사에서 이 사기횡령이 드러나게 되었다. 감사관은 이 둘의 보고서에 무언가 의심할만한 것이 있다고 판단하였지만 두 사람 중에서 적어도 한 사람으로부터 부터 자백을 받지 않는다면 기소할만한 증거는 불충분하였다. 두 사람은 모두 심문을 받게 되었고, 동일한 제안을 은밀히 받는다. 모르는 일이라고 잡아뗄 것인가, 아니면 다른 공범에게 죄를 떠넘기고 나는 기소되지 않고 석방될 것인가? 그렇지만 만일 다른 공범이 나처럼 자백한다면? 그때는 우리 둘 다 감형된 형량을 살게 될 것이다. 이 둘은 모두 딜레마에 빠지게 된다. 왜냐하면 자신의 운명이 자신만의 결정이 아닌 다른 용의자의 결정에도 달려있기 때문이다.

를 부인하면, 두 사람의 죄를 입증할 수 없기 때문에 그 혐의는 무효가 된다. 그러나 과거에 저지른 죄 때문에 1년을 감옥에서 보내야 한다. 그리고 똑같은 제안을 B에게도 한다. 두 명의 용의자는 당연히 감옥에서 지내기를 원치 않을 것이다. 그렇기 때문에 둘 다 혐의를 완강히 부인하면 감옥에서 1년을 지내면 된다. 그러나 게임 이론에 의하면 두 용의자는 모두 자백을 하고 싶다는 압박을 받게 된다. 왜냐하면 A는 B가 어떤 결정을 내릴지, B는 A가 어떤 결정을 내릴지 모르기 때문에 상대방의 전략을 고려해야 하는 상황이 되기 때문이다. 이것을 표로 나타내면 다음과 같다.

		B의 전략	
A의 전략		자백한다	자백하지 않는다
	자백한다	(5, 5)	(0, 10)
	자백하지 않는다	(10, 0)	(1, 1)

두 사람에게 가장 좋은 선택은 모두 혐의를 부인하고 1년을 감옥에서 지내는 것이지만, A의 입장에서는 만일 B가 배신하고 혼자 살겠다고 혐의를 인정하면, A 혼자만 감옥에서 10년을 보내야하는 억울한 일이 발생한다. 그것은 B에게도 동일한 상황이다. 그래서 이들은 결국 둘 다 자백하고 5년씩 감옥에서 지낸다는 게임 이론이다.

필자가 MIT에서 공부할 때 내쉬에 대한 전설적인 이야기를 종종 듣곤 했다. MIT 수학과에서는 전통적으로 오후 세시가 되면 커먼 룸Common Room에서 차를 마시는 티 타임tea time을 갖는다. 교수와 대학원생들이 모여서 자유롭게 자신들의 아이디어를 교환하고 격식 없이 배우라는 자리다. 그런 장소에 내쉬가 어느 날 허겁지겁 뛰어 들어와서 외계인이 쳐들어온다고 소리 질렀다고 한다. 처음에는 모두 그것을 만우절 농담쯤으로 받아들였는데 나중에 알고 보니 그가 정신질환을 앓고 있었다는 일화다. 내쉬의 오랜 고통과 그가 게임이론으로 노벨 경제학상을 받는 이야기는 영화 "뷰티플 마인드"로 연결된다.

다시 우리의 헝거 게임으로 돌아가자. 죄수의 딜레마를 잠재적인 적과 동일한 공간에서 잠을 자야 하는 게임의 참가자들에게 그대로 적용할 수 있다. 이들도 최선의 선택은 잠을 안자고 깨어 있음으로써 자신이 살해당할 위협에서 벗어나는 것이지만, 그 경우에는 모두들 피곤해지고 이것이 계속되면 체력도 약해져서 생존할 확률이 낮아진다. 이 상황을 죄수의 딜레마처럼 표로 만들어 보자(Lewis, 2012).

		B의 전략	
A의 전략		깨 있다	잠을 잔다
	깨 있다	(피로, 피로)	(피로, 휴식)
	잠을 잔다	(휴식, 피로)	(휴식, 휴식)

경제학적으로 합리적인 의사결정은 두 명(혹은 집단적으로) 모두 깨있는 것이지만 두 명 모두(집단적으로) 불합리한 의사결정을 내림으로써 가장 합리적인 선택을 하게 되는 것이다. 그래서 헝거 게임에서는 이들이 잠든 후에 일어날 일을 걱정하지 않고 다음 날을 위해서 푹 자는 것을 선택한다.

영화를 다 보고 나서 갑자기 작가인 수잔 콜린즈는 어떤 사람일지 궁금해져서 웹 서치를 해 보았다. 그녀가 이 작품을 쓰게 된 동기 중에는 그리스 신화 "테세우스와 미노타우로스"의 영향도 있고, 또 부분적으로는 전쟁에 오랫동안 참여한 아버지의 영향도 있었다고 한다. 소설 '헝거 게임'은 '테세우스와 미노타우루스' 신화에서 젊은 청년들을 공물로 바치는 모티브를 가져왔다. 크레타의 왕 미노스는 주변국들에서 두려워하는 힘센 왕이었다. 미노스 왕은 웅장한 왕궁을 짓고 그 안에 거대한 미로를 만들었다. 그리고 그 중앙에는 미노타우루스라는 반인반수의 괴물을 키웠다. 미노스 왕은 각 국가들에 일곱 명의 청년과 일곱 명의 처녀들을 공물로 바치라고 요구한다. 그리고 공물로 바쳐진 청년들을 미로에 가두고 길을 찾아 헤매도록 하였다. 청년들이 지쳐서 쓰러지면 그 때 미노타우루스가 나타나서 이들을 잡아먹는 것이다. 이 사실을 알게 된 아테네의 왕자 테세우스는 미노스 왕에게 가기로 스스로 자원한다....

수잔 콜린즈의 아버지는 공군 장교로 전쟁을 경험하면서 느낀 굶주림과 가난, 그리고 전쟁의 후유증을 자식들에게 자주 이야기를 해 주었다고 한다. 그런데 그녀의 아버지가 참전했던 전쟁에는 한국 전쟁과 베트남 전쟁도 포함 된다고 한다. 수잔 콜린즈가 집필한 또 다른 책 중에 "Underworld Chronicle(지하 세계 연대기)"이라는 것도 있는데, 이것은 그녀가 '이상한 나라의 앨리스'를 읽고서 '앨리스가 토끼 구멍에 빠지지 않고 맨홀에 빠진다면 어떻게 됐을까, 또는 티 파티 대신에 다른 것을 발견하면 어떨까'를 상상하다가 쓰게 되었다고 한다. 창의성이 발휘되려면 지식(이 경우는 그리스 신화에 대한 지식), 상상력과 질문하기, 그리고 모티베이션(작가가 되겠다는 개인적 열망), 아이디어를 실행에 옮기는 결단 등이 필요하다는 생각이 든다.

죄수의 딜레마가 실생활에 적용되는 사례들은 어떤 것들이 있을까

죄수의 딜레마는 게임 이론에서 가장 기본적인 문제로 이것은 두 사람이 협력하는 것이 두 사람 모두의 이익을 위하여 가장 좋은 선택임에도 그렇게 하지 않는 이유를 설명해 준다. 죄수의 딜레마가 실제 상황에 적용되는 예들을 찾아보면 어떤 것들이 있을까 생각해 보자.

첫 번째 예는 산유국들의 오일 생산량을 결정하는 OPEC(Organization of Petroleum Exporting Countries) 회담을 생각해 볼 수 있다. OPEC 회담에서 각 산유국들은 어느 정도의 오일을 앞으로 생산할 것인가에 대하여 경쟁국과 협력할 것인지 혹은 배신할지(속일지)를 결정해야한다. 예를 들어 최대 산유국인 사우디아라비아가 회담에서 합의한 결정과는 반대로 더 많은 오일을 생산해서 판매한다면(배신) 더 많은 이익을 얻을 수 있다. 그렇지만 이러한 결정은 OPEC 전체에는 타격을 준다. 왜냐하면 오일 가격이 떨어져서 이익이 적게 나오기 때문이다. 반면에 사우디아라비아가 합의한 결정을 따르고 오일 생산량을 줄인다면, 자국의 이익은 감소하지만, 원유 가격이 인상되고, 각 산유국의 이익이 증가하게 되고 OPEC 전체의 공익은 높아진다. OPEC는 반복되는 게임에서 나타나는 죄수의 딜레마의 전형적인 예이다.

두 번째 예는 운동선수들이 경기력 향상을 위해서 금지된 약물(스테로이드)을 복용할 것인지를 결정해야 하는 경우를 생각할 수 있다. 스테로이드가 각 선수들에게 비슷한 효과를 준다고 가정한다면, 이 때는 어느 선수도 약물을 복용하지 않는 것이(부작용을 생각한다면) 모두에게 최선이다. 그런데 그 중 한 선수가 몰래 스테로이드를 복용했을 때, 다른 모든 선수들이 똑같이 하지 않는 이상 그(그녀)는 이득을 얻을 수 있다고 판단할 수 있다. 그렇지만 모두가 이런 판단을 내린다면 어느 누구도 결과적으로는 이익을 얻지 못하고 부작용만 남게 될 것이다.

이와 비슷한 예들을 주위에서 많이 찾아볼 수 있다. 국가 간의 군비 확장 경쟁이나 광고주들이 출혈을 하면서까지 비싼 모델을 기용해서 광고에 많은 예산을 쏟아 붇는 사례, 혹은 기후변화에 대처하기 위하여 CO2(이산화탄소) 배출을 줄이는 데 적극적인 국가와 그렇지 않은 국가들도 죄수의 딜레마의 좋은 예가 될 수 있다.

02

박사들을 혼란시킨 확률 : 몬티 홀(Monty Hall) 문제

몬티 홀 문제는 미국의 텔레비전 게임 쇼 프로그램인 "Let's Make a Deal"에서 그 프로그램의 진행자인 몬티 홀Monty Hall의 이름을 따온 확률문제다. 이 문제는 1975년부터 이미 알려져 있었지만 이것이 유명해진 것은 1990년 퍼레이드Parade라는 잡지에서 "매릴린에게 질문하세요."라는 고정칼럼에 소개된 이후이다. 이제 문제를 소개하려고 하니 여러분이 게임 쇼에 나갔다고 가정을 하고 현명한 판단을 해 보시기를.

여러분 앞에는 세 개의 문이 있다. 그 중의 하나의 문 뒤에는 신형 럭셔리 자동차가 있고, 나머지 두 개의 문 뒤에는 당나귀가 있다(꽝인 경우다). 당신이 그 중에서 하나의 문을 신중하게 선택한다. 그 문을 편의상 No.1이라고 부르자. 이 때 게임 쇼의 호스트가-그는 물론 어떤 문 뒤에 무엇이 있는지를 알고 있다-다른 하나의 문, 즉 당나귀가 있는 문을 열어 보여준다. 그 문을 No.3이라고 부르자. 그리고 그가 당신에게 묻는다. "이제 마음을 바꾸어서 No.2를 선택하겠어요?" 이 때 여러분은 다른 문으로 선택을 바꾸는 것이 유리할까? 아니면 처음의 선택대로 No.1을 고수할 것인가?(Whitaker, 1990)

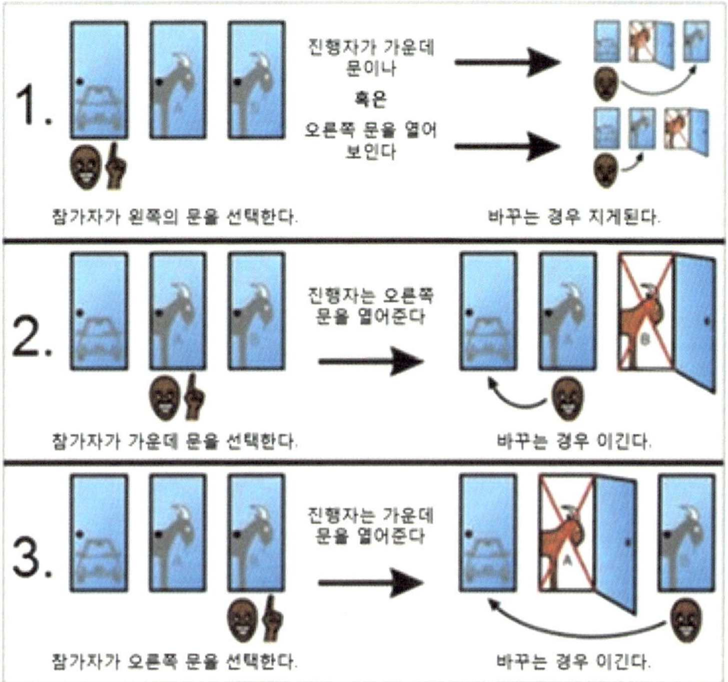

https://no.wikipedia.org/wiki/Monty_Hall-problemet(원문을 우리말로 수정함)

이 문제의 요지는 게임에 참가한 사람이 처음에 했던 선택을 바꾸는 것이 그가 자동차를 경품으로 탈 확률을 높이는가, 아니면 처음의 선택을 고수해도 이길 확률에는 아무런 변화가 없는가의 문제이다.

문제를 처음 접했을 때, 대부분의 사람들은 선택을 바꾸어도 확률에는 아무 변화가 없다고 생각한다. 그 논리는 다음과 같다: 열지 않은 문이 두 개가 있다. 자동차는 그 둘 중 하나에 있다. 그렇다면 내가 처음에 선택한 문 No.1 뒤에 자동차가 있을 확률은 1/2이고, 다른 문(No.2) 뒤에 있을 확률도 1/2이다. 그러므로 선택을 바꾼다고 해도 아무런 차이가 없다.

좀 놀랍겠지만, 이러한 추론은 잘못된 것이다. 선택을 바꾸면 경품을 받을 확률이 두 배가 된다. 그러니까 처음의 선택(No.1)을 고수했을 때 이길 확률은 1/3이고, 마음을 바꾸어서 다른 문을 선택할 때 자동차가 그 문 뒤에 있을 확률은 2/3이다.

처음에 이 문제가 소개됐을 때, 한 연구에 의하면 13%의 사람만이 선택을 바꾸겠다고 답했다고 한다(Granberg & Brown, 1995). 퍼레이드 지의 칼럼에서 문제를 처음 소개한 매릴린 사반트가 선택을 바꾸는 것이 유리하다고 해답을 내놓았을 때 무려 10000명의 독자들이 잡지에 항의 편지를 썼는데, 그 중에서 1000명이 스스로를 박사라고 소개했다고 한다. 그들 대부분은 매릴린의 해설이 잘못되었다고 항의하였다. 인지심리학자인 피아텔리-팔마리니Piatelli-Palmarini에 의하면 "어떠한 확률 문제도 이렇게 모든 인간을 오랫동안 우롱한 문제는 없다." "노벨 물리학상을 받은 학자들마저 잘못된 답을 아주 체계적으로 내 놓았고, 그들은 그 주장을 되풀이 하였다." 물론 노벨상에는 수학 상은 포함되지 않는다는 사실은 기억하시길 바란다.

이 문제는 조건부 확률을 구하는 방법으로 해결할 수 있지만, 여기서는 좀 더 직관적인 방법으로 확률을 구해보려고 한다. 우리가 문 No.1을 선택했다고 가정할 때, 다음의 세 가지 경우가 가능하다:

	1번 문(No.1)	2번 문(No.2)	3번 문(No.3)	게임 진행자의 액션
경우 1	당나귀	당나귀	자동차	2번 문을 열어보여 준다
경우 2	당나귀	자동차	당나귀	3번 문을 열어보여 준다
경우 3	자동차	당나귀	당나귀	2 또는 3번 문을 열어 보여 준다

여기서 주목해야 하는 것은 게임 쇼 진행자는 어느 문 뒤에 자동차가 있는지를 알기 때문에 아무 문이나 열어 보여주지 않고, 반드시 당나귀가 있는 문을 열어 준다는 점이다.

첫 번째 경우라면, 당신은 선택을 바꾸는 것이 유리하다(자동차를 갖게 된다). 두 번째 경우에도 선택을 바꾸는 것이 유리하다(자동차를 갖게 된다). 세 번째 경우는 선택을 바꾸지 않는 것이 유리하다. 세 경우 중에서 선택을 바꾸면 이기는 경우가 두 번이고, 확률은 2/3로 올라간다.

게임 진행자인 몬티 홀이 무작위하게 문을 열었다면 이때는 확률에 변화가 없을 것이다. 그런데 그는 무작위하게 액션을 취한 것이 아니라, 자동차가 어느 문 뒤에 있는지 알고서 자신의 행동을 결정한 것이다. 그것이 우리가 직관적으로 생각하는 확률의 양상을 바꾸는 것이다. 사실 게임 진행자인 몬티는 모든 정보를 준 셈이다. "당신이 선택하지 않은 문이 두 개가 있다. 이 둘의 확률을 합하면 2/3이다. 그런데 나는 그 중에서 자동차가 없는 문을 열어준다" 그의 행동은 결국 남아 있는 문의 확률을 2배로 올려준 것이다.

그런데 다른 흥미로운 연구가 동물실험에서도 밝혀졌다. 예일 대학의 심리학자들이 원숭이들에게 유사한 실험을 진행하였다. 이 경우에 상품은 자동차가 아니라 M&M 초콜릿이었다. 첫 번째 실험에서는 원숭이들에게 빨강과 파랑색, 그리고 연두색의 초콜릿을 주고 고르게 하였다. 그러면 원숭이들은 각각의 색깔을 1/3의 확률로 동일하게 선택하였다. 두 번째 실험에서는 원숭이들에게 빨강과 파랑색 초콜릿을 주고 고르게 한다. 만일 원숭이가 빨강색 초콜릿을 선택하면, 다음에는 파랑색과 연두색 초콜릿을 보여주고 선택하게 한다. 그러면 원숭이들은 2/3의 확률로 연두색 초콜릿을 선택한다는 것이다. 이것은 심리학에서 "선택의 합리화"라고 부르는 이론과 부합되는데, 이 이론에 따르면 인간이 처음에 무엇인가를 거부하면, 우리는 "나는 그것을 어쨌든 좋아하지 않았어."라고 스스로를 설득한다는 것이다(Keith Chen, 2008). 원숭이들도 자기 고집이 있어서 어떤 이유에서건 일단 선택을 하면 그것에 매달리는 것인지 모르겠다.

이제 다시 확률 주제로 돌아오자. 위의 문제를 확률적으로 계산하려면 '조건부 확률'에 대한 개념이 약간 필요하다. 다음 문제는 조건부 확률의 간단한 예이다.

문제 A와 B가 각각 주사위를 한 번 던져서 큰 수가 나오는 사람이 이긴다고 하자. 나온 숫자가 동일하면 다시 던진다. 이 때 A가 이겼다면, A가 5가 나와서 이겼을 확률은 얼마인가?

이 문제는 천천히 생각하면서 경우의 수를 구해보면 어렵지 않게 해결할 수 있다.

풀이 (A, B)를 A와 B가 주사위를 던져서 나온 수로 나타내자. A가 던져서 나온 숫자가 큰 경우는 다음과 같다:

$$\begin{array}{r} (2,1), (3,1), (4,1), (5,1), (6,1) \\ (3,2), (4,2), (5,2), (6,2) \\ (4,3), (5,3), (6,3) \\ (5,4), (6,4) \\ (6,5) \end{array}$$

그러니까 A가 이기는 경우는 위의 총 15가지 경우다. 그 중에서 A가 5를 던진 경우는 4가지 경우다. 두 명이 주사위를 던졌을 때 나오는 모든 경우는 6×6=36가지다. 이 때 A가 이기는 확률은 15/36이다. 또 A가 주사위 5를 던져서 이길 확률은 4/36이다. 그러므로 조건부 확률 $\left(\frac{A\text{가 5를 던져서 이길 확률}}{A\text{가 이길 확률}}\right)$은 $\frac{\frac{4}{36}}{\frac{15}{36}} = \frac{4}{15}$이다.

이 글을 쓰고 나서 우리학교 공대생들은 과연 어떤 선택을 할지 궁금해졌다. 그래서 수업시간에 몬티 홀 문제를 소개하고 나서 학생들에게 마음을 바꾸어서 다른 문으로 옮길지, 아니면 그대로 첫 번째 선택을 고수할지를 물어보았다. 약 절반의 학생들이 마음을 바꾸어서 다른 문을 선택한다고 하였다. 그 이유를 물어보니, 확률적인 정확한 근거는 없어도 그런 문제를 교수님이 묻는 것은 분명히 이유가 있을 것이라는 심리적인 추론에 근거한 경우도 제법 돼 보였다. 물론 13%만 정답을 말했다는 것은 몇 십 년 전의 이야기고, 필자는 대한민국이라는 수학 강국의 젊은 공대생들에게 물어본 것이기 때문에 다양한 연령의 사람들이 참여한 경우보다 뛰어난 추론을 한 것일 수도 있지만 기분은 무척 좋았다. 하여튼 그 학생들에게 '노벨상 수상자들도 헷갈렸던 문제인데 정말 좋은 추론을 했다. 앞으로 좀 더 노력하면 노벨상 받을 가능성이 있다'고 칭찬해 준 것은 물론이다. 그런데 칭찬받은 학생들의 기말고사 성적이 눈에 띄게 향상된 것을 보고 칭찬이 정말 좋은 자극제라는 것을 확신하게 되었다.

생각 코너

Mathematics Museum

(1) 몬티 홀 문제를 좀 더 직관적으로 이해하기 위해서 문이 100개 있는 경우를 생각해 보자. 여러분 앞에 100개의 문이 있고 그 중에서 하나의 문 뒤에만 신형 차가 상품으로 있다. 나머지 99개의 문 뒤에는 아무 것도 없다. 여러분이 그 문들 중에서 하나를 선택했을 때, 게임 진행자가-그는 물론 어느 문 뒤에 상품이 있는지를 알고 있다-자동차가 없는 98개의 문을 열어서 보여준다. 그러고 나서 당신이 선택한 문과 하나의 문만 남았을 때 마음을 바꾸어서 다른 문을 선택하겠는지 물어본다. 이 경우 여러분은 어떤 선택을 하는 것이 옳을까?

(2) 게임 쇼에 참가한 여러분 앞에 문이 10개가 놓여있다. 그 중에 하나의 문 뒤에만 자동차가 경품으로 놓여있다. 여러분이 그 중에서 하나의 문을 선택하였다. 게임 진행자는-그는 어느 문 뒤에 경품이 있는지를 알고 있다-나머지 9개의 도어 중에서 자동차가 없는 7개를 열어서 보여준다. 그리고 물어본다. 마음을 바꾸어서 다른 문을 선택할 것인가. 이 경우에 다른 문으로 스위치 한다면 상품을 탈 확률은 어떻게 바뀔까?

03

바퀴가 사각형인 세 발 자전거를 탈 수 있는 곳으로 가봅시다

위의 사진에 실린 자전거는 정 사각형의 바퀴를 가진 세발자전거들이다. 여기가 어디인지 무척 궁금할 텐데, 바로 뉴욕에 있는 수학 박물관에 있다. 2012년 문을 연 이 수학 박물관을 MOMATH라고 부르는데 Museun Of Mathematics를 줄인 말이다. 북미에는 하나 뿐인 수학 박물관이라고 미국인들이 엄청 자랑스러워하는 박물관이다. 수학 박물관에서 압권이 이 세발자전거인데 이것의 바퀴는 크기가 각각 다른 정사각

형들이다. 자전거를 타보면 일반 자전거를 타는 것만큼은 아니어도 비교적 부드럽게 움직이는 것에 다시 한 번 놀라게 된다. 그러니까 이 자전거에 비밀이 있는 것은 사실인데, 그 비밀은 자전거와 접촉하는 바닥이 평평한 길이 아니라 바퀴의 움직임과 꼭 맞게 설계된 곡선(위 사진에서는 빨강색) 형태로 되었다는 데 있다. 정사각형 형태의 바퀴가 평지에서 회전하면 무게중심의 높이가 변화한다. 그런데 무게 중심의 높이가 변하지 않는 도로의 형태가 바로 늘어진 체인을 뒤집은 형태다.

그러니까 볼록한 형태의 노란색 자전거 도로는 현수선의 그래프를 뒤집어놓은 것이다. 그리고 바퀴인 정사각형의 한 변의 길이와 빨강색의 볼록한 호arc의 길이가 일치한다. 그렇게 되면 자전거의 무게중심은

〈참고〉

현수선(catenary)은 $y=\frac{e^{x}+e^{-x}}{2}=\cosh(x)$로 주어지는 곡선이다(읽을 때는 코쉬 x라고 읽으면 된다). 현수선을 뜻하는 catenary라는 단어는 라틴어로 '사슬(체인)'을 뜻하는 'catena'에서 왔다. 늘어진 체인을 수학적으로 묘사하는 식은 1671년 후크(Robert Hooke)가 찾았다. 갈릴레이는 그 식이 포물선이라고 생각했다고 한다.

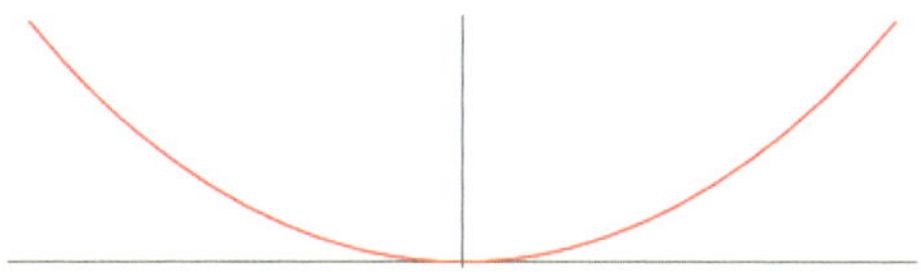

[그림] 현수선(늘어진 체인)

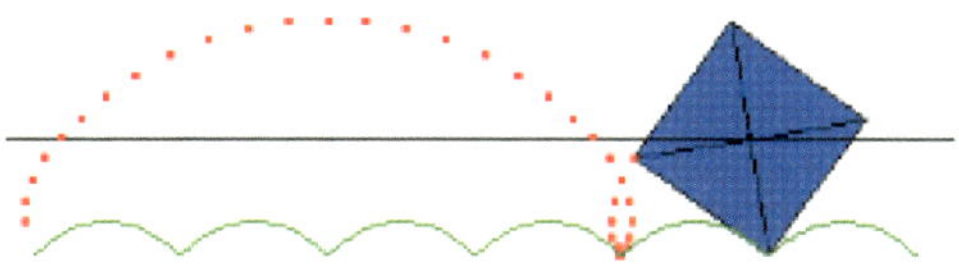

뒤집어진 현수선 위를 움직이는 정사각형. 무게 중심의 높이가 일정하다

http://www.exploratorium.edu/xref/exhibits/square_wheel.html

바닥으로부터의 높이가 변하지 않아서 평지를 달리는 것처럼 부드럽게 달린다. 그 증명은 곤대생들이라면 미분 방정식을 통해서 풀 수 있다.

[그림] 거미줄과 늘어진 전선도 현수선의 예들이다.

아래 곡선들은 정 사각형–가상의 자전거 바퀴들–이 '도로(현수선)' 위를 굴러갈 때를 시뮬레이션 한 것이다. 모든 도형들의 무게 중심은 직선을 따라서 그대로 앞으로 나가기 때문에 자전거를 탈 때 어떤 동요도 느끼지 않게 된다.

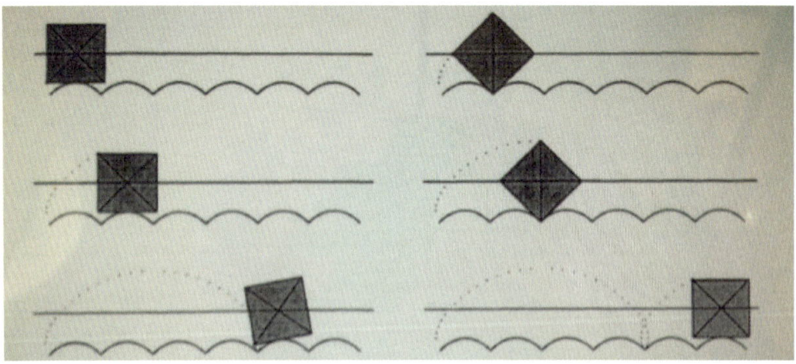

source : MOMATH

앞의 그림처럼 정 다각형의 고정된 한 꼭짓점이 (거꾸로 된)현수선을 따라 움직이면서 그리는 곡선들을 통 털어서 룰렛이라고 부른다.

바퀴가 만약 정삼각형인 경우에는 각의 크기가 60도여서 이것을 물리적으로 모형화 하는 것이 불가능하지만 정사각형의 경우에 이 자전거 도로는 $y=-\cosh(x)$의 그래프를 $x=\sinh^{-1}(1)$에서 절단하면 된다는 것이 수학자 Wagon(2000)에 의해서 알려졌다.

미국에서는 이 수학박물관을 건설하기 위해서 약 250억원 가량을 투자했다고 한다. 미국 학생들의 수학 실력이 국제간 학업 평가에서 기대 이하의 중위권을 유지하는 것도 수학 박물관을 건설한 이유 중의 하나라고 한다. 우리나라 학생들은 수학 실력은 세계적이지만 수학에 대한 흥미는 OECD 회원 가입국 중에서 바닥권이라고 하니 우리도 이런 수학 박물관을 지어야 할 때가 되지 않았나 하는 생각이 든다. 다양한 방법으로 수학에 호기심을 갖게 하고 수학의 아름다움을 느끼게 하려고 국가적으로 노력하는 미국의 모습을 보니 엄청 부러워진다.

[그림] 뫼비우스 띠를 형상화 한 조형물(수학 뮤지엄, 뉴욕)

04

화가가 연구한 거미줄 곡선-에피트로초이드(Epitrochoid)

[그림 1] 에피트로초이드(룰렛의 일종)(Nevit Dilmen, 2011)와 Albrecht Dürer

고정된 원이 하나있고, 그 원의 바깥에 또 다른 원이 접해 있다. 바깥 원이 고정된 원을 따라서 회전할 때, 바깥 원의 경계에 있는 한 고정된 점이 움직이는 자취는 어떤 모양일까?

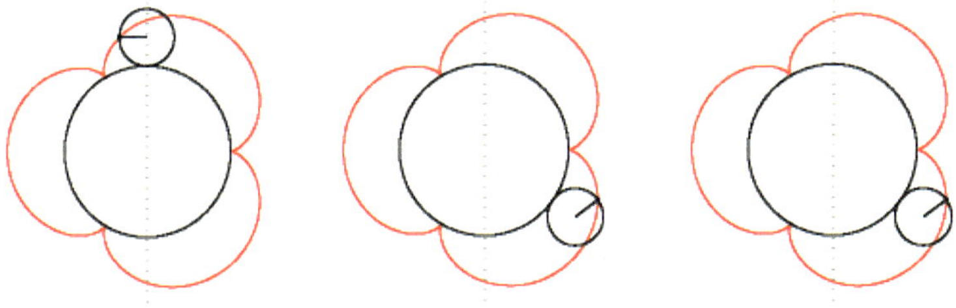

[그림 2] 에피트로초이드(Epitrochoid)

이런 종류의 곡선들을 에피트로초이드Epitrochoid라고 부른다. Epi는 무엇의 위라는 의미이고, Troch는 바퀴를, Oid는 닮았다는 뜻이다. 이름의 뜻처럼 이 곡선은 반지름이 일정한 원 위를 돌면서 만들어지는 곡선이라는 것을 의미한다.

Epitrochoid를 연구한 사람들 중에는 물리학자 호이겐스나 뉴턴, 베르누이 등이 있지만 가장 먼저 진지하게 이 곡선을 연구한 사람은 미술가인 알프레드 듀러Albrecht Dürer였다. 르네상스 시대의 위대한 독일 예술가로 평가받는 뒤러는 자신의 그림인 멜랑꼴리아Melancolia에 마방진을 넣기도 하였다. "자와 컴퍼스로 측정하는 것에 대한 강의"에서 그는 이 곡선들을 언급하였는데, 그는 곡선들을 거미줄(스파이더)이라고 이름 붙였다. 아마도 곡선의 모양이 거미줄을 연상시켜서일 것이다.

아래 그림처럼 고정된 원(푸른색)과 반시계 방향으로 회전하는 바깥 원(검정색)이 접하고 있다. 이 때 바깥 원 위의 한 점(빨강색)이 그리는 자취를 생각해 보자. (그림3)은 두 원의 반지름이 같은 경우인데, 이 때 그려지는 자취는 오른쪽과 같다. (그림4)는 고정된 원과 회전하는 바깥 원의 반지름의 비가 4:1인 경우고, 이 때의 자취는 오른쪽에 있다. 이제 여러분은 직관을 발휘할 수 있을 것이다. 두 원의 반지름의 비가 유리수인 경우에만 회전하는 점의 자취는 폐곡선이고 주기성을 갖게 된다. 또 반지름의 비가 유리수일 때 곡선에 나타나는 뾰족한 끝(수학에서는 이것을 커스프, cusp라고 부른다)이 몇 개인지도 결정된다.

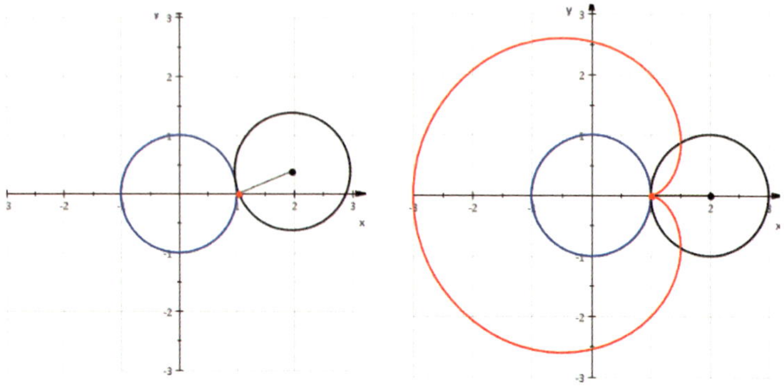

[그림 3] 고정된 원과 회전하는 원의 반지름의 비가 같은 경우에 나타나는 궤적

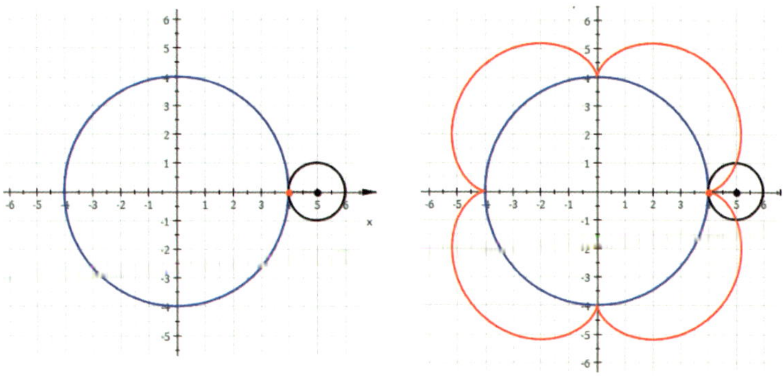

[그림 4] 고정된 원과 회전하는 원의 반지름의 비가 4:1인 경우에 나타나는 궤적

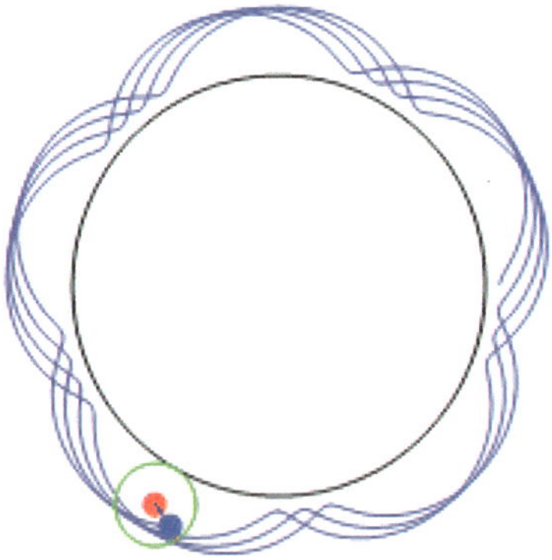

[그림 5] 고정된 원과 회전하는 원의 반지름의 비가 유리수가 아니면 궤적은 폐곡선이 아니고 주기성이 없다.

생각 코너

Mathematics Museum

[그림 1]의 곡선은 어떻게 만들어졌을까 생각해 보자.

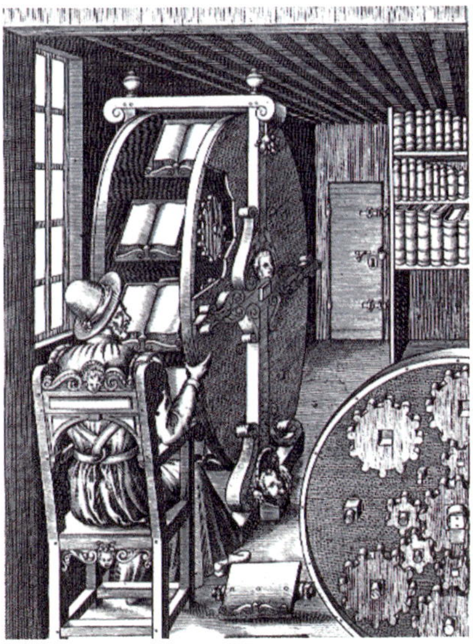

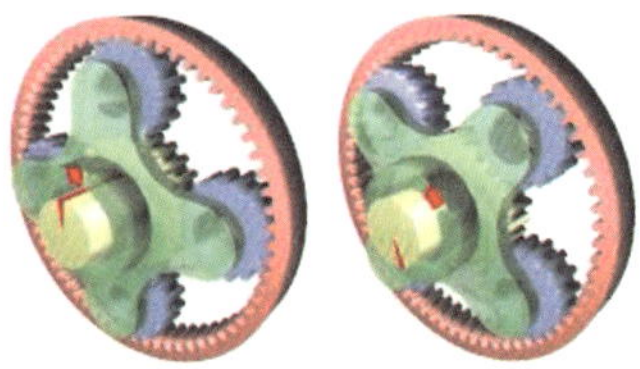

[그림 6] 16세기의 법관들이 사용했던 Bookwheel과 기어

05
로그(log)를 배우는 이유는 무엇일까

수학을 가르치다 보면 '이 내용은 어디에 쓰나요?'라는 질문을 종종 들을 때가 있다. 필자는 공과대학생들을 주로 가르치니까 공과 대학생들이 그런 질문을 하는 것은 그 내용이 자신들의 전공이나 진로와 관련해서 어떻게 사용되는지가 알고 싶어서 묻는 경우라고 이해하는 경우가 많다. 그런데 학업에 시달리는 중학생이나 고등학생들이 이런 질문을 할 때는 '이런 내용 쓸데도 없는 것 같은데 배워서 뭐하나'는 뉘앙스로 들리기도 한다. 사실 수학에서 배우는 많은 내용들 중에는 그것이 나중에 어떤 분야에서 어떻게 응용되는지 모르는 상태로 수학적 지식을 계속 배워야하는 것처럼 느껴지는 경우가 많다. 그리고 그 지식이 적용되는 응용 분야를 다루려면 연결고리가 한참이나 지나서 나타나는 경우도 많다. 그런 이유로 고등학교 때까지 배운 수학이 금방 적용되는 이공계를 전공하는 경우가 아니라면 내용이 점점 어려워지면서 배우는 행위에 대해서 회의가 들 수도 있고, 동기가 사라질 가능성이 높은 것도 사실이다.

로그Ln(또는 LOG)는 1614년 스코틀랜드의 수학자 존 네이피어John Napier(1550~1617)가 "Mirifici logarithmorum canonis descriptio(로그 테이블에 대한 놀라운 기술)"이라는 제목의 기사를 출판하면서 공식화 되었다.

흔히들 로그의 발명이 천문학자들의 수명을 늘려주었다고 하는데, 로그는 말하자면 오늘날의 계산기 역할을 한 것이다. 로그에 대한 공식은 이안 스튜어트Ian Stewart가 쓴 "세상을 바꾼 17가지 방정식(2012)"에서도 당당히 3위를 차지하고 있다.

$$\log(xy) = \log(x) + \log(y)$$

이 공식이 어떤 의미가 있는지 먼저 살펴보고, 로그가 현대사회에서 맡고 있는 역할도 함께 살펴보자. 위의 공식은 "두 수를 곱할 때는 그 수들과 관련된 로그를 더해서(곱셈보다 훨씬 간단한 덧셈을 통해서) 구할 수 있다"라는 의미이다. 예를 들어서 $s = 2017.01 \times 2018.99$은 위의 식을 이용하면

$$\begin{aligned}\log(s) &= \log(2017.01) + \log(2018.99)\\ &= \log(10^3 \times 2.01701) + \log(10^3 \times 2.01899)\\ &= 3 + \log(2.01701) + 3 + \log(2.01899)\\ &= 3 + 0.7016 + 2 + 0.70255 \approx 6.40415\end{aligned}$$

가 된다. 위에서 $\log(2.01701)$과 $\log(2.01899)$는 로그 테이블에서 찾으면 값을 알 수 있고, 다음 단계는 로그의 역을 통해서 (테이블에서) s를 구하면 된다. 간단한 공학용 계산기 하나만 있으면 쉽게 구할 수 있는 현대와 비교하면 몇 백 년 전에는 이런 것들이 전문 지식에 속했던 시기가 있었던 것이다.

계산기의 등장으로 잊혀져갈 운명일 수도 있었던 로그는 오늘날에도 공대생들이 능숙하게 다뤄야 하는 기초적인 함수 중의 하나이다. 다음 예를 생각해 보자.

우리가 소리의 세기를 어떻게 지각하는지 생각해보자. 100명이 모인 공간에서 다음의 세 경우는 '시끄럽다'는 의미에서 어떤 차이를 느끼게 할까?

(1) 한 명이 말할 때와 두 명이 말할 때의 차이

(2) 한 명만 말할 때

(3) 99명이 말할 때와 100명이 말할 때의 차이

경험적으로 보면, 모두 조용한데 한 사람만 말하는 (2)의 경우가 차이가 가장 분명하고, 그 다음이 (1), 그리고 (3)의 경우는 차이를 거의 느끼지 못한다는데 동의할 것이다. 세 경우 모두 말하는 사람은 한 명씩만 늘어났지만, 소음이 증가하는 것은 동일한 크기가 아니다. 이 상황을 나타내려면 다음 중 어떤 함수 모형이 가장 적절할까 생각해 보자.

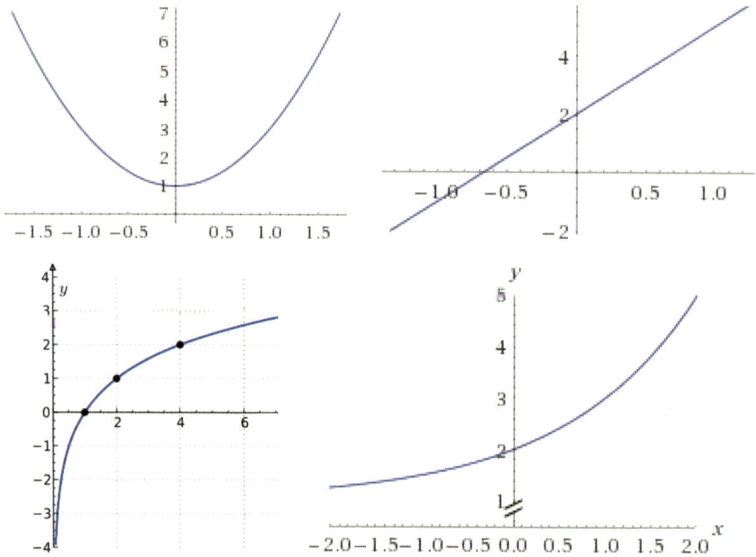

위의 함수들은 각각 일차함수, 이차함수, 지수함수, 로그 함수들이다. 이것들이 사용되는 용도는 제각기 다르다.

어떤 함수 $f(x)$가 소리의 세기를 나타낸다고 하자. 이제 위의 세 가지 경우를 고려할 때, $f(100)-f(99)$이 가장 작고, $f(2)-f(1)$은 중간 정도이며, $f(1)+f(0^+)$[1]이 가장 큰 그런 함수를 찾아야 할 것이다. 그리고 그 함수는 바로 로그 함수이고 세 번째 그래프에 해당한다. 로그 함수를 사용하는 것이 유용한 물리적 현상은, x값이 커질수록 변화의 정도가 작아지는 경우라고 설명할 수 있다(결국 한 점 x에서 기울기가 $\frac{1}{x}$라는 의미이다).

로그 함수는 다루어야 하는 데이터의 크기가 광범위하게 변하는 경우에, 그것을 작은 범위로 줄여주는 장점도 있다.

데시벨(Decibel)

소리의 강도 I(intensity)는 다음과 같이 표현된다:

$$I(db)=10\log_{10}\left(\frac{I}{I_0}\right)$$

여기서 I_0는 인간이 들을 수 있는 최소한의 소리의 강도를 나타낸다(이 경우는 0데시벨이다).
예를 들어 기준(I_0)에 비하여 소리가 10배 강해질 때가 10데시벨이다. 30(db)은 가장 작은 기준(I_0)보다 소리의 강도가 1000배 강해진 경우다. 냉장고가 조용히 돌아갈 때가 40~50(db), 일상적인 대화는 60~65(db), 시끄럽게 느껴지는 확성기 소리는 90(db)정도다.

로그에서 자주 보는 형태가 $\log_{10}x$, $\log_e x=\ln x$, $\log_2 x$ 등인데, 이것들은 각각 밑이 10인 상용로그, 밑이 e인 경우를 자연로그(여기서 e는 오일러 수이다), 밑이 2인 경우를 binary(2진법) 로그라고 부른다. 그 중에서 상용로그는 소음의 크기를 측정하는 데시벨db, 로그 테이블, 산성도pH, 진도 등에서 사용하고, 자연로그는 미적분학, 물리, 통계 등에서 주로 사용하고, binary 로그는 컴퓨터 공학이나. 음악, 사진, 그리고 정

1. 0^+는 0에 아주 가까운 아주 작은 양수를 의미한다. 경우에 따라서 함수가 0에서 정의되지 않는 경우도 있기 때문이다

보이론information theory 등에서 사용한다.

이제 소개하는 내용은 필자의 지도교수가 MIT에서 미적분학을 강의할 때 다루는 내용 중 하나이다. 누군가 유명한 사람의 이름이 따라붙은 내용인데, 그 이름은 생각이 안 나고, 문제만 기억해서 오늘 소개하려고 한다(MIT의 오픈 코스 웨어(무료 공개강좌)에 들어가면 있는데, 다시 찾지 못해서 이름은 생략해야 할 것 같다). 문제는 다음과 같다.

문제 1미터짜리 균질한 나무 막대들이 있다. 이 막대의 무게 중심은 중간($\frac{1}{2}$) 지점에 위치한다. 첫 번째 막대의 아래에 동일한 길이의 나무 막대를 하나 붙이는데, 그 방법은 첫 번째 막대의 무게 중심에 왼쪽 끝이 위치하도록 놓는다. 그리고 세 번째 막대는 첫 번째와 두 번째의 두 막대(합쳐졌다고 가정하고)의 공통의 무게중심에 왼쪽 끝이 가도록 두 막대의 아래에 놓는다.

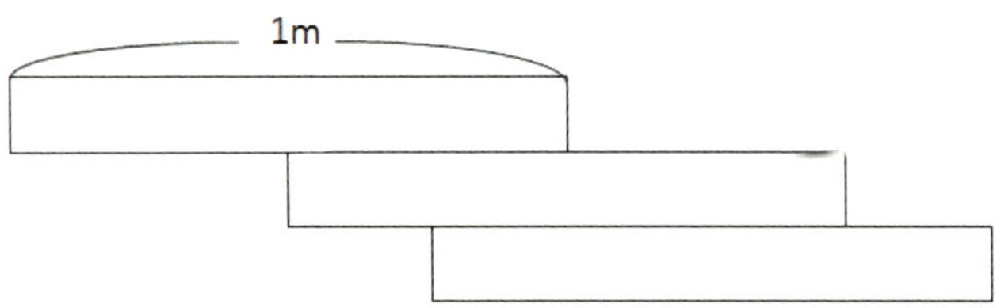

이런 방식으로 n 번째 막대는 (n−1)개의 막대가 겹쳐 놓은 전체의 무게중심의 위치에 왼쪽 끝이 가도록 해서 제일 아래에 놓는다(쓰러지지 않는다고 가정하자). 이 작업을 폭이 3미터인 교실에서 한다고 가정할 때, 과연 몇 개 정도의 나무 막대를 쌓아야 교실 한쪽 끝에서 다른 쪽 끝까지 갈 수 있을까?

풀이 첫 번째 막대의 길이가 1m 이므로 왼쪽 끝을 0으로 잡으면, 무게 중심은 x축 $\frac{1}{2}$ 지점에 위치한다. 두 번째 막대를 첫 번째 막대의 무게 중심에 왼쪽 끝이 오도록 놓으면 이 막대는 $\left[\frac{1}{2}, \frac{3}{2}\right]$에 놓인다. 두 번째 막대의 무게 중심은 1에 위치한다. 그러므로 두 막대를 합한 전체의 무게 중심은 각각의 평균값인 $\frac{3}{4}$에 위치한다. 이 방식을 계속 진행하자. n번째 막대들을 다 겹쳤을 때의 공통 무게중심을 $a(n)$이라고 하면, $(n+1)$ 번째 막대는 $[a(n), a(n)+1]$에 놓인다. 그러므로 $(n+1)$개의 막대의 공통의 무게중심은 다음과 같이 표현할 수 있다.

$$a(n+1)=\frac{na(n)+\frac{a(n)+a(n)+1}{2}}{(n+1)}$$
$$=a(n)+\frac{1}{2(n+1)}$$

(처음 식에서 $na(n)$은 처음 n개의 막대들의 공통 무게중심인 $a(n)$에 n개가 놓인 것을 반영한 것이고, n+1 번째 막대의 무게 중심은 $\frac{a(n)+a(n)+1}{2}$임을 이용한 것이다.)

아래 표는 소프트웨어인 매스매티카를 이용해서 $a(n)$의 값을 몇 개 구하고 그래프를 그려본 것이다.

a(n+1) = a(n) + 1/(2(n+1)) , a(1) = 0.5

n	$a(n)$
1	0.5
2	0.75
3	0.916667
4	1.04167
5	1.14167
6	1.225
7	1.29643
8	1.35893
9	1.41448
10	1.46448

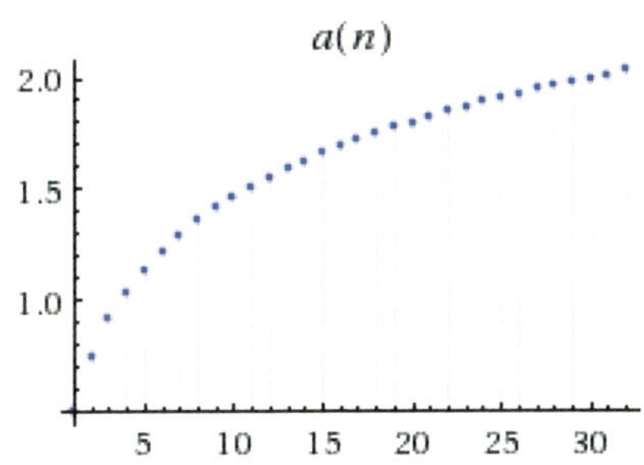

표를 보면 $a(n)$이 커지는 속도가 점차 느려짐을 알 수 있다. 그래프에서도 30개 정도를 쌓아야 2미터 정도까지 길어진다는 것을 보여준다. 어떤 함수의 곡선이 떠오르지 않는가? 이 방식으로 계속 쌓아 가면 언제쯤 달에 갈 수 있을까?

[그림] 바티칸 뮤지엄의 나선형 층계(Giuseppe Momo, 1932)

06

휴대폰 위치추적과 차세대 항공 감시 시스템

경찰에서는 어떻게 휴대폰을 이용하여 용의자의 위치추적을 할 수 있을까? 미국 드라마 CSI Crime Scene Investigation 시리즈를 보면 용의자나 납치당한 사람의 위치를 추적해야 할 때 그 사람의 휴대폰이 켜지는 순간을 기다리다가 "Triangulate(삼각측량) it"이라는 표현을 종종 사용한다. 기지국에서는 휴대폰의 신호 강도를 이용하여 내가 분실한 휴대폰이 기지국으로부터 얼마나 떨어져 있는지, 그리고 방향은 어디쯤인지를 좌표로 확인해 줄 수 있다. 그리고 그 테크놀로지 뒤에는 바로 우리가 고등학교 때 배운 삼각함수의 사인 sine 법칙과 코사인 cosine 법칙이 이용된다.

다음의 몇 가지 가상의 시나리오를 보면서 어떤 방식으로 문제를 해결해야 할 지 생각해 보자. 여기서는 두 기지국이 필요한데, 이 기지국이 둘 다 x축에 위치한다고 가정하자.

Case1 (두 방향을 측정할 수 있을 때) 두 기지국이 10(km) 떨어져 있다(하나는 동쪽, 다른 하나는 서쪽에 위치한다). 서쪽의 기지국에서 측정한 결과 분실한 휴대폰의 위치는 동북으로 30° 방향이다. 동쪽 기지국에서 측정했을 때 휴대폰의 위치는 서북으로 60° 방향이다. 각 기지국으로부터 휴대폰은 얼마나 먼 곳에 위치하는지 거리를 측정하고, 스케치 해 보시오.

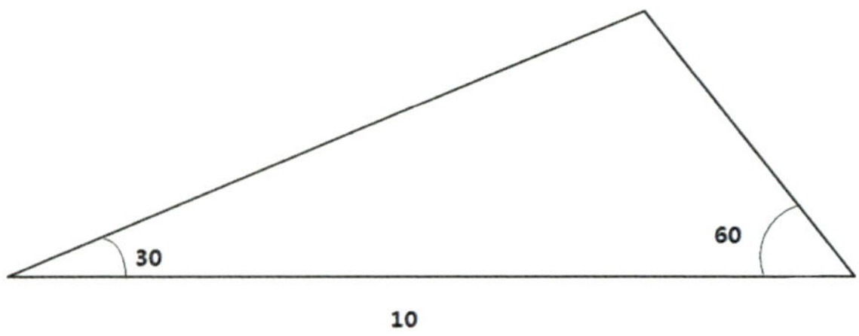

Case2 (거리 하나와, 방향 하나를 측정할 때) 두 기지국 간의 거리는 45(km)이다. 서쪽 기지국에서 측정했을 때, 휴대폰의 신호는 동북으로 30° 위치, 그리고 50(km) 떨어진 지점에서 감지되었다. 이 경우 휴대폰은 동쪽 기지국으로부터 얼마나 떨어진 곳에 위치하는가? 스케치도 해 보시오.

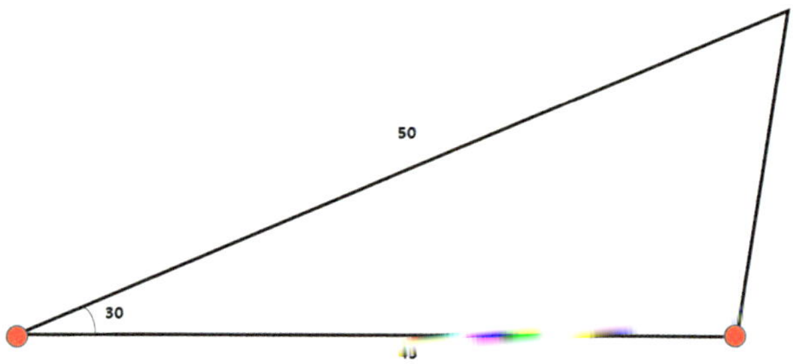

Case3 (두 거리가 주어질 때) 두 기지국 간의 거리는 30(km)이다. 서쪽 기지국으로부터 휴대폰은 20(km) 떨어진 곳에서 감지되고, 동쪽 기지국으로부터는 60(km) 덜어진 곳에서 감지된다. 이 때 기지국과 휴대폰 사이의 각을 찾고, 스케치도 해 보시오.

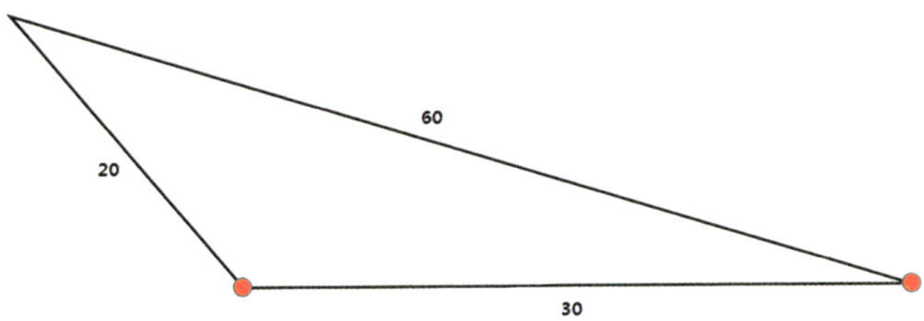

각 문제를 삼각함수를 이용하여 풀어 보자.

Case1 풀이 **이 문제는 직각 삼각형에서** $\tan(\theta) = \frac{\text{높이}}{\text{밑변}}$ **을 이용하면 해결할 수 있다.**

꼭짓점에서 수선을 내려서 높이를 h라 하고, 삼각형을 두 개의 직각 삼각형으로 나눈다. 왼쪽 직각 삼각형에서 밑변의 길이를 x라 하면, 왼쪽 삼각형에서 밑변의

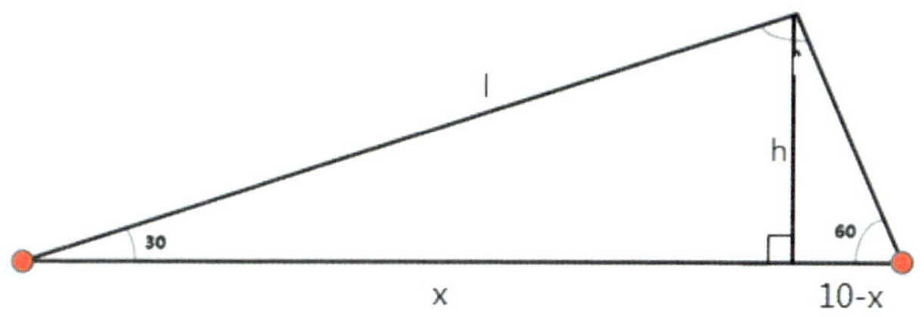

길이는 $10-x$이다.

이제 $\tan(30^\circ) = \frac{h}{x} = \frac{1}{\sqrt{3}}$, $\tan(60^\circ) = \frac{h}{10-x} = \sqrt{3}$ 를 풀면 $x=7.5$를 구할 수 있다. 다음에는 각 삼각형에서 $\cos(30^\circ) = \frac{x}{l} = \frac{7.5}{l} = \frac{\sqrt{3}}{2}$ 을 이용해서 기지국으로 부터의 거리를 구한다.

Case2 풀이 **이 경우에는 두 변의 길이와 사이 각을 알기 때문에 다른 변의 길이는 코사인 법칙을 이용하면 된다.**

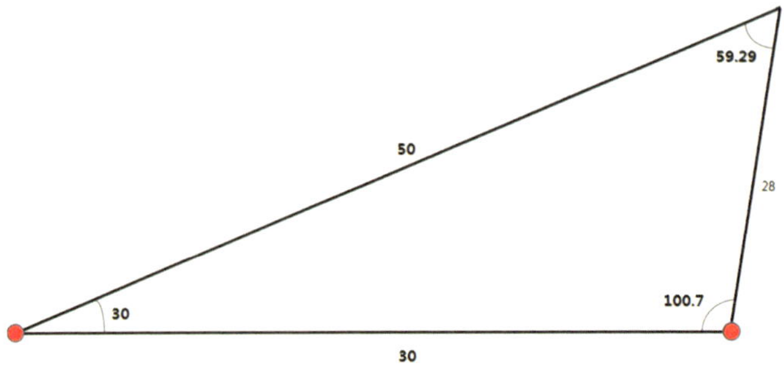

$$\text{코사인 법칙: } c^2 = a^2 + b^2 - 2ab\cos(A)$$

$$l^2 = 50^2 + 30^2 - 2(50)(30)\left(\frac{\sqrt{3}}{2}\right) \approx 801$$
$$l \approx 28$$

Case3 풀이 세 변의 길이를 아는 경우니까 위와 마찬가지로 코사인 법칙을 이용하여 사이 각을 구할 수 있다.

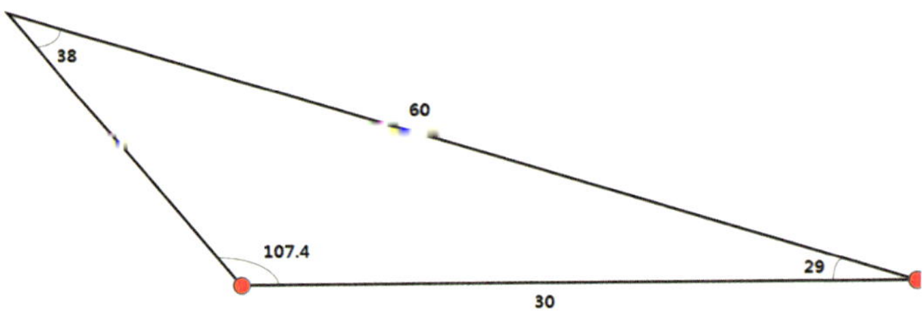

$$3600 = 60^2 = 400 + 900 - 2(20)(30)\cos\alpha \text{를 정리하면 } \cos\alpha = -\frac{23}{12}$$
$$\alpha = 107.4$$

필자가 고등학교에 다닐 때는 아래와 유사한 그림이나 내용이 교과서에 수록되었는데, 사실 휴대폰 위치추적이나 아래 상황이나 완전히 동일하다. 그런데도 불구하고 휴대폰으로 바꾸면 뭔가 좀 더 실생활과 가깝게 느껴진다. 휴대전화는 누구나 사용하는 일상의 일부이고 해변에서 섬까지의 거리를 측정하는 것은 측량 기사들에게만 적용되는 상황이기 때문일까? 휴대폰 분실이 좀 더 자주 일어나는 현실인 것은 확실하긴 하다.

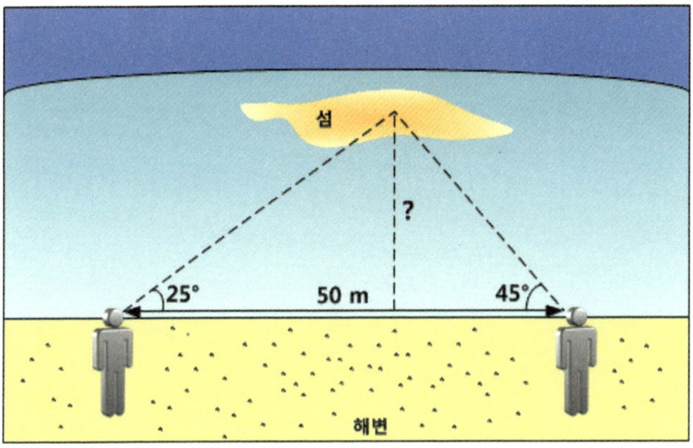

차세대 항공 감시 시스템

2015년도에 인천 국제공항을 이용한 항공편은 30만 대가 넘었고, 이용객도 4900만을 넘어섰다. 해가 갈수록 공항을 사용하는 인원과 항공편도 증가할 것이다. 인천공항에서는 이 많은 비행기들의 출발과 도착을 어떻게 체계적으로 관리할까? 안전하고 효율적인 항공기의 운용을 위해서는 항공기뿐만 아니라 기상 상황, 방해물, 높은 산악 지형 등을 탐지하고 식별하는 감시체계가 필요하다. 이러한 감시 정보는 조종사와 관제사에게 교통상황에 대한 인식을 높여서 원활한 항공교통의 흐름을 통제하고 정확한 항공기 분리 관제를 가능케 한다. 대부분의 국가에서 일반적으로 사용하는 감시방법은 주로 레이더를 사용하는 것이다.

레이더 방식은 지상레이더 안테나에서 전자파를 쏘면 항공기에 탑재된 응답기(트랜스폰더, 레이더 비콘)가 지상 레이더의 심문기Interrogator

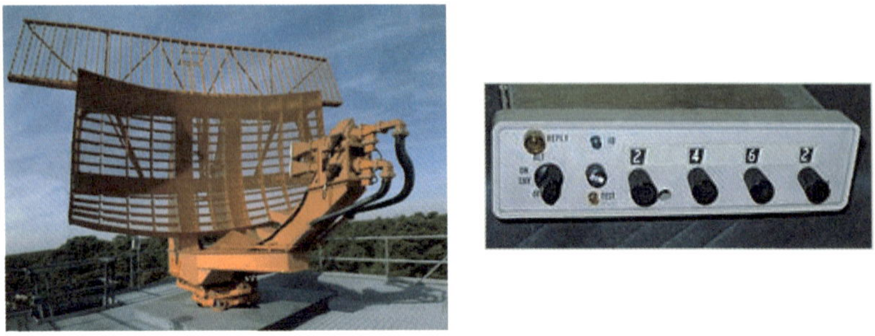

[그림] 지상 레이더의 안테나(좌)와 항공기에 탑재된 응답기(트랜스폰더)

에 응답하여 신호를 보내고, 지상 레이더는 이 신호를 획득하여, 항공기의 ID_{Identity}와 기압고도, 거리와 방위각 등으로 위치를 추적하는 방식이다. 하지만 이 레이더 시스템은 비용이 많이 들고, 산악지형에서는 설치하고 사용하기 어렵다는 단점이 있다. 그래서 유럽과 미국 등에서는 이에 대한 보완책으로 차세대 항공 감시시스템으로 다변측정 감시체계를 도입하는 중이다.

우리나라도 인천 공항의 관제 시스템으로 도입할 예정인 것 중 하나가 차세대 다변측정 항공감시시스템 multilateration, MLAT이다. 이것도 내비게이션 시스템의 일종인데, 정확한 거리와 각도를 측정하는 것과는 달리 비행기에서 발사되는 신호가 두 수신 국 receiver에 도달하는 시간의 차이를 이용해서 거리를 추적하는 것이다.

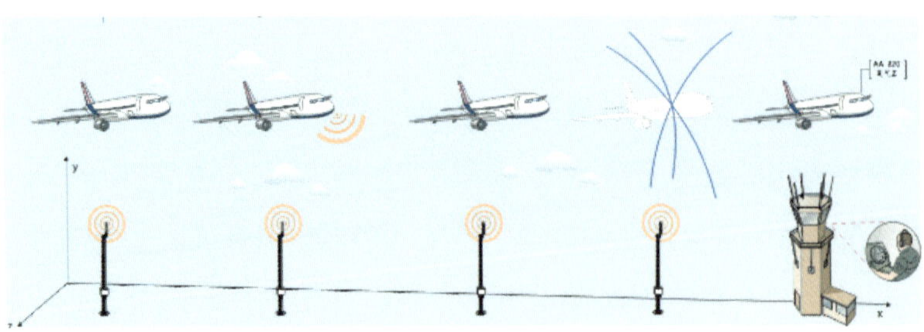

[그림] 다변측정 시스템(multilateration.com)

이 때 두 수신 국에 신호가 도달하는 시간에는 약간의 차이가 발생하기 때문에 방사체(비행기나 휴대폰)의 기능한 위치는 무수히 많아지고, 실제로는 아래 그림처럼 쌍곡면의 한 쪽에 위치하게 된다.

이 때 세 번째 수신 국이 있으면, 여기서도 시간의 차이에 근거한 측정을 통해서 위치를 다른 쌍곡면으로 표현할 수 있다. 이 때 두 곡면의 교점들을 찾으면 교선이 쌍곡선으로 나올 것이다. 이 방식을 네 번째 수신 국에서도 진행하면 세 번째 쌍곡면이 그려지고, 쌍곡선과 쌍곡선의 교점을 구하면 비행기의 위치가 점으로 구해진다.

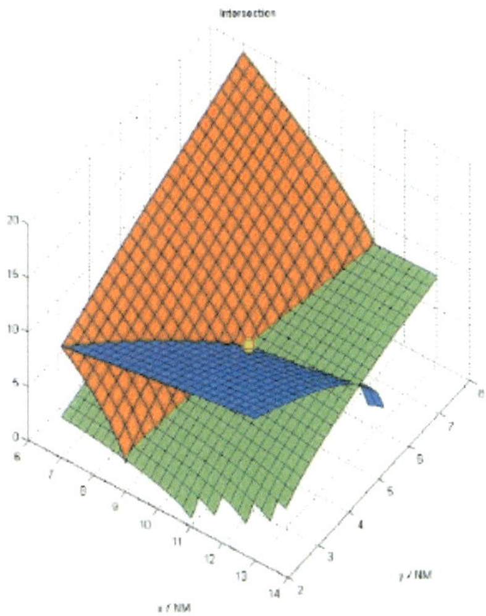

첫 번째 수신 국을 기준으로 두 번째 수신 국에 신호가 도달한 시간의 차이를 이용하여 측정한 비행기의 가능한 위치(빨강)와 세 번째와 네 번째 수신 국에 신호가 도달한 시간의 차이를 이용해서 측정한 비행기위 위치(각각 초록색과 파랑색). 이 곡면들의 교집합이 비행기의 정확한 위치(노랑색 점)다.

[그림] 세 개의 쌍곡면이 만나는 점이 항공기의 정확한 위치이다.

자료 : P3air Aviation News Blog

07

마이크로웨이브 오븐과 타이페이 101

아빠가 아이의 그네를 밀어주고 있다. 그네가 뒤쪽으로 가장 높이 올라온 순간에 그네를 밀면 위치 에너지는 운동에너지로 바뀌고 그네가 신나게 내려가기 시작한다. 이 때 아이가 그네를 재미있게 타도록 하려면 타임을 잘 선택해야 한다. 그네가 후진해서 최고점에 도달했다가 내려갈 때까지 기다리다가 그네를 밀면(늦게 민 경우다), 밀 때의 모든 에너지는 그네를 움직이는데 사용되지 못하기 때문에 그네의 운동에 효과적으로 에너지를 공급하지 못하게 된다. 반대로 그네가 후진에서 시점을 지나서 올라가고 있을 때 그네를 밀면(빨리 민 경우다), 이때는 그네

[사진] Adrian Watt

의 운동으로부터 에너지를 빼앗는 것이다. 그러니까 딸의 그네를 멈추고 싶은 경우라면 그네가 뒤쪽으로 올라갈 때 미는 것이 적당한 시점이고, 그네를 계속 움직이게 하고 싶으면, 이때는 그네가 저점을 지나서 가장 먼 위치로 올라 왔을 때 밀어줘야 한다는 것을 경험으로부터 알고 있을 것이다. 그네는 우리가 진자Pendulum라고 부르는 주기적으로 진동하는 시스템의 한 예이다.

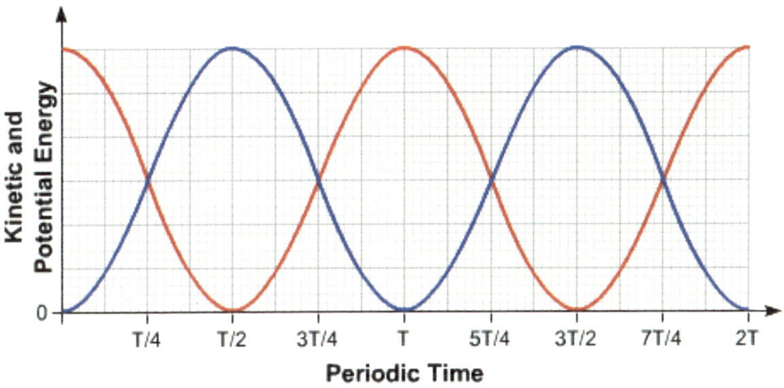

[그림] 운동에너지와 위치 에너지(Adrian Watt) (위치 에너지가 최대일 때 운동에너지는 최소이다)

다리나 건물을 비롯해서 인체에 이르기까지 모든 진동하는 시스템(다리, 건물, 그네, 진자, 전기회로, 용수철 계 등)에서는 공명현상resonance이 일어날 수 있다. 공명의 라틴어 어원은 resonantia로 메아리echo를 뜻한다. 공명현상은 그 시스템이 가진 고유 진동수와 외부에서 작용하는 힘의 진동수가 일치할 때 발생하는데, 그로 인해서 시스템의 진폭이 커지는 현상을 말한다. 우리나라에서도 2011년 광진구에 위치한 테크노마트 건물이 심하게 흔들려서 수백 명이 대피하는 소동이 벌어졌다. 건축공학 전문가들이 조사한 결과에 의하면 건물의 고유 진동수와 건물 아래층 피트니스 센터에서 여러 명이 태권도를 할 때 발생한 진동수가

Opening day, July 1, 1940

Collapse, looking west, November 7, 1940

[사진] 타코마 브리지의 붕괴

일치해서 일어난 흔들림이었다.

1940년에 완공된 미국의 타코마Tacoma 브리지는 완공된 지 얼마 안돼서 부분적으로는 공명현상과 바람에 의한 공기역학적인 흔들림erodynamics 때문에 붕괴되는 일이 발생하였다. 교각은 그 위를 걷는 보행자나 자동차들로 인해서 규칙적인 미세한 진동을 할 수 있다. 이 진동이 교각의 고유 진동수와 일치할 때 진동은 원자적인 수준에서 여기excitation를 발생시킨다. 그러면서 에너지를 점점 축적하는 것이다. 그 축적된 에너지가 시스템이 감당할 수 있는 수준을 넘어서면, 그 때 교각(혹은 시스템)은 구조적인 안정성을 잃게 된다. 2000년에 영국 런던에 세워진 템즈 강을 건너는 런던 밀레니엄 브리지도 공명현상의 한 예가 될 수 있다. 이 다리는 완공된지 얼마 안 지나서 흔들거리는 현상이 나타났다. 하루 중 어떤 순간에도 다리 위에는 2000명 정도의 보행객이 항상 있었는데, 이들의 발걸음이 외력으로 작용했고 이것이 다리의 고유 진동수와 일치하면서 다리가 크게 흔들린 것이다. 런던 시민들은 뜻하지 않은 흔들거림을 느끼고 이 다리의 애칭을 "워블리 브리지Wobbly Bridge"라고 불렀다. 그 때문에 이 다리는 2년간 사용이 중지되었고 공학자들은 수평운동과 수직운동을 약화시키기 위하여 에너지를 흡수하는 감쇠기tuned mass dampers를 800만 달러를 들여서 설치하였다.

이런 이유 때문에 군인들은 발맞추어 행진하다가도 다리를 지날 때는 자유롭게 각자 걷도록 하는 것이 관례이다.

[그림] 런던 밀레니엄 브리지

타이페이101(타이페이 월드 트레이드 센터)

2004년에 완공된 타이페이101 빌딩은 공식 명칭은 타이페이 세계 금융 센터Taipei World Financial Center이다. 이 빌딩은 2009년 두바이에 부르즈 칼리파Burj Khalifa가 세워질 때까지 세계에서 가장 높은 빌딩이었다. 이 건물은 아시아적인 전통과 진화를 상징하는 건축학적 의미를 담고 있는 친환경적인 건물이다. 그런데 이 건물을 여기서 소개하는 이유는 이 빌딩이 가진 특별한 설계에 있다. 구조 공학자들은 타이페이 동부에서 빈번하게 발생하는 초당 60미터의 강풍과 2,500년 주기로 발생하는 강한 지진을 견디기 위하여 건물에 유연성과 내성을 보장하는 설계를 하였다. 유연성이 있으면 구조적인 손상을 막아줄 수 있기 때문이다. 내진을 위해 설치하는 것이 감쇠기tuned mass damper인데 Taipei101에 장치한

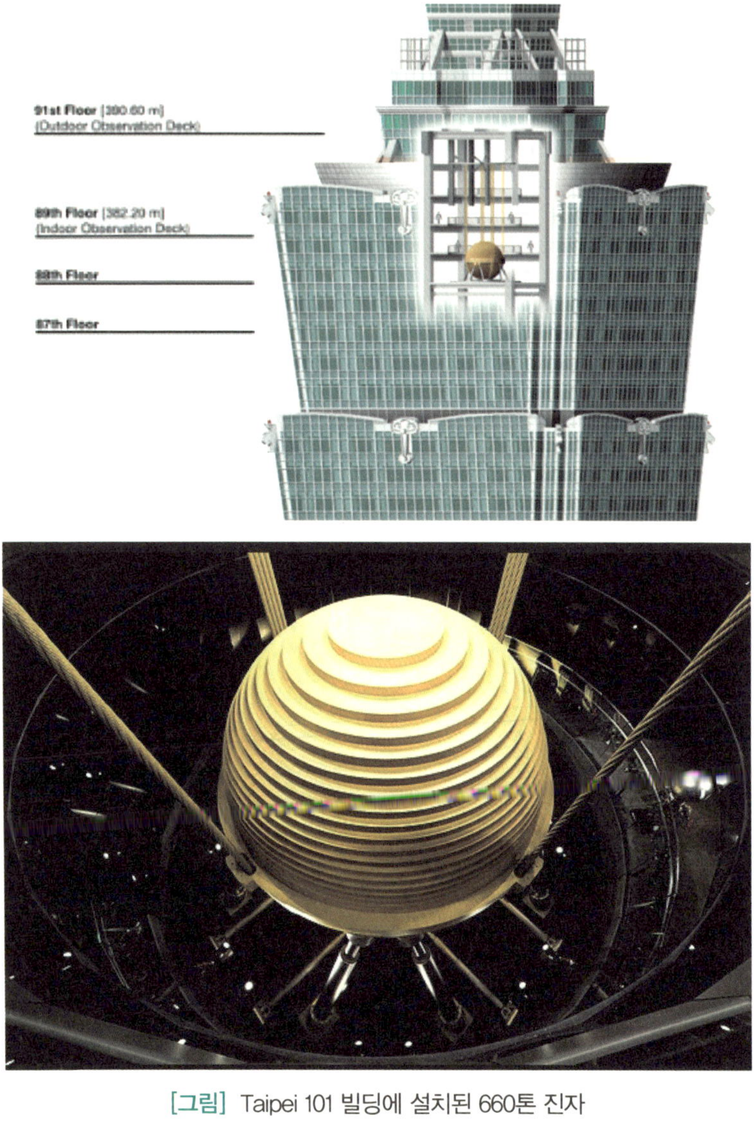

[그림] Taipei 101 빌딩에 설치된 660톤 진자

것은 강철로 된 660톤의 진자이다. 이것은 건물 87층부터 91층의 중앙에 설치되었는데, 강한 바람이나 지진에 의해서 발생할 수 있는 흔들림을 40%까지 약화시킨다고 한다. 현재로서는 세계에서 가장 큰 이 감쇠

기는 41개의 각기 다른 지름을 가진 강철 원판으로 이루어졌으며 전체적으로는 구의 형태이다. 이 감쇠기의 설치에 400백만 달러가 들었지만 이 감쇠기를 구경하려고 많은 관광객이 다녀가기 때문에 설치비용을 상쇄하고도 남을 것이라는 추측이다. 2015년 8월에 태풍 소우델로Soudelo가 왔을 때, 감쇠기가 100센티미터 가량 흔들렸다. 이것은 관측된 것 중에서 가장 큰 흔들림이라고 한다.

최근에는 우리나라도 지진 안전지대가 아니라는 인식이 확산되면서 건물의 내진 설계에도 관심을 갖게 되었다. 내진 설계 없이 지은 건물들에 이런 진자를 나중에라도 설치하면 조금이라도 도움이 되는지 물리학 전공 교수님들께 물어보니 처음부터 구조적으로 계획해서 설계한 것이 아니면 도움이 안 된다고 해서 아쉬웠다.

마이크로웨이브 오븐

공명현상을 우리의 실생활에 이용한 것 중의 하나가 마이크로웨이브 오븐이다. 마이크로웨이브 오븐에서는 외부에서 열을 가하지 않고도 요리가 가능하다. 그것은 어떤 이유일까? 모든 형태의 물질 속에 있는 분자들은 눈에 보이지는 않지만 미세한 진동을 한다. 음식 재료를 오븐 안에서 음식 재료와 동일한 진동수를 가진 극초단파에 노출시킴으로써 마이크로웨이브 오븐은 에너지 즉, 열을 음식에 전달하는 것이다. 물론 이 경우에도 음식은 전도현상에 의해서 겉에서부터 익게 되는데 다른 형태의 조리법보다 균질적이고 효율적으로 익게 된다. 그렇다고 오븐에 모든 식재료의 고유진동수를 탐지하는 센서가 부착된 것은 아니다. 마이크로웨이브 오븐은 모든 음식물이 공통으로 가지고 있는 한 가지 성분과 일치하는 진동수와 공명하도록 설계되었다. 그것은 바로 물(!)이다. 물은 대략 22(GHz)에서 공명한다. 마이크로웨이브가 물 분자를 때리면, 공명에 의해서 분자들은 마이크로웨이브와 같은 방향으로 배열된다. 오븐에 설치된 진동하는 전자가속기(마이크로트론)가 마이크로웨이브를 진동시키면, 이것에 따라 물 분자들도 초당 수 백 만 번 운동을 하게 되는데 이 진동이 음식물 속의 물을 덥히는 에너지를 만드는 것이다.

마이크로웨이브와 물 분자 사이의 공명 현상은 어떻게 우리가 음식을 담는 접시로 여러 가지 재료, 즉 사기나 유리 등-그것이 수분을 가지고 있지 않는 경우에-을 사용할 수 있는 지를 알려준다. 물론 이 경우에도 금속은 비록 수분을 가지고 있지 않더라도 사용하면 위험하다. 금속은 자유전자들을 가지고 있기 때문에 이것들은 훌륭한 전도체의 구실을 할 수 있다. 그래서 금속으로 된 그릇을 오븐 속에 넣으면 그릇 표면에 전류가 흘러서 스파크를 일으킬 수도 있는 것이다.

마이크로웨이브 오븐이 처음 개발된 것은 퍼시 스펜서Percy Spencer에 의해서 2차 세계대전 중에 방위산업의 연구 중에서 탄생하였다. 가정용으로 사용된 것은 1955년이지만, 초기에는 전파가 매우 느렸다. 그러다가 1980년대 후반부터 안정성과 효율성이 알려지면서 폭발적으로 사용되기에 이르 게된다.

용수철계와 미분 방정식

다음은 질량이 m이고 용수철 상수가 k 용수철 계를 나타낸 것이다.

단순 조화 진동자
Simple harmonic oscillator

이 계에 작용하는 힘을 F라고 할 때, 복원력만 작용하는 경우를 단순조화진동(단진동)이라고 부른다. 이 때 힘 F는 뉴턴의 운동법칙에 따라서 ma(질량과 가속도의 곱)로 표현되고, 동시에 복원력은 운동과 반대 방향으로 작용하기 때문에

$$F=-kx \text{ (후크의 법칙), (}x\text{는 평형상태에서 움직인 거리)}$$

로 나타낼 수 있다.

두 식을 등호로 연결하면 다음과 같다.

$$ma=-kx$$
$$ma+kx=0$$

그런데 가속도 $a=\frac{d^2x}{dt^2}=x''$ (x의 시간에 대한 이계도함수)이다.

이제 양변을 m으로 나누면 윗 식은 다음과 같아진다.

$$x''(t)+\frac{k}{m}x(t)=0$$

여기서 $\frac{k}{m}=w^2$ 이라고 부르는데, w를 시스템의 고유진동수라고 부른다.

Case1 외력이 작용하지 않는 경우(용수철을 잡아 당겼다가 놓으면, 마찰이 없는 경우에는 다음 그래프와 같이 용수철은 계속 진동한다.)

예 $x''(t)+4x(t)=0$. 이 경우에 고유진동수 $w=2$ 이다.

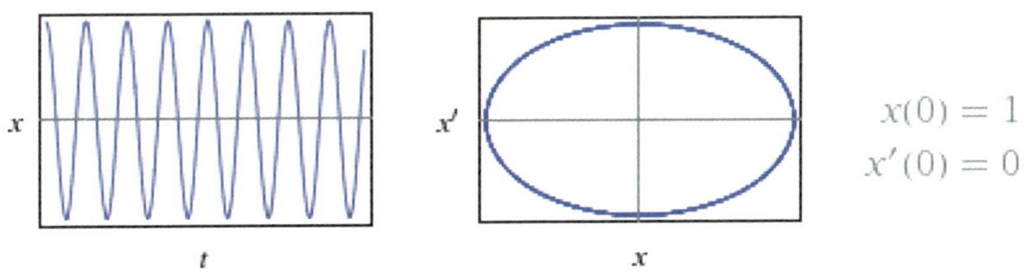

Case2 외력이 작용하는 경우다. 이 때는 초기 위상과 속도에 따라서 용수철의 움직임이 다양하다. 다음 그래프는 위의 용수철 계에 힘($\cos(7t)$)이 작용하는 경우를 보여준다.

예 $x''(t)+4x(t)=\cos(7t)$

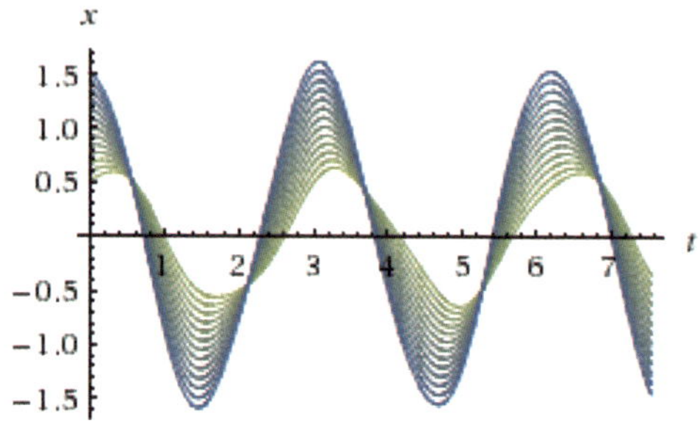

Case3 외력이 작용하며, 그 힘은 $\cos(2.5t)$ 다. 이 경우는 Case2와 비교할 때 고유진동수 2에 조금 더 가까워진 경우다. 운동의 진폭이 조금 더 커진 것을 비교할 수 있다.

예 $x''(t)+4x(t)=\cos(2.5t)$

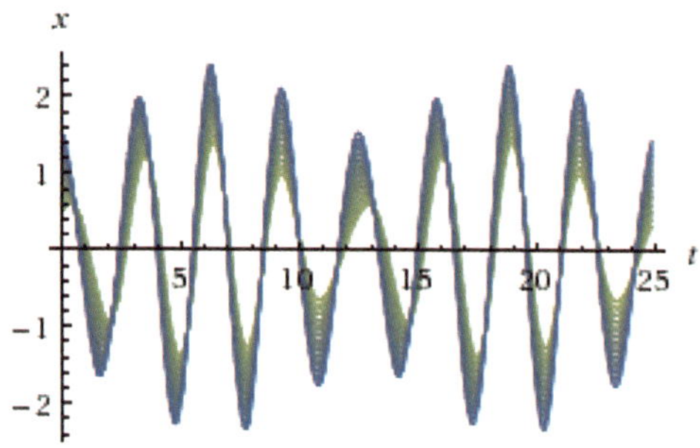

Case4 (공명이 발생하는 경우) 외력이 작용하고, 그 힘의 진동수가 용수철의 고유 진동수 2와 일치하는 경우다. 이 때 진폭이 점점 증폭된다.

예 $x''(t)+4x(t)=\cos(2t)$

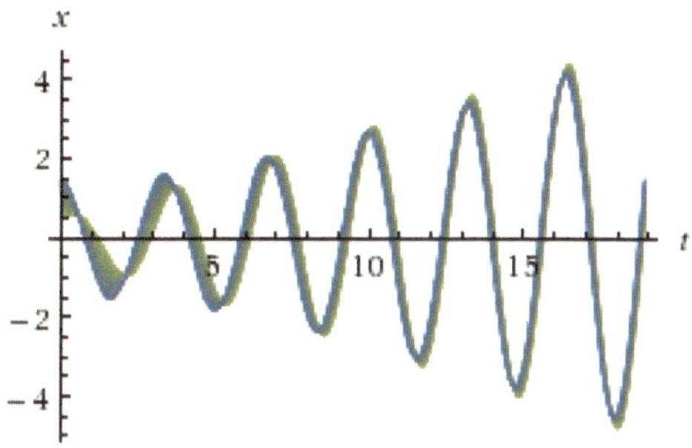

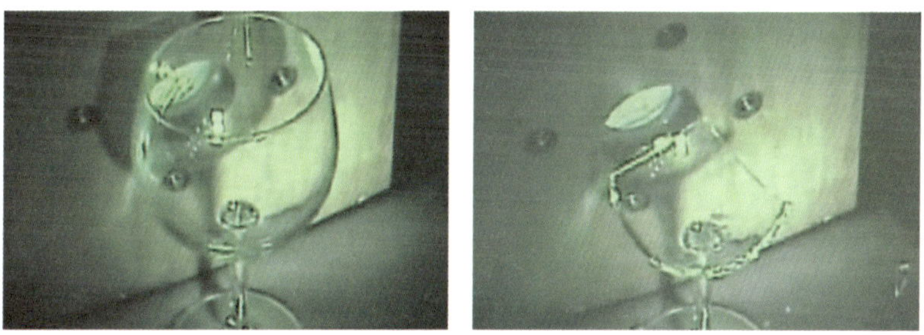

[그림] 음성학적인 공명에 의해서 와인 잔이 깨지는 실험

source: University of Southern California, soundphysics.ius.edu

"수학은 패턴의 과학이다(Mathematics as a science of patterens).
수학자는 미술가나 작곡가처럼 패턴을 만드는 사람이다. 만일 그의 패턴이
다른 사람들의 것보다 더 영속적이라면, 그것은 그의 패턴이
뛰어난 아이디어를 가지고 만들어졌기 때문이다."

– G. H. Hardy –

(자신의 수학적 능력이 약해지는 것을 애통해하면서, 1992)

5

패턴을 연구하는 수학

[그림] 만델브로 집합(해마의 꼬리)

01
모든 수는 1로 통한다. 우박수 이야기

다음은 그리스 신화에 나오는 이야기이다. 사랑하는 딸 페르세포네가 지하세계의 신 하데스에게 납치당한 것을 안 데메테르 여신은 딸을 지하세계에서 데려오고 싶어 한다. 절규하는 여신은 먹지도 않고 울기만 했다. 지쳐서 잠든 여신의 꿈속에 누군가가 나타나서 예언을 한다. "그대가 하데스와 만나게 되면 하데스는 그대에게 숫자의 규칙을 알려줄 것이오. 그것은 다음과 같소. 만일 숫자가 짝수이면 그 수를 반으로 나누시오. 만약 그 숫자가 홀수이면 세 배를 한 다음에 거기에서 하나를 빼시오. 이렇게 계속했을 때 돌고 도는(순환하는) 숫자를 그대가 하나라도 찾을 수 있다면 그대는 하데스에게서 딸을 데려올 수 있을 것이오." 여신은 잠에서 벌떡 깨어났다. 그리고 밤을 새우며 수들을 그 규칙에 대입해보았다. 다음날 하데스와 만난 데메테르 여신은 정말로 그 문제를 들었고, 딸 페르세포네를 지하세계에서 빼내오는데 성공하였다. 하지만 아쉽게도 페르세포네는 하데스가 준 석류를 먹었기 때문에 일 년의 반은 지하세계에서 살아야 했다. 일반적으로 이 신화는 계절의 변화를 설명하는 원형 신화로 알려진다.

데메테르 여신이 찾은 숫자는 과연 무엇이었을까? 그 수가 어떤 수인지 알 수 없으니 일단 작은 수부터 가지고 출발해 보자.

$1 \to 2 \to 1$
$2 \to 1 \to 2 \to 1$
$3 \to 8 \to 4 \to 2 \to 1$
$5 \to 14 \to 7 \to 20 \to 10 \to 5 \to 14 \to \cdots$

그렇게 힘든 퍼즐은 아니었다! 숫자 5에서 출발해서 규칙을 대입하면 5번째 숫자는 다시 5로 돌아간다. 이 패턴을 보면 다른 수들 중에도 이 규칙을 따르는 것들이 꽤 나올 법하다. 예를 들면 40도 그렇다.

$$40 \to 20 \to 10 \to 5 \to 14 \to 7 \to 20 \to 10 \to \cdots$$

다른 수들 중에도 흥미로운 패턴을 보이는 것이 있다. 17이 그것이다.

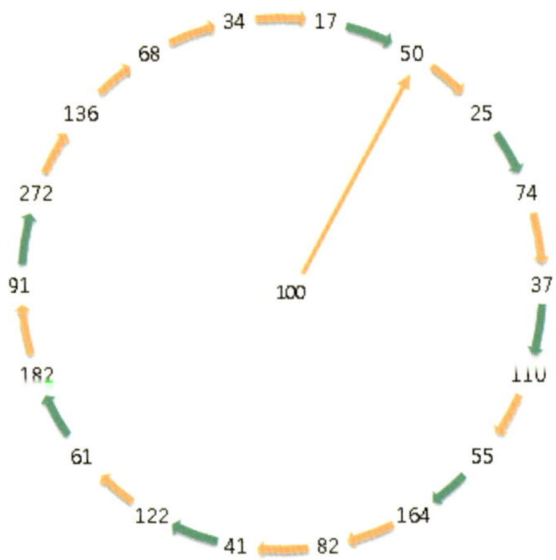

[그림] 위의 규칙을 따르면 17은 여러 수들을 거쳐서 다시 17로 돌아온다

그런데 우리에게 다른 주인공이 한 명 더 있다. 그녀는 사랑의 여신 아프로디테다. 여신은 그녀가 사랑하는 아도니스가 사냥을 나가기 전날 밤에 이상한 꿈을 꾸었다. 그녀가 본 꿈의 게시는 다음과 같다. 어떤 숫자가 짝수면 둘로 나눈다. 그런데 그 수가 홀수면 그 수의 세 배

를 곱한 다음에 하나를 더해라. 그리고 나온 수에 동일한 규칙을 적용해라. 만일 돌고 돌아서 다시 처음 수로 돌아오는(순환하는) 숫자를 찾을 수 없다면 당신은 귀중한 것을 잃게 될 것이다.

아프로디테는 잠에서 벌떡 일어났다. 그리고 숫자들을 가지고 끙끙대며 계산을 하였다. 그러나 여신은 그런 숫자를 찾을 수 없었다. 다음 날 여신은 아도니스에게 사냥을 가지 말라고 애원했지만 아도니스는 사냥을 떠났다. 불행하게도 아도니스는 그를 연모하는 페르세포네가 보낸 멧돼지의 공격을 받아서 사망하였다.

아프로디테 여신이 산수를 잘 못해서 이런 상황이 벌어졌을까? 몇 개의 수를 가지고 출발해 보자.

$1\to4\to2\to1$
$2\to1$
$3\to10\to5\to16\to8\to4\to2\to1$
$6\to3\to\cdots$
$7\to22\to11\to34\to17\to52\to26\to13\to50\to25\to???$

위의 문제를 다시 쓰면 다음과 같다:

$$a(n+1)=\begin{cases}\dfrac{a(n)}{2}, & a(n)\text{: 짝수}\\ 3a(n)+1, & a(n)\text{: 홀수}\end{cases}$$

이 문제를 처음 제기한 사람은 콜라츠 James Collatz였다. 그는 1937년에 "임의의 자연수를 가지고 출발했을 때, 위의 과정은 궁극적으로 1로 끝나는가?" 라는 추측을 제기 하였다.

이것은 "콜라츠의 추론"이라고 불리는데 현재까지 증명되지 못한 문제 중의 하나다.

[사진] Lothar Collatz(1910~1990)

이 문제도 컴퓨터를 이용해서 수들을 일일이 확인해보는 작업이 동시에 진행되었는데 27과 같은 수는 최종적으로 1로 갈 때까지 111 단계를 거친다. 그리고 중간에 9232까지 커지기도 한다. 만일 어떤 수 n에 대하여 그 수가 결코 1로 떨어지지 않고 무한히 작아졌다 커졌다 하기를 반복한다면 그의 추측은 틀린 것이 된다. 위의 7의 예에서 본 것처럼 수가 커졌다 작아졌다 하기를 반복하며 오르락내리락 하기 때문에 "우박수hail number"라는 별명이 붙었다. 여러분은 숫자가 커지면 1로 수렴할 때까지의 단계가 점점 커진다고 추측하는지 궁금하다. 아래 그래프는 여러 수들이 어떤 단계를 거쳐서 1로 수렴하는지를 보여준다.

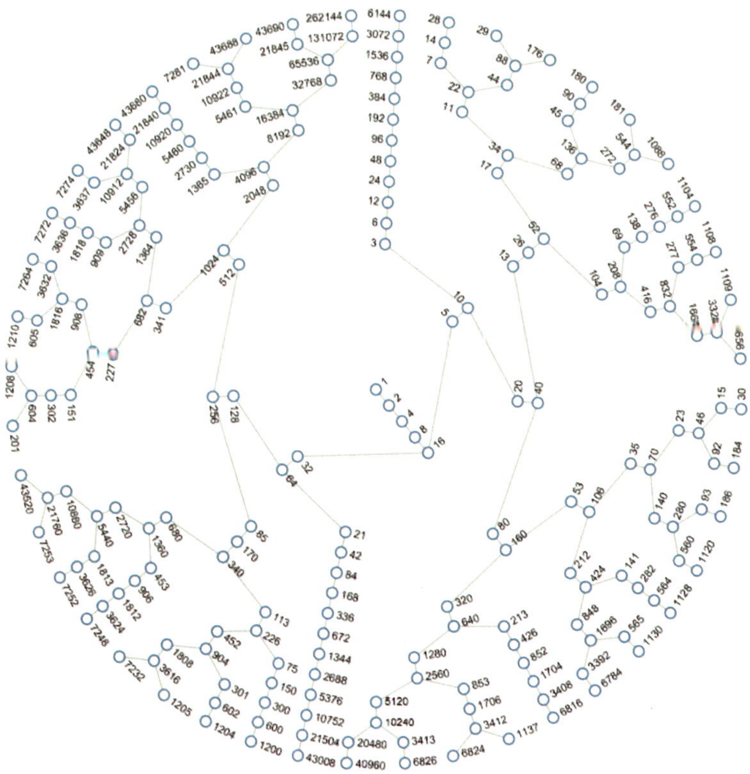

[그림]

출처 : Jasondavid.com(Mike Bestock(Phython Code@TerrorBite))

비록 이 추측이 증명된 것은 아니지만, 이 문제를 생각해본 수학자들은 컴퓨터를 통한 실험이나 경험 등을 근거로 이 추측이 참일 것이라고 믿는 것 같다. 현재까지 이 추측은 2^{60} 까지의 수들을 컴퓨터에서 계산해 본 결과 모두 1로 수렴했다. 그렇지만 수학의 역사에는 많은 사람들이 참일 것으로 믿었지만 어떤 결정적인 반례가 나타난 경우도 많기 때문에 아직까지 이 추측은 수학적으로 증명되어서 "콜라츠의 정리"로 등극한 것은 아니다. 수학 논문을 가장 많이 쓴 것으로 알려진 헝가리 수학자 폴 에르도스Paul Erdős(1913~1996)는 이 문제에 대하여 "우리 수학은 아직 이 문제를 해결할 준비가 안 된 것 같다." 라고 말했다. 그는 이 문제에 500불의 상금을 걸었다. Jeffrey Logarias도 2010년에 "이 문제는 현재의 수학 수준과 능력을 벗어나는 매우 어려운 문제다"고 말했다. 과연 누가 500불의 상금과 함께 이것과는 비교가 안 되는 큰 명예를 가져갈지 궁금하다.

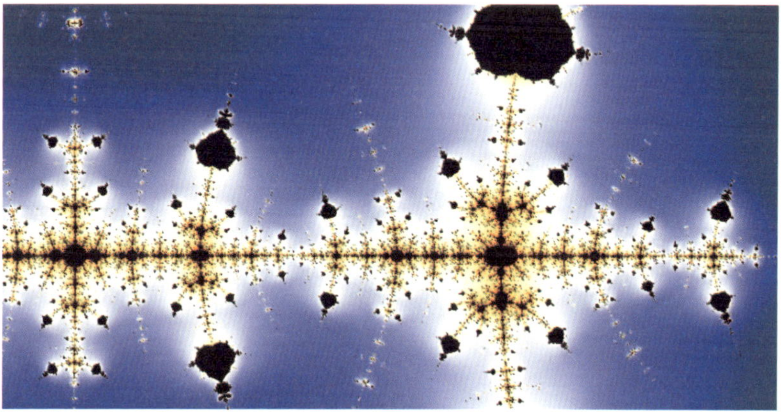

[그림] 실수 축 근방에서 나타낸 콜라츠 지도 프랙털(Chamberland, 1996)

02

파스칼의 삼각형이 간직한 비밀들

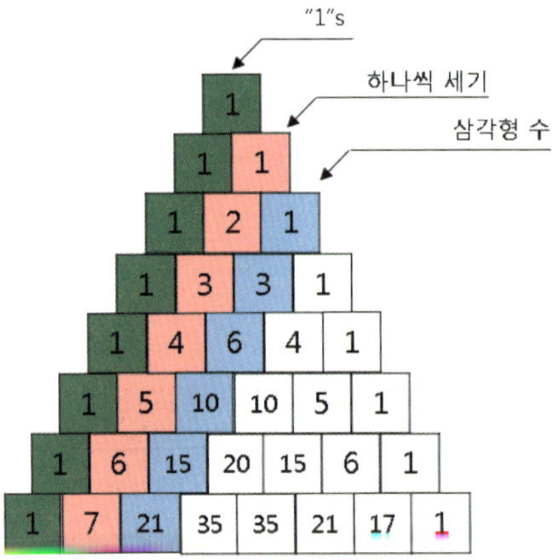

수의 패턴 중에서 가장 흥미로운 것을 들라고 하면 피보나치수열과 파스칼의 삼각형을 먼저 떠올리게 된다. 파스칼의 삼각형은 고등학교 때 이항정리와 관련해서 정규 교육 과정에서 다루지만 초등학생이나 중학생들도 패턴을 보면 몇 가지는 쉽게 이해할 수 있는 내용들이다. 먼저 아래에 있는 파스칼의 삼각형을 살펴보고 어떻게 이루어진 것인지 관찰해 보자.

(1) 각각의 수는 바로 위에 있는 두 수의 합이다.

예를 들어 다섯 번째 행에 있는 4는 네 번째 행에서 4 바로 위에 위치한 1과 3의 합이다.

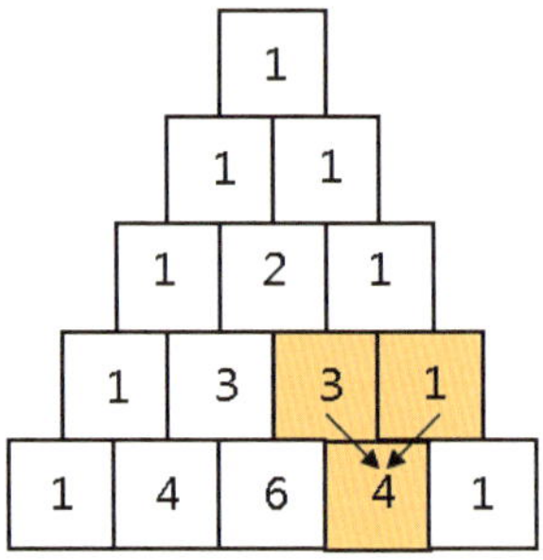

(2) 대각선을 따라서 나타나는 패턴들을 관찰해 보자.

첫 번째 대각선에는 1만 나타난다. 두 번째 대각선을 따라가면 1, 2, 3, 4, ...이다. 이것은 자연수를 나열한 것이다. 그러면 세 번째 대각선은 어떤가?

1, 3, 6, 10, 15, 21, 28, 36, 45, ...

이 수들은 삼각형 수triangular number라고 불리는 수들이다. 아래와 같이 점들을 연결해서 정삼각형을 만들어보면 그 때 정삼각형에 포함되는 점들의 수가 위에 나타나는 패턴이다.

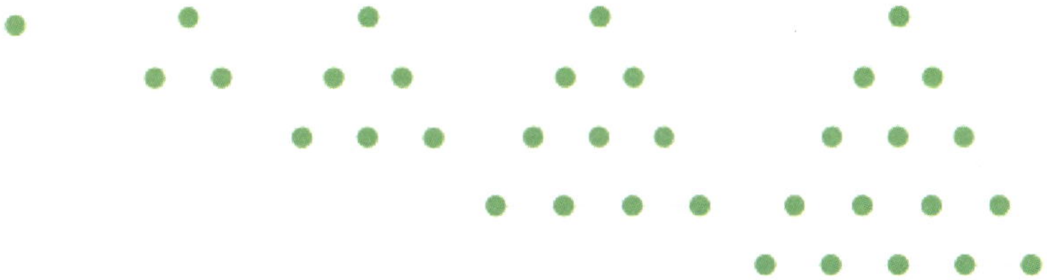

[그림] 삼각형 수들

이번에는 네 번째 대각선을 따라서 나타나는 수들을 살펴보자.

1, 4, 10, 20, 35, 56....

이 수들은 사면체 수tetrahedral numbers들이라고 부른다.

다음 그림과 같이 밑면이 삼각형인 사면체를 피라미드처럼 쌓아갈 때 각 사면체에 포함되는 점들의 개수는 1, 4, 10, 20, 35, 56... 으로 증가한다.

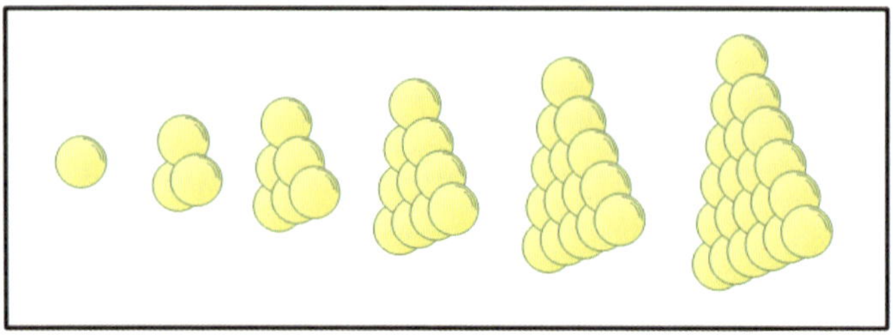

(3) 이항정리

앞 장에 있는 파스칼의 삼각형에서 세 번째 행에 배열된 수 1, 2, 1은 $(a+b)^2=a^1+2ab+b^2$ 에서 계수들만 모아놓은 것이다.

네 번째 행의 1, 3, 3, 1 역시 $(a+b)^3=a^3+3a^2b+3ab^2+b^3$ 의 계수들을 순서대로 나열한 것이다. 다음 행들도 모두 마찬가지다. 모두 $(a+b)^n$ 을 전개했을 때의 계수들을 순서대로 나열한 것이다.

이렇게 파스칼의 삼각형에서는 무척 다양하고 놀라운 패턴들이 나타나는데, 이것들의 대부분은 프랑스의 수학자인 파스칼이 발견하였다고 알려진다. 물론 이것은 서양 사람들이 주장하는 이야기고, 중국에서는 이미 1000년 경(송나라)에 수학자 찌아시엔(贾宪)(1010~1070)에 의해서 이런 내용들이 이미 알려졌다. 비슷한 시기에 페르시아(현재의 이란)에서도 Al-Karaji(953~1029)도 이런 내용을 자신의 저술에서 논의하였다.

(4) 피보나치수열

파스칼 삼각형에서 수들의 배열을 잠깐 바꾸어보면 피보나치수열을 찾을 수 있다.

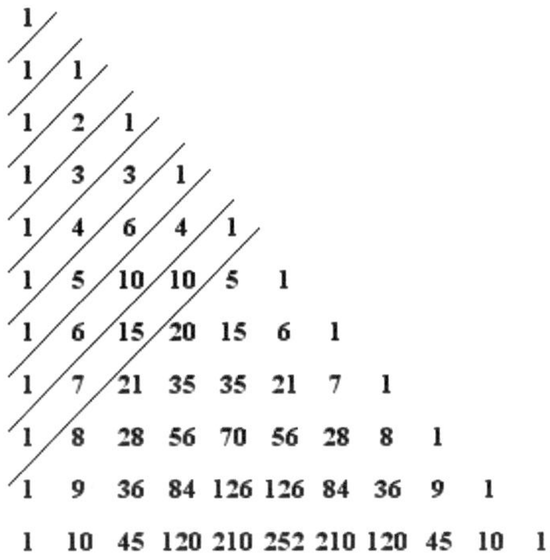

빗금 친 대각선을 따라서 수들을 더해보자.

1 =1

1 =1

2 = 1 + 1

3 = 1 + 2

5 = 1 + 3 + 1

8 = 3 + 4 + 1

13 = 1 + 5 + 6 +1

이 수들은 피보나치수열이다.

(5) 각 행에 나타나는 수들의 합

첫 번째 행의 수의 합 : 1

두 번째 행의 수의 합: 1+1=2

세 번째 행의 수의 합: $1+2+1=4=2^2$

네 번째 행의 수의 합: $1+3+1=8=2^3$

다섯 번째 행의 수의 합: $1+4+6+4+1=16=2^4$

다음 행의 수들도 모두 $2^5, 2^6, 2^7, \cdots 2^n, \cdots$의 패턴을 따른다.

(6) 대각선에 나타나는 수들을 역수를 취해서 모두 더하면 새로운 패턴이 보인다.

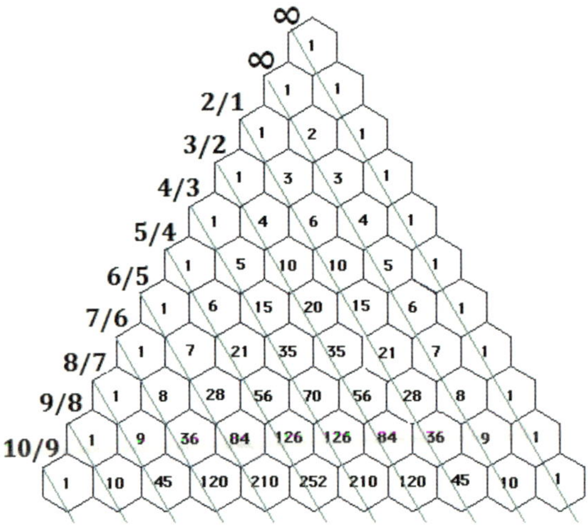

source : Daniel Hardisky, Cut The Knot Math

위의 패턴을 따라가면 그림에서는 나타나지 않지만 다음 대각선에 나타나는 수의 역수들을 모두 더하면 11/10이 될 것이다. 이 증명은 $\frac{1}{n(n+1)} = \frac{1}{n} - \frac{1}{n+1}$과 같은 부분분수 공식를 이용하는 것인데 여기서는 다루지는 않겠다. 증명에 관심 있다면 위의 주소로 들어가면 찾아볼 수 있다.

(7) 다음에 살펴볼 패턴은 파스칼의 삼각형을 다른 방식으로 재배열하는 것이다.

대각선들을 아래와 같이 열column로 나열한다. 이제 사각형으로 나열된 수들 중에서 아무 수나 선택해 보자. 예를 들어서 그 수를 (처음 나타나는)15라고 하자. 15 주위로 작은 정사각형을 그린 다음에 아래와 같은 방식으로 선을 그린다. 그러면 왼쪽 코너에 있는 사각형 안쪽에 있는 수들의 합은 $1+1+1+1+1+2+3+4=14$이다. 그 다음 수가 바로 15인 것이다. 4행 4열에 위치한 20의 경우도 동일한 방식으로 사각형을 그려보면 왼쪽 코너에 나타난 수들의 합인

$$1+1+1+1+2+3+1+3+6=19$$

의 바로 다음 수가 된다.

1	1	1	1	1	1	1
1	2	3	4	5	6	7
1	3	6	10	15	21	28
1	4	10	20	35	56	84
1	5	15	35	70	126	210

(8) 파스칼의 삼각형과 경우의 수

파스칼의 삼각형은 동전을 n번 던졌을 때 앞과 뒤가 나오는 경우의 수를 알려준다. 앞을 H라하고, 뒤를 T라고 하자. 동전을 세 번 던지면 앞만 나오는 경우는 (H, H, H)로 1회다. 그런데 앞(H)이 두 번 나오고, 뒤(T)가 한 번 나오는 경우는

(H, H, T), (H, T, H), (T, H, H)로 3회이다. 또 H가 한 번 나오고, T가 두 번 나오는 경우는 (T, T, H), (H, T, T), (T, H, T)로 3회이다. 마

지막으로 뒤(T)만 나오는 경우는 (T, T, T)로 1회이다. 이것이 파스칼의 삼각형에서 1, 3, 3, 1의 패턴을 이해하는 또 다른 방법이기도 하다.

던진 횟수	경우	파스칼의 삼각형의 수
1	H T	1, 1
2	(H, H) (H, T), (T, H) (T, T)	1, 2, 1
3	(H, H, H) (H, H, T), (H, T, H), (T, H, H) (H, T, T), (T, H, T), (T, T, H) (T, T, T)	1, 3, 3, 1

그런데 이것이 전부가 아니다.

(9) 파스칼의 삼각형에서 오일러의 수 e 찾기

이것은 Harlan Brothers가 2012년 찾은 내용이다. 아이디어는 각 행에 있는 숫자들을 다 곱한 다음에 그 비를 다음과 같이 조합하여 구하였다.

1	1
1 1	1
1 2 1	2
1 3 3 1	9
1 4 6 4 1	96
1 5 10 10 5 1	2500
1 6 15 20 15 6 1	162000

오른쪽에 나타나는 수는 n번째 행에서 각 항들을 모두 곱한 것이다. 이것을 S_n 이라고 하자. 그러면 이 값들은 다음과 같은 패턴을 따른다.

n	S_n (근사값)	$r_n = S_n / S_{n-1}$	r_n / r_{n-1}
1	1	1	
2	2	2	2
3	9	4.5	2.25
4	96	10.667	2.370
5	2500	26.042	2.441
6	162000	64.800	2.488
…	…	…	…
…	…	…	…
10	1.68×10^{215681}	2.49×10^{432}	2.71692

r_n / r_{n-1} (비)는 n이 한없이 커질 때 무리수 e로 수렴한다(엄밀한 증명은 참고문헌을 보시오).

이 삼각형에서는 아직도 새로운 사실들이 나타나고 있다. 더해보고, 곱해보고, 나누고, 역수를 조작해보고... 동일한 재료를 가지고도 기존과는 다른 새로운 음식을 만들 수 있듯이 파스칼의 삼각형이라는 재료를 가지고 많은 사람들이 다양한 방식으로 탐색하였다. 이것을 보면 감춰진 패턴들이 누군가가 베일을 벗기기를 기다리는 것인지 혹은 창조되고 의미가 새로이 만들어지는 것인지 그 경계가 애매하게 느껴진다.

생각 코너

도형의 패턴

1. 빈 칸에 들어갈 모양을 생각해 보자.

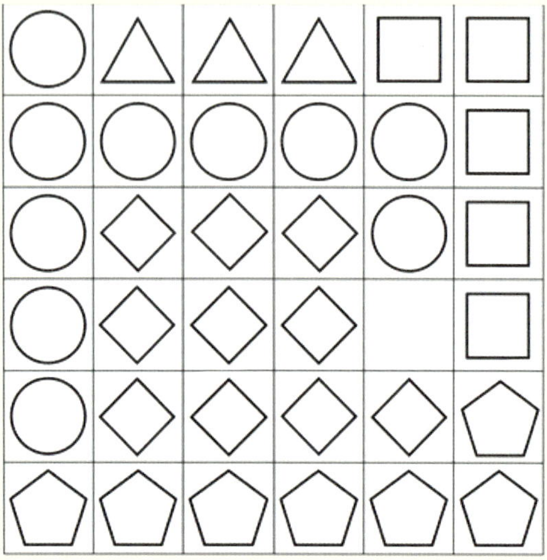

이것은 미시간 대학교 심리학과에서 벽에 붙여놓고 학생들에게 패턴을 찾아보라고 한 문제를 조금 변형한 것이다. 단순한 문제인데도 정답률이 낮은 것이 화제가 되었던 문제이다. 어떤 사람에게는 생각할 필요도 없이 간단한 문제일 수 있고, 또 다른 사람들에게는 미로 속에 들어간 것처럼 복잡하게 느껴질 수도 있을 것이다. 그렇지만 우리가 관습적으로 생각해왔던 방식에서 조금 전환하면 '아하' 하는 순간이 오지 않을까? 발상의 전환이라고 말하는 것에 어울리는 문제라고 생각돼서 소개한다.

2. 다음의 패턴을 보고 물음표가 있는 자리에는 어떤 도형이 올 지를 판단하시오.

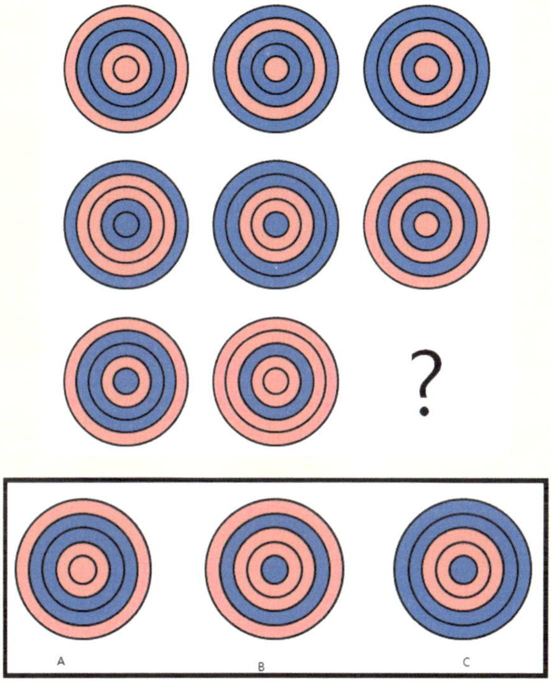

위의 패턴을 찾는 첫 번째 문제는 다음과 같은 방식으로 살펴보면 도움이 될 것이다.

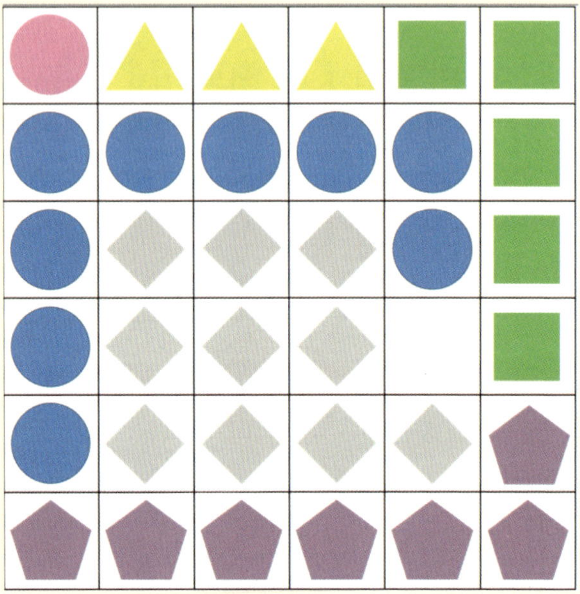

03

데카르트와 오일러의 저작권 다툼이 발생할 수학 공식

세상에는 무수히 많은 다면체가 존재한다. 우리가 기하에서 배우는 다면체는 삼차원에 있는 도형들 중에서 다각형으로 된 평평한 면과, 휘지

[그림] 다면체들

source : www.flickr.com/photos/fdecomite

않은 모서리, 그리고 점으로 이루어진 경우가 대부분이다. 이 때 두 개의 면은 모서리에서 만나고, 세 개 혹은 그 이상의 면들은 한 꼭짓점에서 만난다. 위의 그림에 있는 다면체들은 볼록한 다면체와 오목한 다면체들이 섞여있다. 볼록한 다면체란 그 위에 있는 두 점을 직선으로 (가상으로)연결할 때, 그 직선도 다면체 내부에 포함되는 경우다.

[그림] 볼록하지 않은 다면체들의 예

그러니까 위의 별똥별처럼 생긴 도형들은 볼록한 다면체가 아니다. 이 절에서는 볼록한 다면체만 생각하려고 한다. 다면체에서 면의 수를 F, 모서리의 수를 E, 점의 수를 V라고 부르자. 이 때 다면체에 대한 오일러(Euler)의 공식은 다음과 같다:

모든 볼록한 다면체에서 면의 수와 점의 수를 합한 것은 모서리의 수보다 2만큼 크다.

$$F-E+V=2$$

예를 들어서 육면체를 살펴보자.

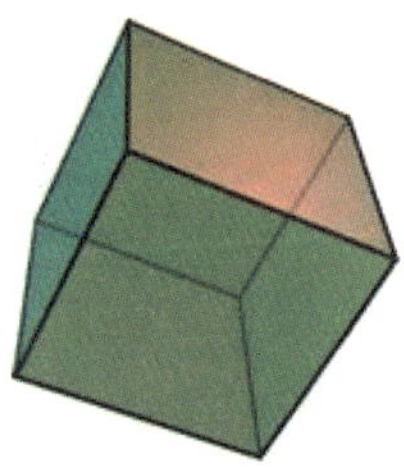

육면체는 면의 수(F)는 6개, 모서리의 수(E)는 12개, 꼭짓점의 수(V)는 8개이다. 그리고 $F-E+V=6-12+8=2$가 성립한다.

아래와 같은 정다면체에서도 이 식이 성립하는 것을 알 수 있다.

이름		면	꼭지점	모서리	F−V+E	전개도
사면체	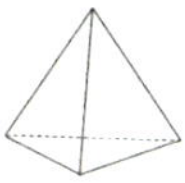	4	4	6	2	
육면체	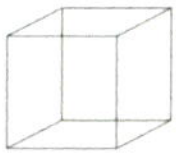	6	8	12	2	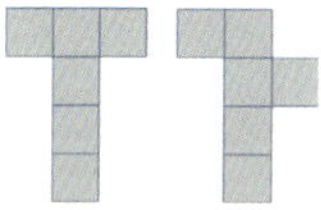
팔면체	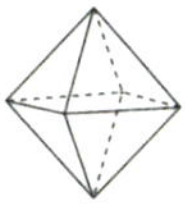	8	6	12	2	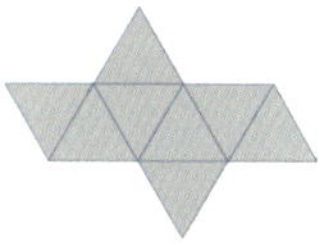
십이면체	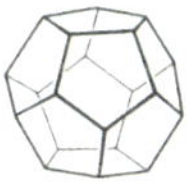	12	20	30	2	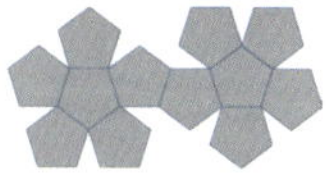
이십면체	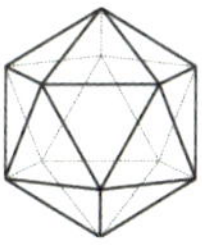	20	12	30	2	

위의 내용은 초등학생 정도라도 사실 직접 세면서 관찰할 수 있는 사실이다. 그런데도 플라톤과 아리스토텔레스, 아르키메데스를 비롯한 쟁쟁한 그리스의 수학자들이 다면체를 연구하면서, 이 사실을 깨닫지 못한 것에 대하여 많은 수학자들이 의아해하기도 한다.

위의 정리는 오일러의 이름이 붙어있지만, 사실 오일러보다 100여 년 앞서서 데카르트도 증명을 하였다. 피타고라스 정리에 대한 증명이 400여 가지에 이르는 것처럼, 이 정리도 많은 수학자들이 달려들어서 자신의 방식으로 증명하려고 시도하였다. 그래서 현재 20여 가지가 넘는 증명이 알려져 있다. 데카르트와 오일러가 모두 환생한다면, 이 정리에 대한 저작권을 놓고 틀림없이 다툼이 생길 것이다. 그래도 플라톤의 경우에는 "플라톤의 정 다면체"라고 그의 이름이 따라다니고, 오일러는 "오일러의 공식"이라는 공식적인 명칭이 있으니까 크게 불만족스러워 할 이유는 없을 것이다. 그래서인지 사람들이 이 정리를 증명할 때는 데카르트의 증명법을 제일 많이 인용한다. 여기서도 데카르트의 증명을 소개하려고 한다.

$F-E+V=2$ 라는 공식은 매우 단순하면서도 적용되는 범위가 아주 광범위하다. 전제조건도 거의 필요하지 않다. 볼록한 다면체이기만 하면 된다. 조금 미안하지만 물리나 화학 실험에서 말하는 '이러이러한 실험조건에서 이러저러한 방식으로 어떤 특정한 물질이나 대상에 대하여 실험을 하니 어떤 결과가 나왔다'는 내용과는 차원이 다른 것 같다. 그래서 이 공식은 "위상 수학적으로 가장 아름다운 수학공식"으로 불리고 있다.

이제 이 공식을 쉽게 증명해보려고 한다. 좋은 수학 교사가 되려면 어려운 개념을 이해하기 쉽게 설명할 수 있어야 한다는 것이 필자의 지론이기도 하다. 수학을 너무 잘 하는 뛰어난 사람들의 경우에는 일반적인 학생들이 무엇을 어려워하는지 이해를 못하는 경우도 많다. 그래서 수학을 쉽게 설명하려고 고민하거나 노력하지 않을 수도 있다. 이 내용을 구태여 증명하려는 이유는 다면체와는 전혀 관계가 없어 보이는 빅데이터나 복잡한 네트워크를 다루는데 오일러의 공식을 포함한 위상수학이 사용되고, 데카르트의 증명을 이해하면 네트워크를 이해하는데 많은 도움이 되기 때문이다.

먼저 다음 사실을 관찰해보자.

다음의 도형에 (예를 들면 정육면체에) 모서리를 아래(왼쪽)와 같이 하나 추가하면 오일러의 식은 과연 바뀌는지 생각해 보자.

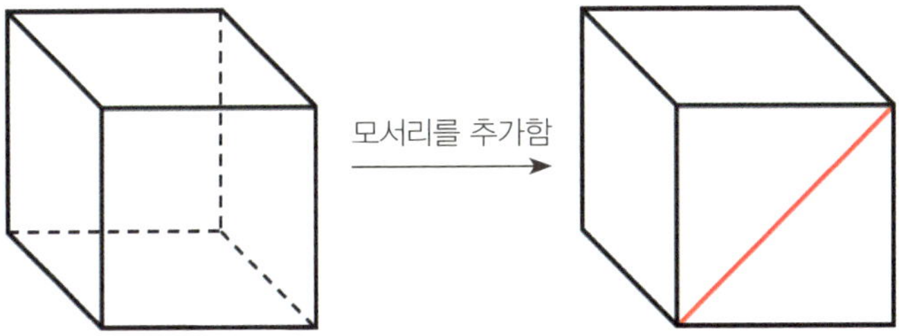

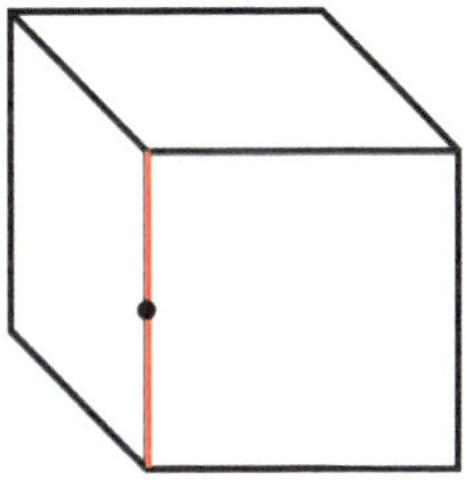

이 경우 면의 수는 하나 증가하고, 모서리의 수도 하나 증가하지만, 꼭짓점의 수는 그대로다. 그러니까 오일러의 공식은

$$(F+1)-(E+1)+V=F-E+V=2$$

로 처음과 아무런 변화가 없다.

이번에는 위의 그림처럼 다면체에 꼭짓점을 하나 추가하면 어떻게 될까?

이 경우에는 면의 수는 변함이 없고, 모서리의 수가 하나 증가하고, 꼭지점의 수도 하나 증가한다. 결과적으로

$$F-(E+1)+(V+1)=F-E+V=2$$

로 이 경우에도 변화가 없다. 이런 사실을 염두에 두고, 다음에 할 작업은 삼차원 다면체를 평면으로 프로젝트(사영) 시켜서 평면의 그래프로 바꾸어서 네트워크를 만들어 보는 것이다.

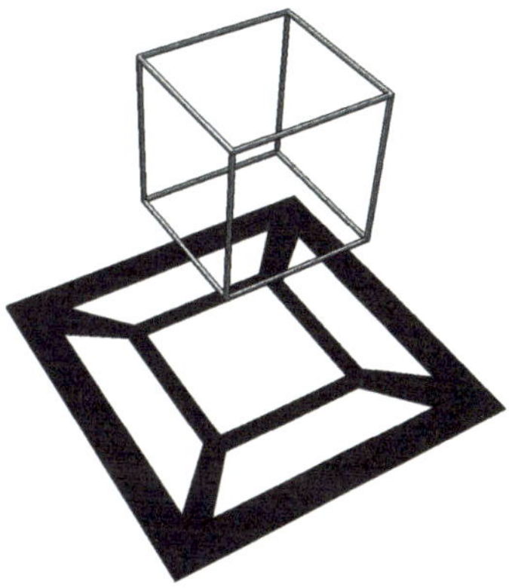

사영 시키는 아이디어는 아래와 같이 뼈대만 있는 정육면체에 빛을 쬐어서 그림자를 보는 것이다.

뼈대로 이루어진 다면체의 위쪽에 전등을 놓고 빛을 발사하면 아래 바닥(평면)에

검정색의 그림자가 생긴다. 이렇게 해서 다면체의 모서리들은 평면 위에서 그래프로 대응된다.

그런데 여기서 잠깐!

위에 있는 다면체에서 면의 수와 꼭짓점, 모서리의 수가 아래의 평면 그래프와 일치하는지 확인하고 넘어가자. 모서리의 수는 각각 12개로 일치하고, 꼭짓점의 수는 8개로 일치한다. 그러나 육면체에서는 면의 수가 6개이지만 그래프에서는 모서리들에 의해서 나누어지는 면은 5개만 보인다. 하나는 어디 있을까? 그것은 제일 아래에 가장자리(경계로 나누는)에 있는 모서리들에 의해서 둘러싸인 큰 부분이다. 다만 감춰진 것으로 생각하면 될 것이다. 그래서 그래프에서도 면의 수는 6개다.

다음 단계는 평면의 그래프에 모서리를 추가해서 모든 면이 삼각형이 되도록 바꾸어 주는 것이다. 위에서 관찰한 것처럼 모서리를 추가해도 오일러의 공식에는 변화가 없다. 정육면체를 가지고 생각해 보자.

단계 1 정육면체를 위에서처럼 평면 그래프로 대응시켜본다. 그 모습은 다음과 같다. 여섯 번째 면은 바닥에서 경계를 이루는 큰 정사각형으로 감춰져 있다. 그리고 면, 모서리, 점의 개수에는 아무런 변화가 없다(공간보다는 평면이 다루기 쉽기 때문에 변환한 것이다).

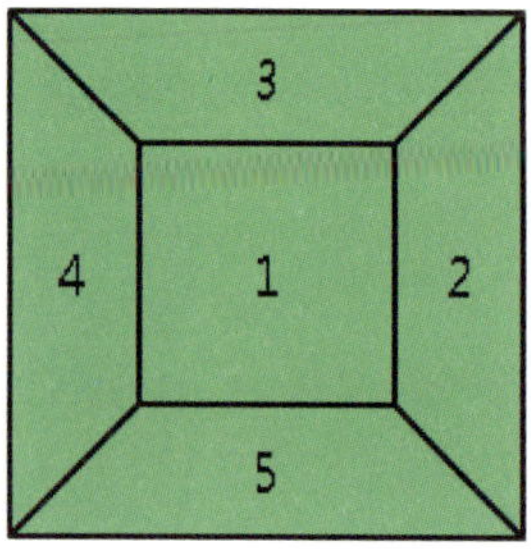

단계 2 이번에는 모든 면에 모서리를 하나씩 추가해서 모든 면이 삼각형이 되도록 한다(이것도 결국은 계산을 편하게 하기 위한 것이다).

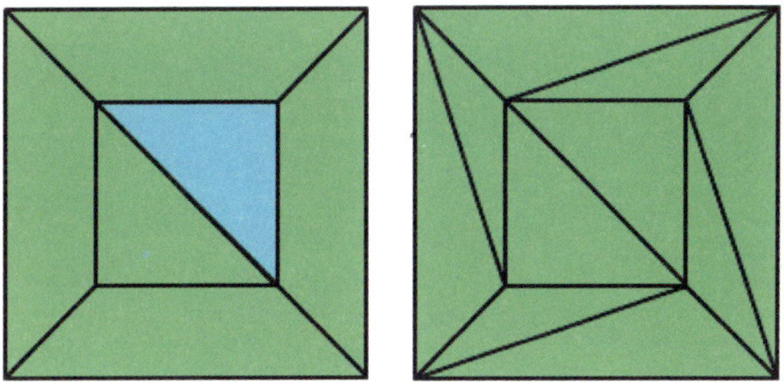

먼저 위의 왼쪽 그림처럼 모서리를 하나 추가했을 때 오일러의 공식은 $F-E+V=7-13+8=2$로 변화가 없다는 것을 관찰 할 수 있다. 두 번째 그림에서는 모든 면이 삼각형이 되도록 모서리를 추가했다(만일 다면체의 면이 오각형이라면 모서리는 2개가 더해져야 삼각형으로 잘릴 것이다).

단계 3 이제 그래프에서 가장자리 경계와는 단 하나의 모서리를 통해서만 만나는 면(노랑색)들을 보자.

이 모서리를 제거하면 $F-E+V$에는 어떤 변화가 생길까? 그러면 모서리 하나가 제거되고, 면도 하나 제거 되었다. 그러나 꼭짓점의 수는 아무런 변화가 없다. 그래서 오일러수$=(F-1)-(E-1)+V=F-E+V=2$가 되어서 이 경우도 오일러의 수에는 변화가 없다.

이렇게 경계면과 하나의 모서리만 공유하는 면들을 모두 잘라내면 다음과 같아진다.

단계 4 이번에는 경계와 두 개의 모서리를 공유하는 면(노랑색)들을 잘라내 보자. 이 경우는 면은 한 개 없어지고, 모서리는 두 개, 그리고 꼭짓점도 하나 사라진다. 그 결과 오일러의 수는 $F-E+V=7-13+8=2$(!) 이때도 오일러의 수에는 아무런 변화가 없다. 이제 마음 놓고 이렇게 생긴 면들을 모두 잘라내자. 위에서도 초록색 모서리로 둘러싸인 삼각형도 같은 이유로 잘라낸다. 최종적으로 삼각형만 남는다.

이 도형은 꼭짓점 3개, 모서리 3개, 그리고 면의 수는 2개다(바닥에 면이 하나 있던 것을 기억하자). 그러면 $F-E+V=2-3+3=2$가 성립한다.

오일러의 공식을 평면 그래프로 바꾸어서 증명하였다!

source : Ingram Publishing

여러분들은 지금쯤 이런 이론이 과연 어디에 쓰일지 궁금할 것이다. 먼저 작은 스케일에서는 컴퓨터 칩을 생각할 수 있다. 컴퓨터 칩은 집적회로, 즉 수백만 개의 작은 반도체를 집적회로에 넣은 얇은 조각을 말한다. 이 때 수많은 성분들을 연결하는 전도성 트랙이 다면체의 모서리의 역할을 한다. 이 칩을 보면 우리가 위에서 다룬 네트워크랑 유사한 점들이 연상될 것이다. 다만 차이점은 컴퓨터 칩에서는 이 에지edge(모서리)들을 교차하지 않게 평면에 배치하는 것이 불가능하다는 점이다. 교차하는 트랙이 많아지는 것은 회로의 설계에서 바람직하지 않기 때문에 되도록 그 수를 줄이려고 노력할 것이다. 그렇지만 적절한 배치도를 생각하는 것은 쉬운 과제는 아니다. 이 때 오일러의 다면체에 대한 공식들은 결국 평면에서의 네트워크에 대한 정보를 담고 있기 때문에 그 해법을 찾는데 필수적이다. 순수한 수학적 놀이로 생각되던 다면체에 대한 정리가 최첨단 기술에 사용된다는 것은 놀랍고 매혹적인 일이다(plus.math.org).

이번에는 스케일을 크게 해서 우주로 가보자. 아직까지 천문학이나 물리학에서는 우주의 정확한 형태에 대해서 설명하고 있지 못한 것 같다. 오일러의 공식은 볼록한 다면체에서만 성립한다. 다면체에 대한 오일러의 공식이 알려진 이후에 수학자들은 그렇다면 볼록하지 않은 다면체에서는 어떤 결과가 나올까를 자연스럽게 질문하였다. 그 결과로 3차원에 있는 모든 곡면들은 본질적으로 곡면에 있는 구멍hole에 의해서 분류할 수 있다는 것을 알게 되었다. 우리가 앞에서 본 볼록한 다면체들은 홀(구멍)이 없다. 도넛 형태는 구멍이 하나 있다. 오일러의 정리는 임의의 다면체에 대한 정리로 확장되었는데 그 때는 $F-E+V$의 값이 구멍(홀)의 개수에 따라 바뀌게 된다는 것이 알려졌다. 이 식은 기하학을 우주를 포함한 임의의 연속적인 곡면으로 발전하는데 영향을 준 것이다. 이런 분야를 연구하는 수학을 위상수학Topology(토폴로지)라고 하는데, 현대에는 소셜 미디어나 인터넷과 같은 네트워크를 연구하는 방법론을 제시해 준다.

$F-E+V$ 의 값이 2가 아닌 다면체의 예

파랑색은 삼각형, 빨강, 노랑, 초록은 사각형이다

소스 : http://colinspics.org/life/maths/polyhedra

위의 도형은 네 개의 삼각형과 세 개의 정사각형을 면으로 갖는 오목한 7면체다. 이 도형은 열 두 개의 모서리와 여섯 개의 꼭짓점을 가져서 $F-E+V=1$ 이다. 이 도형의 전체적인 형태는 팔면체처럼 보인다. 그리고 빨강, 노랑, 초록색은 중앙에서 잘려서 삼각형처럼 보이지만 실제로는 사각형이다. 사각형들은 서로 수직으로 만난다. 우리는 아래 사진으로는 아쉽게도 위쪽 면만 볼 수 있다. 이 도형의 이름은 아주 긴데 우리말로는 아직 공식적인 명칭은 없고 영어로는 Tetrahemihexahedron으로 불린다.

[사진] Leonhard Euler(1707~1783)

Buckyball

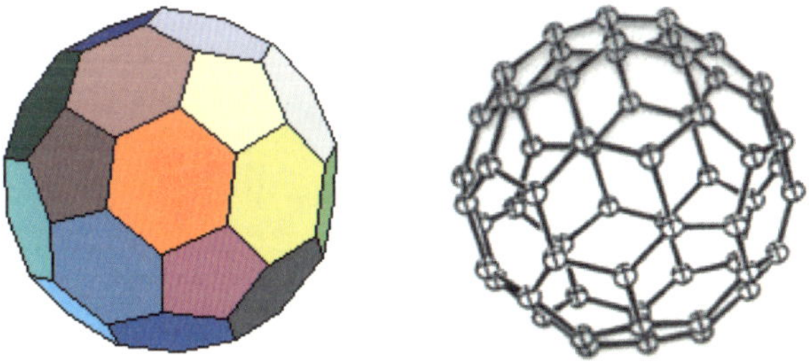

[그림] Buckyball

C_{60} 은 Buckyball 혹은 버크민스터 풀러렌(Buckminsterfullerene)이라고도 불리는데, 공 모양의 풀러렌 분자이다. 그 이름의 기원은 미래학자이며 발명가인 버크민스터 풀러(Buckminster Fuller)에서 온 것인데, 그가 디자인한 지오데식 돔(geodesic dome)의 형태가 C_{60} 의 분자구조와 매우 유사했기 때문이다. 축구공을 가지고 세보면, 꼭지점의 개수는 60개, 면의 수는 32개(오각형 12개와 육각형 20개), 그리고 모서리의 수는 90개이다. 이 때 오일러 수는 32−90+60=2 이다.
Buckyball은 1985년 라이도스 대학교의 연구팀인 Richard Smalley, Harry Kroto, 그리고 Robert Curl이 발견한 최초의 나노 입자들 중의 하나이다. 그때까지 알려진 탄소 동소체(allotropic)는 흑연과 다이아몬드뿐이었다. 순수한 탄소 원자로만 이루어진 새로운 물질을 발견했을 때 과학계가 매우 흥분했었음을 짐작할 수 있다. 버키볼은 탄소 원자 60개가 공유결합에 의해서 다른 탄소원자 세 개에 결합되어 있으며 탄소 원자들은 축구공(위의 그림)에서 관찰할 수 있는 것처럼 오각형과 육각형들의 패턴에 의해서 연결되어 있다. 위의 연구자들은 1996년 버크민스터풀러렌의 발견과 풀러렌 분자의 분류에 대한 공로를 인정받아서 노벨 화학상을 받았다. 이 물질은 파동-입자의 이중성(wave-particle duality)을 동시에 나타내는 가장 큰 입자들 중의 하나로 알려졌으며, 높은 온도와 압력에서도 안정성을 유지하는 초전도성(superconductivity) 물질이다. 이것의 발견으로 화학에서는 풀러렌을 포함하는 새로운 연구 분야가 나타나게 되었다고 한다.

그렇다면 수학은 이 버키볼의 연구에 어떤 방식으로 기여하고 있을까? 수학자들은 그래프 이론이나 위상수학의 이론 등을 통하여 풀러렌의 여러 가지 특징들-분자가 안정적인(stable) 이유, 열에 강하고 초전도성을 갖는 이유, 이 분자의 다른 변형이 존재할 가능성 등에 대한 이론적인 근거를 제공하려고 노력한다. 또한 이러한 연구들은 수학에서도 새로운 연구 방향을 제시하기도 한다(Chung & Sternburg).

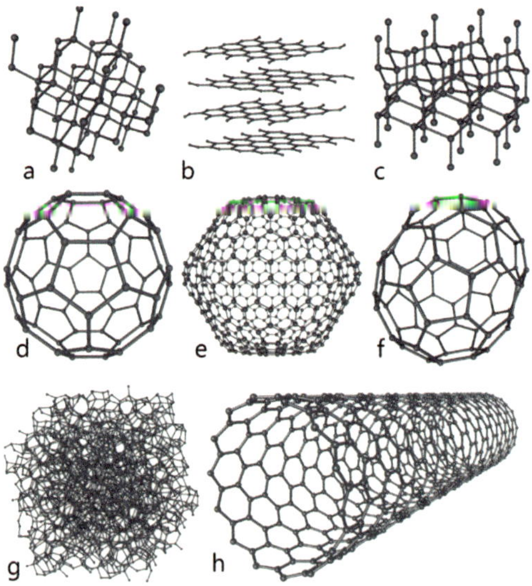

[그림] 탄소 동위원소 8가지

생각 코너

아래와 같은 초 육면체(tesseract, 사차원 정육면체)의 머리 위에 전구를 놓으면 그림자는 어떤 모양일지 그려보시오. 그리고 면(F), 모서리(E), 꼭짓점(V)의 개수를 세어서 F +V−E를 구해보시오. 또 각각의 면과 모서리가 평면에서 어떻게 대응되는지 찾아보시오.

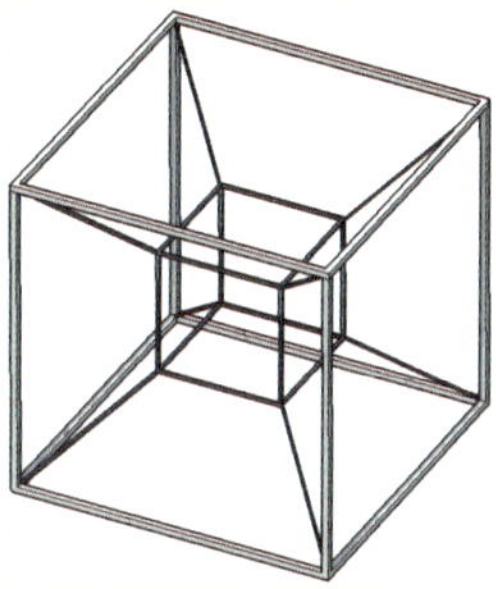

[그림] 초 정육면체(tesseract)

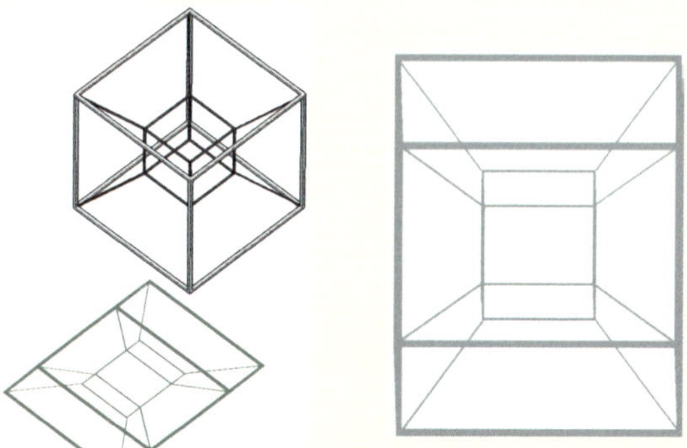

실제로 일 년 중 어떤 시기에도 태양이 12시 방향에 오는 경우는 없다고 한다. 그러니까 위의 그림자는 1~2시 경의 태양의 위치에서 생기는 그림자라고 보면 될 것이다.

04

구면 삼각형의 넓이

구면 삼각형을 소개하기 위해서는 비유클리드 기하학의 하나인 구면 기하학이 탄생한 배경을 한 번 더 설명해야 할 것 같다. 유클리드 기하학의 출발선은 그가 공준axiom이라고 부르는 것들을 우리가 받아들이다는데 있다. 그 공준들은 예를 들면 '두 점을 연결하는 직선은 단 하나 있다' 라든지 '서로 다른 두 직선은 많아야 한 점에서 만난다.' 등이다. 공준이란 말하자면 증명 없이 받아들이는 출발선인 것이다. 유클리드의 공준을 전제로 발전한 것이 유클리드 기하학이고, 우리가 학교에서 배우는 기하학의 거의 전부이다.

그런데 만약 우리가 유클리드의 공준에 동의하지 않는다면 어떻게 될까? 물론 그렇게 한다고 해서 유클리드의 주장이나 논거가 무효가 되는 것은 아니다. 왜냐하면 그의 주장은 우리가 이러이러한 공준들에 동의하면, 그 때는 이러저러한 것들이 뒤따른다는 것이기 때문이다. 그래서 누군가가 나타나서 유클리드의 공준들 중에서 뭔가를 조금 바꾸고 나서 자신의 기하학 이론을 전개할 수도 있다. 그것들이 비유클리드 기하학인 것이다.

우리가 지구 표면 위에 서있다고 가정해 보자. 그리고 그 위에서 거리나 각도 등을 측정해야 하는 경우를 생각해 보자. 이제 우리는 더 이상 평평한 평면에 있는 것이 아니기 때문에 유클리드 기하로는 문제 해결이 어렵다. 예를 들어서 지구의 표면에서 두 지점을 연결하는 최단거리는 대원great circle의 호가 된다. 대원은 구를 정확히 둘로 나누고, 구와는 중심을 공유하는 원이다.

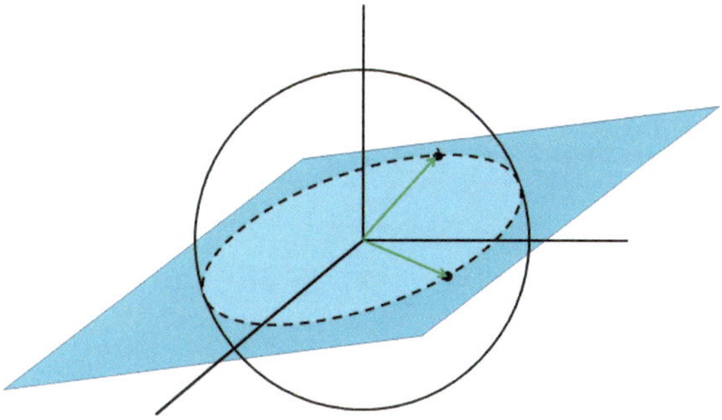

구의 표면에 서로 다른 두 점이 있을 때, 두 점을 지나는 대원은 두 점과 구의 중심을 지나는 평면과(하늘색) 구가 만나는 교선이다. 그래서 구면 기하학에서는 대원을 직선으로 간주하게 된다. 여러분이 본 것처럼 유클리드 기하의 공준 중에서 하나가 자연스럽게 바뀌었다! 다른 예를 생각해보자. 북극을 한 꼭짓점으로, 그리니치 천문대(동경을 측정하는 기준)를 다른 꼭짓점으로, 그리고 적도 상에서 동경이 90도인 한 점을 선택해서 대원으로 연결해보자. 이 세 점을 연결한 삼각형의 내각의 합은 270도이다. 그러니까 구면 기하학에서는 삼각형의 내각의 합이 180도가 아닌 것이다.

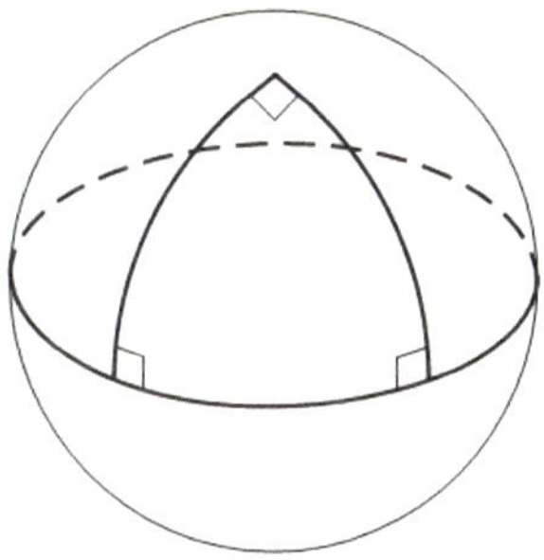

[그림] 세 각이 모두 90도인 삼각형

구에서 임의의 두 대원은 두 점에서 만나고, 이 두 점은 서로의 대칭점이다. 그리고 두 대원이 만날 때, 이들이 이루는 각은 각각의 평면(대원과 중심을 지나는 평면)이 이루는 각과 같다.

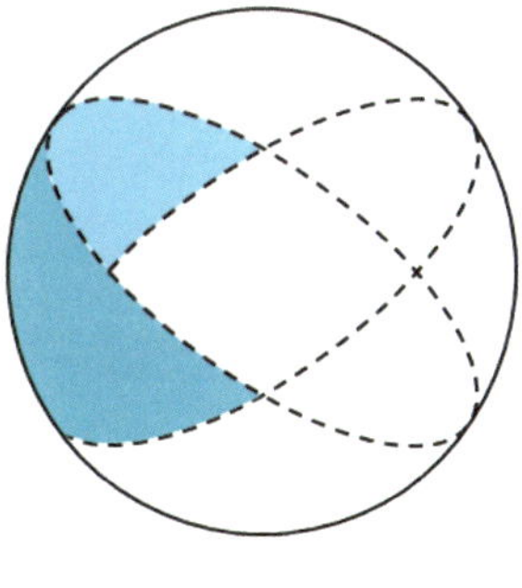

앞에서처럼 두 개의 대원을 경계로 하는 영역을 달lunar(또는 diangle)이라고 부른다. 앞의 그림처럼 파랑색 달 반대쪽에 합동인(복사 본) 달이 하나 더 존재한다.

〈기억할 내용〉 구의 반지름을 1이라 하자. 두 대원이 이루는 각을 θ라고 하면 달의 넓이는 2θ이다.

이것은 반지름이 1인 구의 넓이는 4π 이고, 달의 표면적은 각의 크기에 비례하기 때문이다.

$$4\pi \times \frac{\theta}{2\pi} = 2\theta$$

이제 구의 표면에서 삼각형을 다음과 같이 약속하자.

(약속) 구면 삼각형은 대원을 모서리로 가지는 구sphere 위에 있는 삼각형을 의미한다.

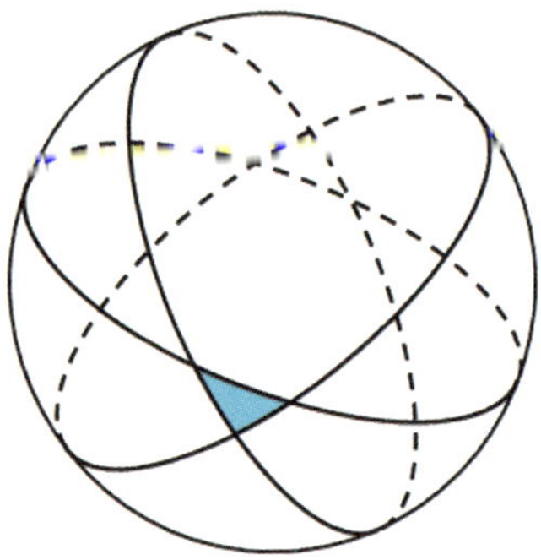

[그림] 구면 삼각형

구면 삼각형의 넓이(Girard의 정리)

세 각을 α, β, γ로 가지는 구면 삼각형의 넓이는 $\alpha+\beta+\gamma-\pi$ 이다.

(증명은 아래와 같이 그림을 이용해서 할 수 있고 비교적 쉽다.)

증명

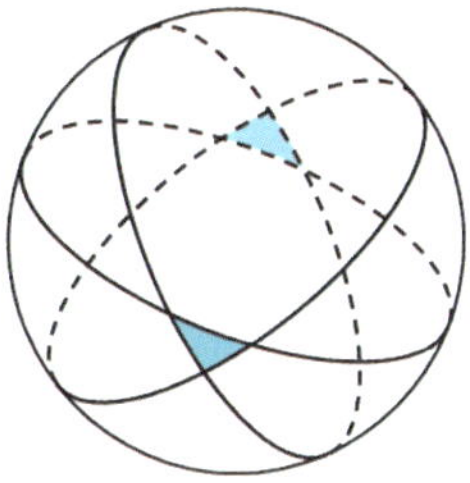

옆의 그림처럼 우리의 삼각형이 있고, 반대쪽에 동일한 복사 본 삼각형이 하나 더 있다.

아래 그림 세 개는 각각 α, β, γ를 사이각으로 갖는 달lunar들이다.

아래의 세 개를 모두 합치면 어떻게 될까? 구를 모두 덮게(칠하게) 될 것이다. 그리고 우리의 삼각형은 정확히 네 번 더 겹쳐진다.

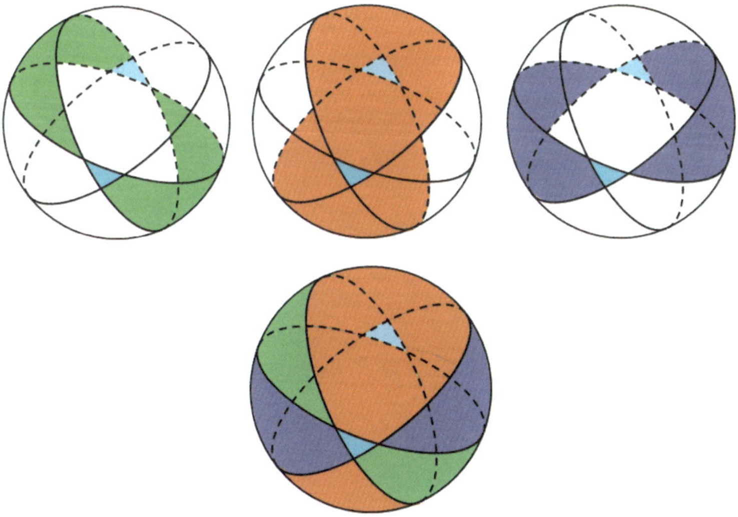

[그림] 달(루나)을 모두 더해보면 구를 완전히 덮는데, 이 때 푸른색 삼각형은 네 번 더 겹쳐진다.

이제 계산을 해 보자. 구의 넓이는 4π 이고, 밤색, 보라, 녹색의 루나들은 각각 넓이는 $4\alpha, 4\beta, 4\gamma$ 이다(왜냐하면 구를 덮을 때 복사 본 달(루나)들도 더해졌기 때문이다). 이제 삼각형의 넓이를 T 라 하면,

$$구의\ 넓이(4\pi)=4\alpha+4\beta+4\gamma-4T$$

그러므로 삼각형의 넓이 $T=\alpha+\beta+\gamma-\pi$ 를 구했다.

구면 기하학은 유클리드 기하만큼이나 자연스러운 기하학이다. 구sphere 위의 두 점을 연결하는 최단 거리도 좌표를 위도와 경도를 이용해서 잘 선택하면 어렵지 않게 구할 수 있다. 대학에서 미적분학을 배울 때 다루게 될 것이다.

[그림] 자연사박물관(워싱턴 DC) 입구를 어안렌즈(fisheye lens)로 찍은 사진

05

마방진(Magic Square)

기원 전 650년경부터 중국에서 전해오는 전설에 의하면 하나라의 우 왕 시절에 큰 홍수가 있었다. 우 왕은 거대한 터널을 만들어서 물을 바다로 빼내려고 하였다. 그 때 거북이 한 마리 나타났는데 등에 신기한 패턴이 그려져 있었다. 그 패턴이 다음 쪽의 그림과 같은 모양으로 3×3 마방진의 기원이라고 한다. 가로, 세로, 대각선의 합이 모두 15인데, 이 수는 중국에서 사용한 태양력에 따라 1년을 24절기로 나누었을 때 한 달에 포함되는 날이다. 이것을 Lo Shu(洛書, 낙서)의 전설이라고 하며 그 때 부터 사람들은 홍수로부터 마을을 보호하기 위하여 아래의 마

[그림] 알프레드 뒤러(1471~1528)의 작품 속에 나오는 마방진(1514)(왼쪽)과 시안에서 발굴된 마방진(1250년 경), Yuan Dynasty (1206~1368)(오른쪽)

방진을 사용하였다.

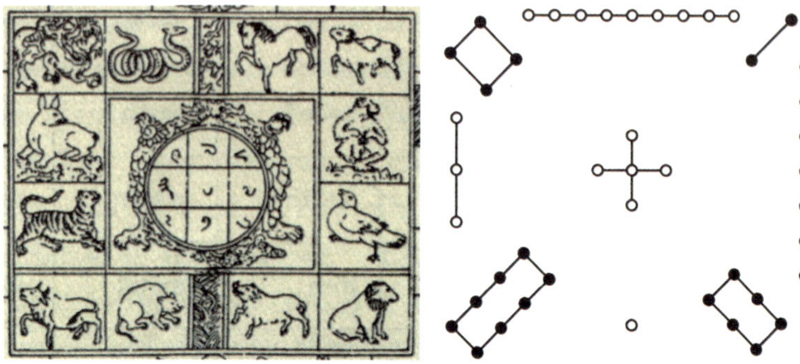

[그림] Lo Shu의 사각형(왼쪽)과 중앙 부분의 의미(오른쪽)

마방진은 중국뿐만 아니라 중세의 페르시아(이란)에서도 10세기 경 체스가 처음 도입된 후에 시작되었다는 흔적이 남아있다. 또한 이슬람 세계에도 7세기에 인도를 통하여 알려졌다. 이슬람 문명권에서 마방진은 부적으로 많이 사용되었는데 그 중에서 3×3 마방진은 임신을 위해서 결혼한 여성들이 주로 지니고 다녔다고 한다. 스페인 카탈루냐 지방 바르셀로나에 있는 안토니오 가우디Antoni Gaudi가 최초로 설계한 성가족Sagrada de Família 성당에도 4×4 마방진이 곳곳에 있는데, 이 마방진은 일반적인 4×4 마방진과는 달리 10과 14가 한 번씩 더 나타나고, 12와 16이 나타나지 않는다. 이 마방진에서는 가로, 세로, 대각선을 따라서 숫자를 합하면 항상 33이 되는데, 예수가 십자가에 매달릴 때까지의 생애 기간을 의미하는 메시지라고 한다.

Façade of Sagrada Família

[그림] Antoni Gaudi(1852~1926)가 설계한 성 가족 성당 앞면에 있는 4×4 마방진

마방진을 만드는 방법은 매우 다양한데, 여기서는 대중적으로 알려진 방법을 소개하려고 한다.

1. 홀수 차수 마방진을 만드는 법

(1) 가로 세로가 각각 n개로 이루어진 정사각형 마방진을 그린 다음에 마방진의 각 변에 피라미드를 그린다. 이 피라미드에서 윗변에 있는 정사각형의 수는 아랫변의 정사각형의 개수보다 두 개 작게 만든다. 그렇게 올라가서 제일 꼭대기에는 정사각형이 하나만 있도록 만든다.

(2) 1부터 n^2 까지 숫자를 아래 그림처럼 대각선을 따라서 써 준다.

(3) 처음에 그렸던 마방진(정사각형)에 들어있지 않은 수들의 위치를 이제 정한다. 그 방법은 정사각형의 반대쪽 빈칸에 수를 넣는 것이다. 왼쪽 바깥에 위치한 수는 오른쪽 빈칸에, 오른쪽 바깥에 위치한 수는 왼쪽의 빈칸에, 위쪽 바깥에 위치한 수는 아래의 빈칸에, 아래쪽 바깥에 있는 수는 위쪽 빈칸에 넣는다.

예제 3×3 마방진의 경우

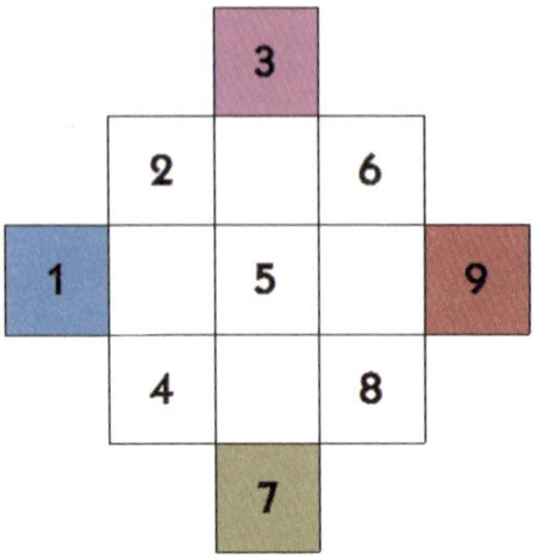

2	7	6
9	5	1
4	3	8

예제 5×5 마방진의 경우

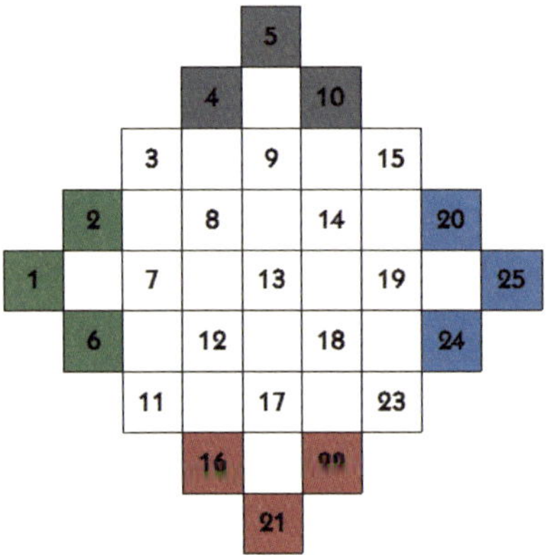

3	16	9	22	15
20	8	21	14	2
7	25	13	1	19
24	12	5	18	6
11	4	17	10	23

2. 짝수 차수인 마방진 만드는 방법(n은 짝수)은 다음과 같다.

(1) 먼저 가로, 세로가 각각 n개의 작은 정사각형으로 이루어진 정사각형을 하나 만들고, 여기에 숫자를 왼쪽부터 차례로 1부터 n^2까지 쓴다.

이렇게 수를 써 넣으면 마지막 열과 첫 번째 열에 들어간 숫자의 차이는 모든 행에서 $(n-1)$이 된다. 행의 수가 n개이므로 마지막 열과 첫 번째 열에 들어간 숫자들의 총 차이의 합은 $n(n-1)$이고, 우리는 그 수를 보정해야 한다.

(2) 두 개의 대각선을 중심으로 마지막 열과 첫 번째 열의 숫자 네 개를 교환해 준다. 이렇게 바꾸면 $2(n-1)$ 만큼의 차이가 상쇄된다. 다음 단계에서는 테두리(첫 번째와 마지막 열, 첫 번째 행과 마지막 행)는 제외하고 남은 안에 든 $(n-1)\times(n-1)$짜리 행렬에서 위에서 한 작업(두 대각선을 중심으로 첫 번째와 마지막 열의 숫자를 교환하는 작업)을 계속 해 나간다.

예1. 4×4 마방진

1	2	3	4
5	6	7	8
9	10	11	12
13	14	15	16

16	2	3	13
5	11	10	8
9	7	6	12
4	14	15	1

숫자 1부터 16까지 순서대로 쓴 다음에 두 대각선($y=x$, $y=-x$)을 중심으로 1과 16, 4와 13을 교환해 준다. 이때 1과 4, 16과 13이 함께 움직여야 한다(왜 그래야만 할까?). 다음 단계에서도 대각선을 중심으로 11과 6, 7과 10을 교환하면 된다. 각 행과 열의 수의 합은 34로 일치한다.

예2. 6×6 마방진

1	2	3	4	5	6
7	8	9	10	11	12
13	14	15	16	17	18
19	20	21	22	23	24
25	26	27	28	29	30
31	32	33	34	35	30

(1) 1부터 36까지의 숫자를 순서대로 쓰고, 위의 그림처럼 대각선을 중심으로 수들을 바꾼다.

이때 각 행의 수들의 합은 81, 93, 105, 117, 129, 141이다. 그러나 우리가 원하는 수는 111이다(1부터 36까지의 합을 6으로 나눈 값이 111이다).

	36	2	3	4	5	31	81
	7	29	9	10	26	12	93
	13	14	22	21	17	18	105
	19	20	16	15	23	24	117
	25	11	27	28	8	30	129
	6	32	33	34	35	1	141
111	106	108	110	112	114	116	111

(2) 열에 있는 숫자들의 합은 건드리지 않고 각 행의 숫자들의 합이 111이 되도록 숫자들을 교환해보자. 이것을 위해서는 각 열에 있는 숫자들을 교환해 주면 된다. 물론 이 때 이미 위치가 바뀐 대각선 위에 위치한 숫자들은 건드리지 않는다. 첫 번째 행의 합은 81이고, 마지막 행의 숫자들의 합은 141 이므로(숫자의 합의 차이가 60이다) 네 번째 열에서는 첫 번째 행과 마지막 행의 숫자를 바꾸어준다. 이렇게 하면 첫 행에는 +30, 마지막 행은 −30이 되어서 합이 동일해 진다. 두 번째 행과 다섯 번째 행의 합의 차이는 36이므로 1열의 7과 25를 교환하면 2행은 +18, 5행은 −18이 되어서 값이 같아진다. 다른 행들도 동일한 방식으로 교환한다.

36	2	3	4	5	31
7	29	9	10	26	12
13	14	22	21	17	18
19	20	16	15	23	24
25	11	27	28	8	30
6	32	33	34	35	1

36	2	3	34	5	31	111
25	29	9	10	26	12	111
13	20	22	21	17	18	111
19	14	16	15	23	24	111
7	11	27	28	8	30	111
6	32	33	4	35	1	111
106	108	110	112	114	116	

이렇게 하면 각 행들에서 숫자의 합은 111로 동일해졌다. 그러나 각 열에 있는 숫자들의 합은 106, 108, 110, 112, 114, 116으로 다르다. 이제는 어떻게 숫자들을 교환해보면 좋을까? 더 이상 행과 행을 교환하면 안 된다. 왜냐하면 각 행의 숫자들의 합은 111이 되도록 만들었기 때문이다. 조금 전과 유사한 방법을 사용하면 된다.

(3) 2 열과 5 열의 숫자의 합의 차이는 6이므로 1행에서는 두 번째와 다섯 번째 열의 숫자를 교환한다.

이렇게 하면 2열은 +3, 5열은 −3이 되어서 1행의 숫자의 합은 변하지 않는다.

마찬가지로 3열과 4열의 숫자의 합의 차이는 2이므로, 2행에서 3열과 4열의 숫자를 바꾼다(3열은 +1, 4열은 −1). 1열과 5열의 숫자 합의 차이는 10이므로, 4행에서 1열과 5열의 숫자를 교환해 준다(1열은 +5, 5열은 −5). 이렇게 하면 각 열에서 숫자의 합이 같아진다.

36	2	3	34	5	31
25	29	9	10	26	12
13	20	22	21	17	18
19	14	16	15	23	24
7	11	27	28	8	30
6	32	33	4	35	1
106	108	110	112	114	116

36	5	3	34	2	31
25	29	10	9	26	12
13	20	22	21	17	18
24	14	16	15	23	19
7	11	27	28	8	30
6	32	33	4	35	1
111	111	111	111	111	111

06 나의 생일이 들어간 마방진 만들기

이 절에서 소개할 마방진은 생일이나 크리스마스와 같은 특별한 날이 들어간 마방진이다. Charlie Gilderdale이 2011년에 출간한 기사에서 읽은 것인데, 그는 이것을 인도의 수학교사이며 마방진에 대한 저서를 집필한 P. K. Srinivasan에게서 배웠다고 한다.

우리나라의 건국 기념일이 1948년 8월 15일이므로 이 날짜가 첫 행에 들어간 나만의 마방진 만드는 방법을 소개한다. 여러분의 생일에 따라 얼마든지 만들 수 있다.

15	8	19	48
24	40	10	16
36	17	23	14
15	25	38	12

확인 해 보면 가로와 세로, 그리고 두 대각선 모두 합이 90으로 마방진이 확실하다! 다음은 그 방법을 소개한 것이다.

a	b	c	d
e	f	g	h
i	j	k	l
m	n	o	p

1단계 나중에 숫자들을 계산해야 하니까 위와 같이 가로 세로에 알파벳을 써 본다.

2단계 원하는 날짜를 써 넣는다. 이 경우는 1948년 8월 15일이다.

15	8	19	48

3단계 $b+c=m+p$가 되는 숫자를 골라 써본다. 많은 경우가 나올 수 있지만 관계없다. $b+c=27$이므로 마음대로 두 수를 골랐다. $m=15$, $p=12$ 을 선택하였다.

15	8	19	48
15			12

4단계 $a+p=g+j$가 되는 두 수를 찾아 써 넣는다(이 때도 가능한 경우는 많다). $a+p=27$ 이어서 $g=10$, $j=17$으로 골랐다.

15	8	19	48
		10	
	17		
15			12

5단계 $m+d=f+k$ 인 두 수를 선택한다. $m+d=63$이므로 $f=40$, $k=23$을 선택했다.

15	8	19	48
	40	10	
	17	23	
15			12

6단계 $b+n=g+k$ 가 되도록 수를 선택한다. 이 경우는 $n=25$ 만 가능하다.

15	8	19	48
	40	10	
	17	23	
15	25		12

7단계 $c+o=f+j$ 가 되도록 수를 선택한다. 이 때 가능한 경우는 $o=38$ 이다.

15	8	19	48
	40	10	
	17	23	
15	25	38	12

8단계 $a+m=h+l$ 이 되는 두 수를 선택한다. 이 경우도 가능한 경우가 많다. $a+m=30$ 이고, $h=16, l=14$ 을 선택하였다.

15	8	19	48
	40	10	16
	17	23	14
15	25	38	12

9단계 이제 마지막으로 모든 행과 열, 대각선의 합이 일치하도록 나머지 수를 정한다. $e=24, i=36$ 가 유일하다.

15	8	19	48
24	40	10	16
36	17	23	14
15	25	38	12

다음은 동일한 방법으로 필자의 기념일 중 하루를 골라서 마방진을 만들어 본 것이다.

그 날은 1995년 12월 21일이다.

21	12	19	95
36	74	17	20
74	19	37	17
16	42	76	15

가로와 세로, 그리고 대각선의 합이 모두 147인 것을 확인할 수 있다. 가족과 친구의 생일이나 기념일에 만들어서 선물하면 아주 소중한 추억이 될 것이다. 그리고 경우의 수도 사실 다양하니까 다음 해에는 또 다른 마방진을 만들어줄 수 있다. 방법을 물어보면 "수학 뮤지엄"이라고 말하면 된다.

생각 코너 Mathematics Museum

나의 생일이 들어간 마방진을 만들어보시오.

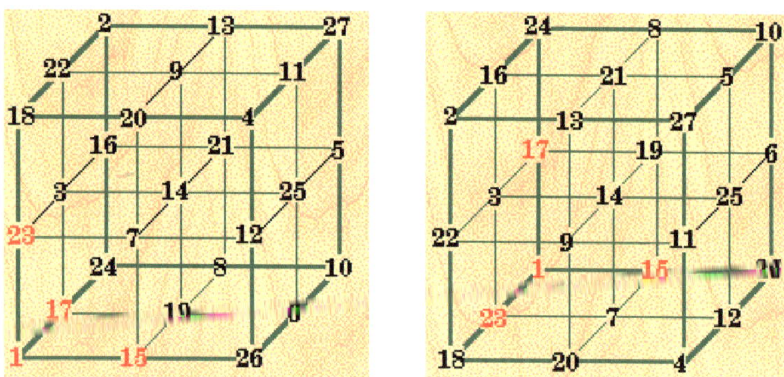

[그림] 3차원 마방진(magic cube)와 변형(각 면에서 가로 세로의 합이 모두 420이다)

07
유클리드 평면과 쌍곡 평면의 테셀레이션(타일링)

스페인 알함브라(Alhambra) 궁전의 타일

1. 정규 테셀레이션(regular tessellation)

길을 걷다가 마주치는 보도블록이나 욕실의 타일, 이슬람 사원의 정교한 장식들은 모두 평면이나 벽을 어떤 모양을 이용하여 중복되지 않고, 빈틈없이 채운 것이다. 이 절에서는 테셀레이션에 감춰진 수학을 찾아보려고 한다. 테셀레이션Tessellation의 어원은 그리스어 tesseres에서 왔는데 그 의미는 4이다. 그러니까 최초의 타일링에는 사각형을 주로 이용하였다고 추측할 수 있다. 타일링 중에서 가장 간단한 방식이 한 종류의 정 다각형만을 이용한 것인데 이를 정규 테셀레이션regular tessellation이라고 부른다. 이것은 합동인(각 변의 길이와 내각의 크기가 동일한) 정다각형을 이용해서 평면을 빈틈없이 채우는 것이다. 그런데 이 방법이 가능한 경우는 다음과 같이 단 세 가지 밖에 없다.

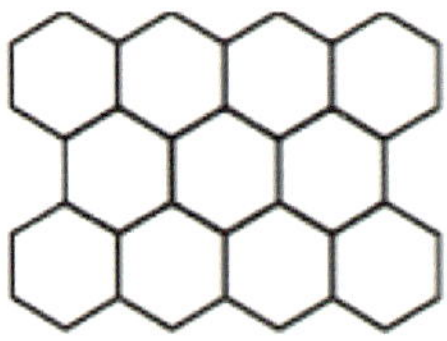

{6, 3}

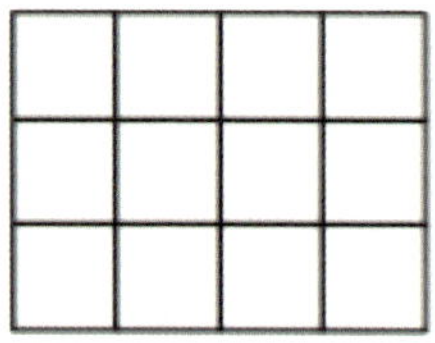

{4, 4}

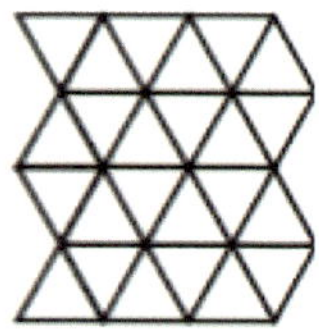

{3, 6}

그림에서 관찰할 수 있는 것처럼 정육각형, 정사각형, 정육각형이다. 위에 있는 {6,3}, {4,4}, {3,6}은 앞으로도 자주 나오겠지만 테셀레이션에 대한 일종의 명칭이다. 보통 $\{n, k\}$로 표현하는데, 그 의미는 n개의 모서리가 있으며, 각 점(vertex)에서 k개의 모서리와 만난다는 뜻이다. 정규 테셀레이션이 세 가지 경우만 존재하는 이유는 다음과 같다.

유클리드 평면에서 정 n다각형의 한 내각의 크기는 $\pi\left(1-\frac{2}{n}\right)$이다(증명은 이 절 제일 마지막에 수록돼 있다). 이 때 각 점이 k개의 모서리와 만나기 때문에 $k\pi\left(1-\frac{2}{n}\right)=2\pi$ 를 만족해야한다(n, k 는 자연수).

이 식을 정리하면

$$\frac{1}{k}+\frac{1}{n}=\frac{1}{2}$$ 이 된다.

이 식은 통분하면 $(n-2)(k-2)=4$로 바뀌고, 이 방정식의 자연수

해집합은 $(n, k)=(6, 3)(4, 4)(3, 6)$ 만 존재한다.

준 정규 테셀레이션

(3,3,4,3,4)

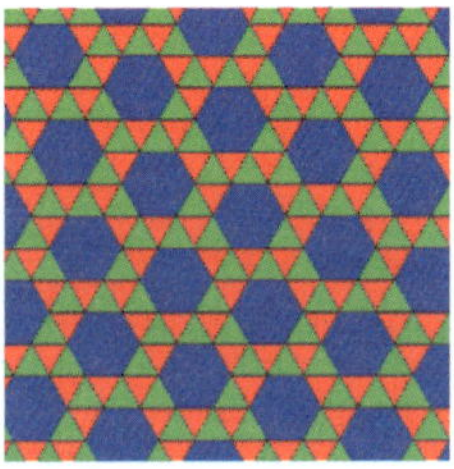

(3,3,3,3,6)

(3,4,6,4)

(3,3,3,4,4)

(3,12,12)

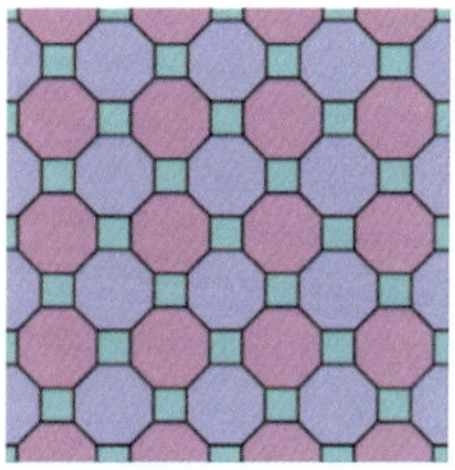

(4, 8, 8)

(4, 6, 12)

(3,6,3,6)

[그림] Semiregular Tessellation(R. A. Nonenmacher, 2008)

2. 준 정규 테셀레이션(semi regular tessellation)

준 정규 테셀레이션은 앞의 그림과 같이 두 개 이상의 정 다각형을 사용해서 만드는 테셀레이션이다. 이 때 한 점에서 만나는 다각형들의 내각의 합은 360도가 정확하게 되어야 한다. 그리고 동일한 패턴이 반복되어야 한다는 조건도 달려있다. 그 외의 조건들도 생각해 보면 한 점에서 만나는 다각형은 세 개 이상이어야 하고, 최댓값은 여섯 개를 넘을 수는 없다. 그 외에도 한 꼭짓점에서 만드는 각의 합이 360도가 되려면 세 종류를 초과해서는 구성할 수 없다는 점도 관찰할 수 있다(예를 들어 삼각형(60°)과 사각형(90°)을 하나씩 사용하면 남는 각이 210도가 되는데 이것을 다른 두 종류를 이용해서 채울 수가 없다. 사각형(90°)과 육각형(120°)을 한 번씩 사용하는 경우에도 남는 각이 150도가 된다). 사용되는 정 다각형을 각각 $n_1, n_2, \cdots, n_r$ 이라고 하면 이것들의 내각의 합이 360도($=2\pi$)이므로 위에서 본 정 n다각형의 한 내각의 크기가 $\pi\left(1-\frac{2}{n}\right)$인 것을 이용하면 다음 식을 만족해야 한다.

$$\frac{n_1-2}{n_1}+\frac{n_2-2}{n_2}+\cdots+\frac{n_r-2}{n_r}=2,\ n_k\geq 3, r\geq 3$$

이 식을 몇 경우로 나누어서 (힘들게) 풀고 나서, 평면을 주기적으로 채우는 경우만 고르면 8가지가 나온다.

여기서도 테셀레이션의 이름 {3,3,3,3,6}은 한 꼭짓점에서 만나는 다각형의 모서리의 개수를 뜻한다. 이때 가장 작은 수의 모서리를 가진 다각형에서 시작하는 것이 관례이다. 그러니까 {3, 12, 12}라고 부르지 {12,12,3}이라고 하지는 않는다.

3. 쌍곡 평면의 정규 테셀레이션

쌍곡 평면(푸앙카레의 디스크)을 정 다각형으로 타일링 하는 방법은 유클리드 평면과는 달리 무수히 많은 방법이 있다. 쌍곡 평면에서 삼각형의 내각의 합은 180도 보다 작다는 사실을 이용한다. 앞에서 한 것처럼 $\{n, k\}$를 이용해서 식을 세우면, 이때는 다음과 같다.

$$\frac{1}{k}+\frac{1}{n}<\frac{1}{2}$$

이 경우는 무수히 많은 n과 k가 방정식의 해가 된다. 다음은 쌍곡 평면의 정규 테셀레이션의 몇 가지 예들이다.

기억할 점은 오각형의 모서리들이 곡선처럼 보이지만 실제로 이것들은 모두 직선이라는 점이다. 그리고 가운데 위치한 오각형이 더 크게 보이지만 실제로 이들은 모두 동일한 크기를 가졌다는 점이다(앞에서 닮은 삼각형들은 실제로 합동이라는 것을 보았다).

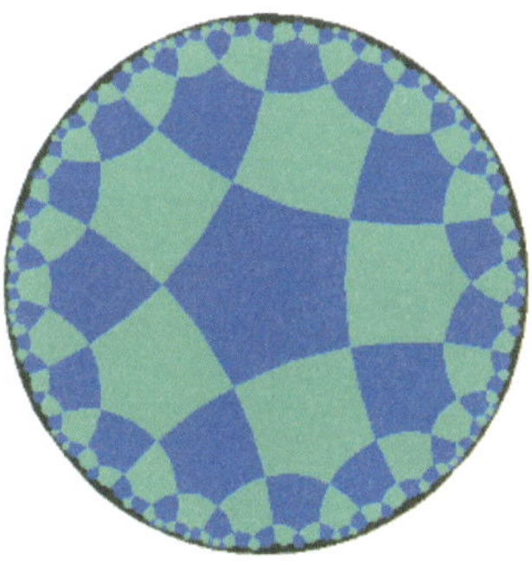

{5,4}-tessellation

{4,5}-tessellation

[그림] 쌍곡 평면의 타일링

http://aleph0.clarku.edu/~djoyce/poincare/poincare.html

4. 쌍곡 평면의 준 정규 테셀레이션

유클리드 평면과 마찬가지로 여기서도 두 가지 이상의 정 다각형을 사용하여 타일링 할 수 있다.

[그림] 쌍곡 평면의 준 정규 테셀레이션 {8,3}(좌), {7,3}(우)

생각 코너

Mathematics Museum

다음 쌍곡 평면의 테셀레이션들에 대하여 이름을 붙여 보시오.

정 n 다각형에서 한 내각의 크기 구하기

(1) 간단히 하기 위하여 정오각형을 예로 들어보자. 우리의 목표는 α를 구하는 것이다.

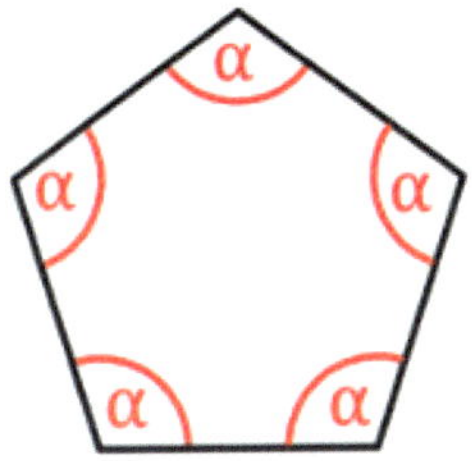

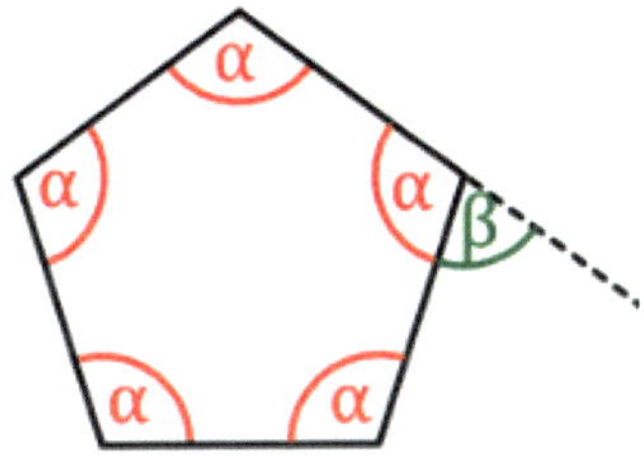

(2) 위의 그림에서 $\alpha+\beta=180$ 이다. 그러니까 β를 알면 α를 알 수 있다.

(3) 각 꼭지점에서 β를 그려본다.

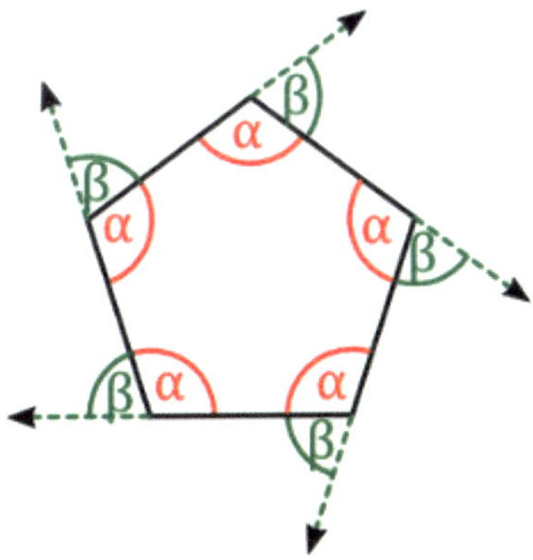

(4) 위에서 그린 n개의 외각 β를 아래 그림처럼 모두 모으면 360도가 된다.

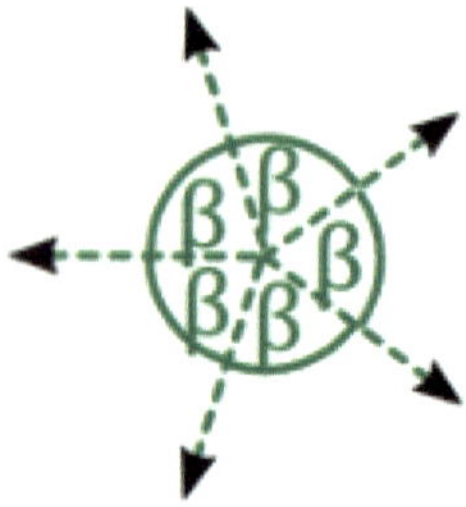

이것은 $n\beta=360$ 이라는 의미이다. 여기서 $\beta=\frac{360}{n}=\frac{2\pi}{n}$ 을 구한다.

(5) 위의 식(2)에서 $\alpha=180-\beta=\pi-\frac{2\pi}{n}=\pi\left(1-\frac{2}{n}\right)$ 이다.

08

피보나치(Fibonacci) 수열 다시 보기

우리는 앞에서 모델인 디타 본 티즈가 입은 3D 프린터로 제작된 최초의 드레스에 피보나치 나선이 숨어있다는 것을 보았다.

1, 1, 2, 3, 5, 8, 13, 21, 34,....

위와 같이 주어지는 수열이 피보나치수열이다. 이 수열의 패턴을 관찰해 보면 4 번째 항은 $3=1+2$, 5번째 항은 $5=2+3$으로 그 앞에 나오는 두 항을 합한 것임을 알 수 있다. 우리는 이것을 일반화하여 다음과 같이 표현할 수 있다. 수열의 n 번째 항을 f_n이라고 하면, 다음이 성립한다.

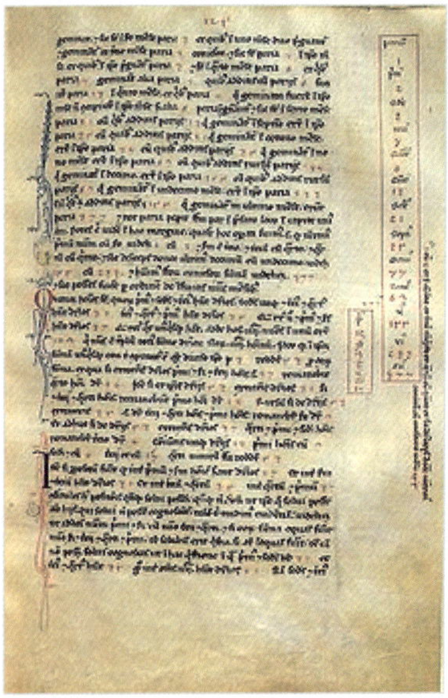

Liber Abach

source : wikipedia

$$f_0=1,\ f_1=1,\ f_n=f_{n-1}+f_{n-2},\ n\geq 2 \tag{1}$$

피보나치는 1202년 Liber Abach라는 자신의 책에서 생물학적으로는 불가능하지만 토끼의 수가 다음의 규칙을 따라서 증가할 때 시간에 따른 토끼의 수의 변화를 다음과 같은 수수께끼를 통하여 질문하였다.

들판에 갓 태어난 한 쌍의 토끼(암컷과 수컷)를 풀어놓는다. 토끼들은 한 달 뒤에는 짝짓기를 할 수 있고, 두 번째 달의 마지막 날에 한 쌍의 토끼가 태어난다. 토끼들은 결코 죽지 않으며, 짝짓기를 하면 항상 암수 한 마리씩을 낳는다. 그 새끼들도 다시 두 번째 달의 마지막 날에는 새로운 새끼를 낳는다. 이런 방식으로 새로운 쌍들이 태어나면 일 년 뒤에는 토끼의 수는 몇 마리가 되는가?

직접 계산해보면 매달 토끼의 수가 어떻게 변하는지 확인해 볼 수 있다:

처음에 토끼는 한 쌍에서 시작한다.

한 달 후에는 토끼의 수는 아직 한 쌍이다.

두 달째의 마지막 날에는 새로운 쌍을 낳았기 때문에 토끼의 수는 2쌍이 된다.

세 번째 달의 마지막 날에는 원래 토끼들이 또 새로운 쌍을 낳아서 토끼의 수는 모두 3쌍이다.

네 번째 달의 마지막 날에는, 원래의 토끼들이 새로운 쌍을 낳고, 두 달 전에 태어난 토끼들도 쌍을 낳아서 5쌍이 된다.

1, 1, 2, 3, 5, 8, 13, 21, 34, 55, 89, 144, 233, 377, 610, 987, 1597, 2584, 4181, ...

위의 수열이 피보나치수열이다. 이 수열의 항들은 그 보다 앞선 두 항을 더해서 만들어 진다.

그런데 피보나치수열은 인도에서는 A.D. 600~800년경에 Virahanka 가 저술한 산스크리스트어로 시를 지을 때의 운율법에서 이미 등장한다. 시를 지을 때 짧은 한 음절(1)과 긴 두 음절(2)만 사용한다는 제약을 준다면, 길이가 n인 음절을 만드는 경우의 수가 피보나치수열의 n번째 항이다. 여기서는 $n \geq 1$ 이다. 이 경우에도 다음 그림을 이용하여 생각해보자.

편의상 작은 정사각형은 1(한 음절)을, 두 개짜리 도미노는 2(두 음절)를 나타낸다고 하자.

(1을 나타냄)

(2를 나타냄)

이 때 예를 들어 $n=4$ 일 때, $f_4=5$ 라는 값은 네 개짜리 타일을 1과 2를 사용해서 덮는 방법이다(혹은 다섯 음절짜리 시구를 한 음절과 두 음절을 이용해서 만드는 방법이다). 그 경우는 다음과 같이 5가지가 있다.

1 + 1 + 1 + 1

2 + 1 + 1

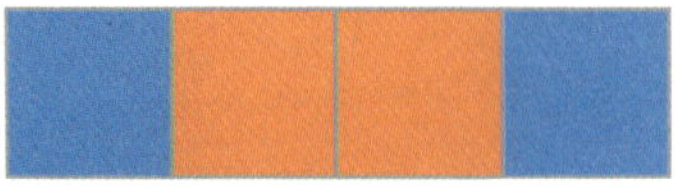

1 + 2 + 1

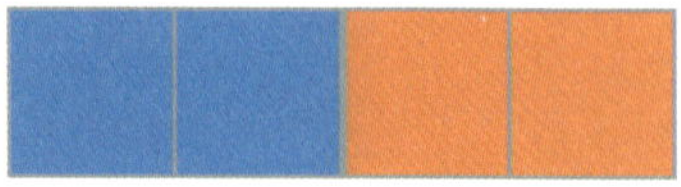

1 + 1 + 2

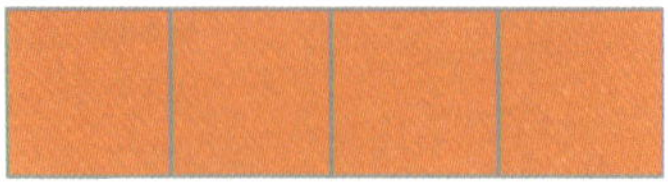

2 + 2

음절의 총 길이	경우의 수
2	(1, 1), (2)
3	(1, 1, 1), (1, 2), (2, 1)
4	(1, 1, 1, 1,), (1, 2, 1), (2, 1, 1,), (1, 1, 2), (2, 2)
5	(1, 1, 1, 1, 1), (1, 2, 2), (2, 2, 1), (2, 1, 2), (1, 1, 1, 2), (1, 1, 2, 1) (1, 2, 1, 1), (2, 1, 1, 1)

먼저 $f_n = f_{n-1} + f_{n-2}$ 라는 사실을 확인해 보자.

이제 처음에 한 것처럼 n개의 조각으로 된 판을 하나짜리 정사각형과 두 개짜리 직사각형(도미노)을 가지고 타일링 하는 방법을 f_n 이라고 부르자. 어떤 경우에도 출발은 하나짜리 정사각형이거나 두 개짜리 도미노이다.

정사각형을 가지고 첫 번째 사각형을 타일링 하면, 그 경우에는 나머지 $n-1$개의 판이 남는다. 이것은 f_{n-1}가지의 경우를 갖는다. 만일 처음을 직사각형(도미노)를 이용해서 타일링하면, 그 때는 $n-2$개의 판이 남는다.

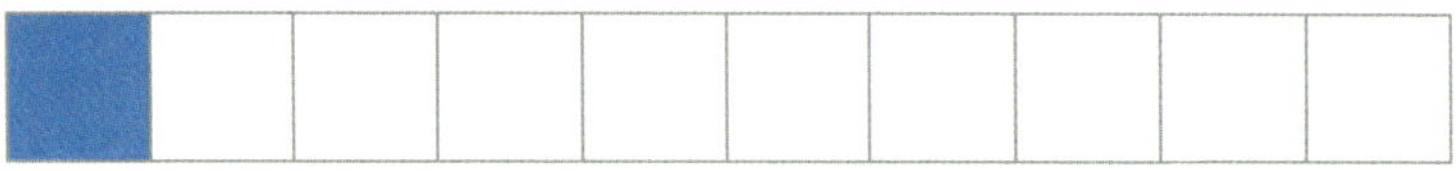

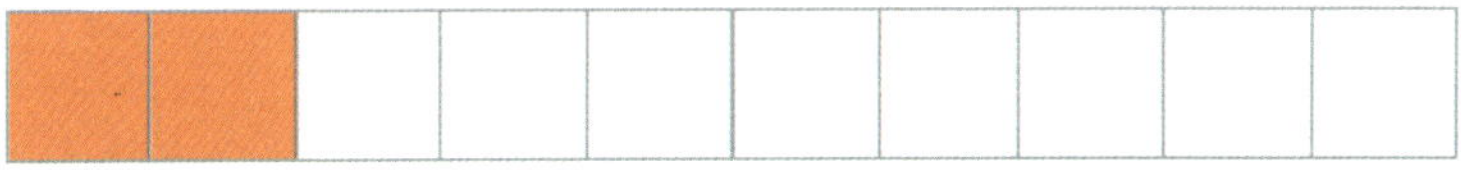

그러니까 n개의 판을 타일링 하는 총 경우는 $f_n = f_{n-1} + f_{n-2}$가 된다.

우리가 이해한 사실들을 사용해서 다음의 몇 가지 성질들을 그림으로 유도해보자.

성질 1. $f_{m+n} = f_m f_n + f_{m-1} f_{n-1}$

이 성질을 이해하기 위해서 우리가 앞에서 이용한 판을 사용하면 훨씬 단순해진다.

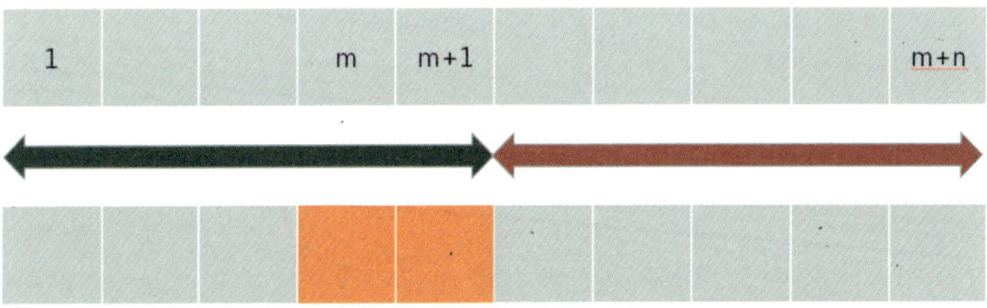

[그림] m 번째와 $m+1$ 번째 조각이 도미노로 타일링 된 경우

위의 첫 번째 그림처럼 $m+n$ 개의 조각들로 만들어진 판이 있다. 그림처럼 m 번째를 구분하였다. 그러면 그 뒤에는 n개의 조각으로 이루어진 판이 남게 된다. 이 때 두 가지 경우를 생각해 보자. m 번째 조각과 $m+1$ 번째 조각이 직사각형(도미노)으로 타일링 된 경우와 아닌 경우이다. 만일 이 두 조각이 도미노로 타일링 되지 않았다면, 앞의 m개

의 판을 타일링 하는 방법은 f_m 가지이고, 뒤의 n개의 판을 타일링 하는 방법은 f_n 가지이다. 그러므로 이 경우에 $m+n$ 개의 조각들로 만들어진 판은 $f_m f_n$ 가지 방법으로 타일링 할 수 있다. 반대로 이 두 조각이 도미노(직사각형)로 타일 되었다면(앞의 그림에서 아래 경우), 이때는 앞의 판은 $m-1$ 개의 조각이 남아있고, 뒤의 판에는 $n-1$ 개의 조각이 남게 된다. 그러므로 두 판을 타일하는 방법은 각각 f_{m-1}, f_{n-1} 가지이고, 전체적으로 $f_{m-1}f_{n-1}$ 가지 방법이 있다. 이 두 경우를 더하면 $m+n$ 개의 조각들로 만들어진 판을 타일하는 방법은

$f_{m+n}=f_m f_n+f_{m-1}f_{n-1}$ 이 된다.

또 다른 놀라운 성질은 다음과 같다.

성질 2. $f_0+f_1+f_2+\cdots+f_n=f_{n+2}-1$

이 사실도 앞에서 사용한 정사각형과 직사각형 도미노를 이용하여 보이려고 한다. 여러분도 이제 이 방식에 익숙해 졌으면 판을 그려보면 어떨까? 이 때 판의 개수는 $n+2$ 개여야 할 것이다.

(우변) 먼저 우변을 관찰하면 f_{n+2} 가 나타난다. 이것은 우리가 정의한 대로 $n+2$ 개로 된 판을 타일링하는 방법이다.

(좌변) $f_0+f_1+f_2+\cdots+f_n$ 이 의미하는 것은(우리의 정의가 뜻하는 바로는), f_1 은 한 개 조각으로 된 판을, f_2 는 두 개 조각의 판을, 그리고 f_n 은 n개짜리 판을 타일링하는 방법이다.

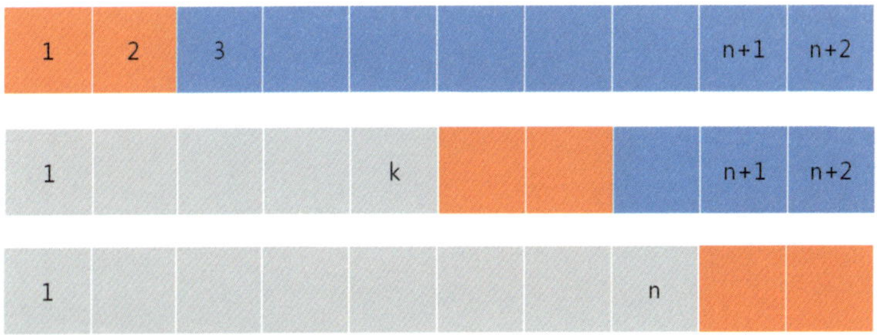

[그림] $n+2$ 개의 타일을 칠할 때 마지막 도미노가 제일 뒤($n+1, n+2$)에 있는 경우(세 번째), $k+1, k+2$ 에 있는 경우(가운데), 제일 앞($1, 2$)에 있는 경우

좌변의 식은 우리가 사용하는 직사각형 도미노 중에서 마지막 도미노의 위치가 어디인가에 따라서 나머지 판을 타일링 하는 경우의 방법을 구한 것이다!

그러니까 도미노로 제일 마지막 두 조각($n+1, n+2$ 번째 조각)을 타일링 한다면, 그 경우에 나머지는 n개의 조각으로 이루어진 판이고, 이것을 타일링하는 방법은 f_n 이다. 이번에는 도미노로 n번째와 $n+1$ 번째 조각을 타일링 했다면, 그 경우에 나머지 조각을 타일링 하는 방법은 f_{n-1} 이다. 이렇게 도미노를 끝에서부터 자리를 하나씩 왼쪽으로 옮겨가면서 각 경우에 타일링 하는 방법을 구한 것이 좌변에 있는 값이다.

$$f_0+f_1+f_2+\cdots+f_n$$

도미노가 제일 앞에 위치한 경우가 f_0 이다. 우리가 일단 마지막 도미노의 위치를 결정하면 그것의 오른쪽을 어떻게 타일링 할 것인가는 걱정할 필요가 없다. 왜냐하면 이것이 우리가 사용하는 마지막 도미노 조각이니까, 그 뒤는 반드시 정사각형으로 타일링 해야 하고, 그 방법은 한 가지다. 그렇다면 우변에서 1은 어디서 온 값일까? 실제로는 도미노를 전혀 사용하지 않고 정사각형만 가지고 타일링 하는 경우(한 가지)도 고려해야 하기 때문에 좌변에 1을 더해 주어야 한다.

$$f_0+f_1+f_2+\cdots+f_n+1=f_{n+2}$$

이 식과 증명하는 방법은 여러분의 머릿속에 오랫동안 남아있지 않을까?

이제 피보나치수열의 또 다른 반전 패턴을 소개하려고 한다.

피보나치수열에서 모든 항을 7로 나눈 다음에 그 나머지만 써 보자. 피보나치수열의 각 항을 f_n 이라 부르고, 나머지로 만든 새로운 수열을 a_n 이라고 하자. a_n은 아래 표의 둘째 행에 나타난다.

1	1	2	3	5	8	13	21	34	55	89	144	233	377	610	987	1597	2584	4181
1	1	2	3	5	1	6	0	6	6	5	4	2	6	1	0	1	1	2

이렇게 나머지만 쓴 두 번째 수열에서 과연 어떤 패턴들을 발견할 수 있을까? 처음에 1, 1, 2, …로 시작하는 이 두 번째 수열은 17번째 항부터 다시 1, 1, 2, 3 … 으로 되돌아가면서 반복된다. 그러니까 이 수열은 주기가 16인 수열이다. 한 가지 흥미로운 성질이 더 있는데 이렇게 나머지만 모아놓은 수열도 모든 항은 앞의 두 항을 더해서 7로 나눈 나머지라는 사실이다. 예를 들면 $a_4=3, a_5=5$다. 이 때 $a_4+a_5=3+5=8$을 7로 나눈 나머지가 1인데, 이 값이 a_6 인 것이다.

그렇다면 이 사실은 7로 나눈 경우에만 성립할까? 이번에는 피보나치수열의 항들을 5로 나누어서 나머지만 써 보자. 그리고 그 수열을 b_n 이라고 부르자.

1	1	2	3	5	8	13	21	34	55	89	144	233	377	610	987	1597	2584	4181
1	1	2	3	0	3	3	1	4	0	4	4	3	2	0	2	2	4	1

이 경우에도 $b_{n-2}+b_{n-1}$을 구한 다음에 5로 나눈 나머지가 b_n이 된다. 이제 트릭을 알면 항들을 일일이 나누어서 나머지를 쓰는 대신에 앞의 두 항을 더한 다음에 5로 나눈 나머지만 써 주면 된다(!). 또 이 수열의 경우에도 주기성이 있는데, 이때는 주기가 20이다.

1774년 수학자 라그랑쥬Joseph Lagrange는 피보나치수열을 n으로 나눈 다음에 그 나머지를 가지고 새로운 수열을 만들면 위와 같이 주기성이 있고, 각 항은 앞의 두 항을 더한 다음에 다시 n으로 나눈 나머지라는 성질을 발견하였다.

피보나치수열의 흥미로운 성질은 이것으로 끝이 아니다.

성질 3. n이 m의 약수이면 f_n 도 f_m 의 약수다.

위의 수열 f_n에서 $n=5$인 경우를 보자. $f_5=5$ 이다. 그리고 5는 10과 15의 약수다.

위의 사실을 확인해 보면 $f_{10}=55$, $f_{15}=610$이다.

피보나치수열에는 또 어떤 남모르는 비밀이 숨어있을까?

생각 코너

Mathematics Museum

피보나치수열을 8이나 9로 나눈 나머지로 새로운 수열을 만들어보자. 이제 그 수열에 과연 어떤 주기성이 있는지 확인해 보자. 피보나치수열을 다른 값으로 나눈 나머지에 대하여도 위의 성질이 성립할지 생각해 보자.

"수학은 '인간의 이해'라는 예술이다
(Mathematics is an art of human understanding)"

– William Thurston –

"수학을 추구하는 것은 인간 정신의 신성한 광기이다
(The pursuit of mathematics is the divine madness of human spirit)"

– Alfred Whitehead –

6

수학과 인간

Mathematics
Museum

Mathematics of Life

Life + LOVE = 행복 .... ①
Life − LOVE = 슬픔 .... ②
① + ② = 2 LIFE = 행복 + 슬픔 .... ③
③ 으로부터
LIFE = $\frac{1}{2}$ (행복 + 슬픔)

01
추상적인 추론이 누구에게나 어려운 이유

여러분 앞에 네 장의 카드가 놓여있다. 각각의 카드에는 한쪽 면에는 숫자가 있고, 다른 면에는 색깔이 칠해져 있다. 우리가 볼 수 있는 것은 둘 중에서 한 면 뿐인데, 그것들 중에서 두 장의 카드는 각각 숫자 1과 6이 써졌고, 나머지 두 장의 카드에는 빨강색, 보라색으로 칠해져 있다. 그런데 이 카드들에는 다음과 같은 규칙이 있다. “카드의 한쪽 면에 짝수가 써져있으면, 그 반대쪽 면은 반드시 보라색이어야 한다.” 카드들이 이 규칙을 따르는지 확인하기 위해서는 어떤 카드를 뒤집어야 할까?

다른 문제를 하나 더 보자. 이번에는 카드의 규칙이 “앞면에 알파벳 S가 있으면 뒷면에는 숫자 3이 나와야 한다.”

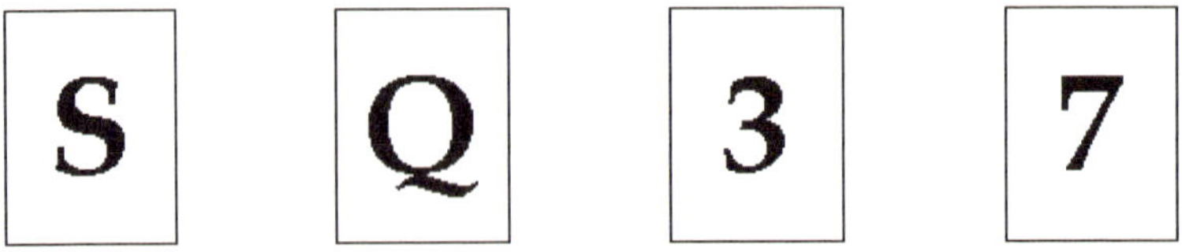

여러분이 어떤 카드를 선택하였는지 궁금하다.

"웨이슨 카드 선택 문제Wason Selection Test"라고 부르는 이 문제는 심리학자인 피터 웨이슨peter Wason이 1966년에 인간의 논리적인 추론 능력을 테스트하기 위해서 도입된 문제들 중 하나이다. 그런데 이 테스트는 원래 목적이 아닌 다른 실험에 더 많이 사용되었다. 이것은 우리가 잘 아는 조건적 규칙인 "*P*이면 *Q*이다"에 예외가 생길 때 그것을 간파하는 능력을 테스트 한다. 심리학자들이 조사한 통계에 따르면 첫 번째 문제에서 여러분들 중에서 70~80% 이상이 아마도 숫자 '8'을 선택했을 것이다. 그렇다면 그것은 정답의 절반만 맞춘 것이다.

이 문제가 특별히 관심을 받는 이유는 문제 자체가 어려워서가 아니라, 동일한 문제를 숫자와 같은 추상적인 상황이 아니라 일상적인 맥락으로 바꾸면, 이번에는 정답률이 80%가 넘기 때문이다. 동일한 문제를 다음 상황에서 살펴보자.

이제 규칙을 다음과 같이 바꾸어보자. '만일 당신이 알코올을 마시려면 당신의 나이는 18세가 넘어야 한다.' 그리고 카드는 한 면에는 나이(숫자)를, 다른 면에는 음료수가 그려져 있다.

앞의 그림 중 두 개는 15, 23세인 두 사람의 신분증을, 그리고 나머지 두 개의 카드는 다른 두 명이 마시는 음료수를 나타낸다면, 규칙을 따른다는 것을 확인하기 위해서 어떤 카드를 뒤집어야 하는가?

이 경우에 대부분의 사람들은 별 어려움 없이 15라고 써진 카드와 맥주 그림이 그려진 카드를 뒤집는다.

이제 처음 문제에서 숫자 6만 선택한 사람들도 다른 한 장의 카드(붉은색)도 선택해야 한다는 것을 이해했을 것이다. 이 문제를 연구한 심리학자들은 첫 번째 문제가 어려운 이유는 일상생활이나 경험에 의해서 배운 것이 아닌 추상적인 구조를 가졌기 때문이라고 설명한다. 또한 진화심리학의 이론을 빌려와 설명하면, 인간의 추론능력은 사회적인 상호관계 내에서 어떤 구체적이고 특수한 문제들을 해결하기 위해서 진화한 것이지, 상황이나 맥락과는 관계없는 일반적인 목적을 가진 메커니즘이 아니라는 주장이다.

한마디 덧붙이면 세 번째 문제를 해결하는 추론능력은 사기꾼이나 거짓말하는 사람을 탐지하는 능력에 기초를 두었다는 것이다. 속이는 것은 사회적으로 약속한 규칙, 예를 들면 '21세 미만이면 음주를 해서는 안 된다'와 같은 규칙을 따르지 않는 경우에 어떤 이익을 가져다 줄 수도 있다. 그래서 웨이슨Wason 문제를 '속이는 시나리오'로 바꾸면 대부분의 사람들은 문제를 더 잘 푼다고 한다. 위에서 본 음주 가능한 나이와 관련된 문제도 약간은 속이는 상황과 관련이 있다. 예를 들면 미성년자여서 클럽에 입장하지 못하는데도 어떻게 살짝 다른 사람의 주민 등록증을 빌린다든지 혹은 다른 방식으로 치팅cheating을 해서 들어갔다면, 왠지 으쓱해질 수 있을 것이다.

동일한 구조를 가진 문제를 어떤 경우에는 매우 쉽게, 그리고 어떤 경우는 어렵게 느끼는 이유가 무엇인지는 확실히 밝혀지지 않았지만, 수학은 많은 경우에 상황적인 맥락이 결여된, 혹은 추상적인 것을 다루기 때문에 어려울 수밖에 없는 것 같다.

예를 들어 미적분학을 배우는 대학생들에게 무리수 e와 관련된 내용을 소개할 때도 그런 경험을 하게 된다. 아래 식은 지수 함수 e^x의 정의와 관련된 식이다.

$$\lim_{n \to \infty}\left(1+\frac{x}{n}\right)^n = e^x$$

학생들은 위의 내용이 유도되는 과정을 분명히 배우지만 위의 식이 갖는 추상적인 형식에서 벗어나서 구체적인 개개의 문제와 직면할 때는 적용하는 것을 어려워한다. 위의 식은 $x=-1$일 때는 $\lim_{n \to \infty}\left(1-\frac{1}{n}\right)^n = e^{-1}$ 로 바뀌고, $x=2$인 경우에는 $\lim_{n \to \infty}\left(1+\frac{2}{n}\right)^n = e^2$ 으로 달라진다. 또 위 식에서 n은 임의의 자연수에 대하여 성립하기 때문에 n 대신에 $n+1$이 와도 성립하는 것이다. 즉

$$\lim_{n \to \infty}\left(1+\frac{x}{n+1}\right)^{n+1} = e^x$$

도 마찬가지로 성립한다. 추상적인 수식을 이해한 후에는 그것이 구체적이고 개별적인 사례들로 응용될 때 유연하게 사용할 수 있는 능력을 키우는 것이 중요하다. 수학을 잘 하는가의 문제는 결국 추상적으로 배운 원리를 구체적인 사례들에 응용할 수 있는 가에 달렸기 때문이다.

생각 코너

여러분이 인천 국제공항의 입국 심사관이라고 가정하자. 입국 심사를 하는 사람들은 어떤 양식을 제출해야한다. 이 양식의 한쪽 면에는 그 사람이 입국을 하는지 혹은 단순 경유인지를 알려준다. 양식의 뒷면에는 그 사람이 지난 6개월간 받은 예방접종 기록이 있다. 이 당시에 콜레라가 창궐해서 우리 정부에서는 "대한민국에 입국하는 외국인은 최근 6개월 내에 반드시 콜레라 접종을 해야 한다"는 조건을 만족하기를 원한다. 심사 시간을 단축하기를 원한다면 양식을 제출한 경우에 반대쪽 면을 반드시 확인해야 하는 경우를 고르시오(Cheng & Holyoak, 1985).

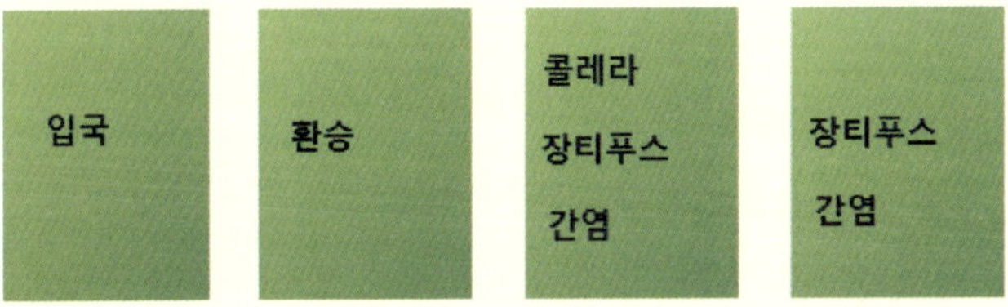

소스: psychologyinaction.org

02
동물들에게도 수 감각이 있을까

탄자니아의 국립공원에 무리들과 함께 사는 암사자가 한 마리 있다. 어느 날 암사자가 혼자 있는데, 어디선가 다른 침입자들의 포효하는 울음소리가 들려왔다. 암사자는 맞서지 않고 조용히 숨어있다. 다음 날 밤 암사자가 다른 네 마리의 자매들과 함께 있을 때, 이들은 침입자들의 울음소리를 또 듣는다. 암사자들은 서로의 눈을 쳐다보고는 싸울 준비를 하고 나선다. 암사자들이 울음소리를 따라 그 장소에 가보니 거기에는 어떤 침입자도 보이지 않았다. 이것은 1990년대에 심리학자들이 사자의 수 감각을 확인하기 위해서 진행한 일련의 실험이었다. 물론 침입자들의 울음소리는 사전에 녹음된 것이다. 실험을 준비한 과학자들의 예측은 어떠했는지 모르지만 암사자들은 녹음된 소리가 몇 마리인지를 정확하게 구분하였다. 그래서 그 수가 자신의 무리보다 적으면 공격할 태세를 갖추고, 자신들의 무리보다 많다고 생각하면 조용히 있는 편을 택한다는 것이 밝혀진 것이다.

오랫동안 일반인이나 학자들은 동물에게는 수에 대한 감각이 없다고 생각해 왔다. 그렇지만 최근에 진행된 연구들에 의하면 동물들은 본능적인 수 감각을 가지고 태어난다.

다음의 그림은 각 태어난 병아리의 수 감각을 확인하는 실험이다. 병아리나 오리는 태어날 때 처음 보는 대상을 어미로 생각하고 그것을 따라다닌다. 이것을 각인효과imprint라고 하는데 옆의 실험은 그 각인효과를 이용한 것이다. 이탈리아의 토렌토Torento 대학의 로사 루가니Rosa Rugany연구팀은 갓 태어난 병아리들을 다섯 개의 동일한 물체들(그림에서 스크린 뒤에 감춘 공)과 함께 키워서 병아리들에게 이것을 어미로 각인시켰다. 그런데 과학자들이 이 공을 두 개와 세 개로 나눠서 위의 그림처럼 스크린 뒤에 감추는 것을 보여주면, 병아리들은 더 큰 수의 공을 찾아서 나서곤 했다. 병아리들은 어미는 두 개의 물체가 아니라 셋이라고 느끼는 것이었다. 연구팀은 물체를 감출 때 숫자들을 이렇게 저렇게도 바꾸어도 보았는데 병아리들은 항상 큰 수를 찾아다녔다.

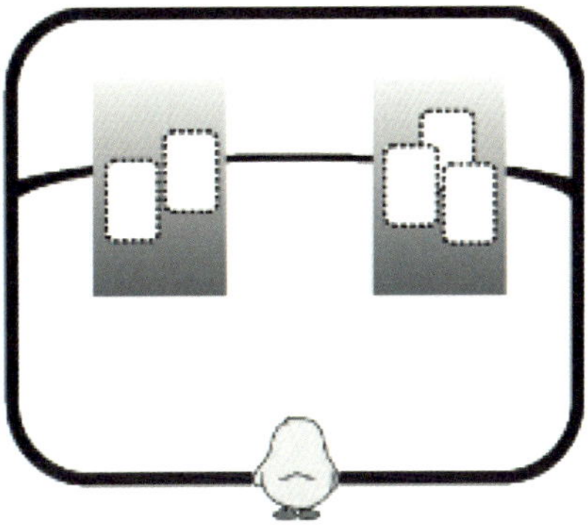

소스: Rosa Rugany외(2009)

뉴질랜드의 빅토리아 대학의 케빈 박사 팀도 흥미로운 실험을 하였다. 이들은 야생동물 보호구역에 사는 개똥지빠귀(울새)들에게 통나무에 구멍을 뚫으면서 각각 숫자가 다른 애벌레들을 통나무 속에 숨기는 장면을 보여주었다. 그리고 나서 몰래 관찰해보면 새들은 애벌레를 가장 많이 숨긴 장소로 먼저 날아갔다. 그 뿐만 아니라, 연구팀이 새들을 속이기 위해서 애벌레를 가장 많이 숨긴 장소에서 몇 개를 빼돌리면, 새들은 그 사라진 애벌레들을 찾기 위해서 시간을 두 배나 투자하며 통나무 속을 뒤지곤 했다.

아마 이쯤 되면 여러분들은 동물들도 수 감각이 있구나 하고 믿게 될 것이다. 이런 사례는 수 없이 많다. 동물들에게 수 감각이 반드시 필요한 이유를 여러 측면에서 생각해 볼 수 있을 것 같다. 동물들의 수 감각은 모두 생존과 직결된다. 동물들은 인간처럼 숫자 개념을 가진 것은 아니다. 이들은 머릿속에서 우리처럼 하나, 둘, 셋… 하고 세는 것은 아니다. 그렇지만 동물들은 숫자를 하나씩 세지 않고도 (작은)수의 크기를 직관적으로 이해하는 능력을 본능적으로 가지고 태어난다. 위에서 본 암사자의 경우처럼 경쟁하는 집단의 크기를 파악해야 방어와 공격 사이에서 결정을 내릴 수 있다. 또 먹이를 찾아다니는 동물들은 현재 그들이 찾은 먹이에 만족하고 그 장소에 남을 것인지 혹은 다른 곳으로 이동하는 것이 나은가를 판단할 때도 수 감각이 필요하다.

그러면 그 다음에 당연히 떠오르는 질문은 "그럼 인간은 어떤가?"이다. 인간이 숫자를 발명한 것은 인류의 긴 역사와 비교하면 그다지 오래된 것이 아니다. '하나, 둘, 셋…' 같은 수 단어나 1, 2, 3과 같은 숫자는 인간이 정착 생활을 하고, 인간관계가 점점 복잡해지는 사회 속에서 살게 되면서 문화적인 요구에 의해서 발명된 것이다. 그렇지만 수에 대한 감각 자체는 훨씬 오래된 것이고, 인간이 발명한 것이 아니라 태어날 때부터 본능적으로 가지고 태어나는 것 같다.

6개월 된 아기들의 수 감각을 알아보는 실험들은 여러 가지가 있는데 그 중에서 스타(Star et al.) 교수 연구팀(2013)의 결과를 소개하면 다음과 같다. 두 개의 컴퓨터를 준비해서 한 컴퓨터의 스크린에는 점들의 개수가 10개에서 20개 까지 시간에 따라 바뀌도록 조작하고, 다른 스크린은 점의 개수는 바뀌지 않고 크기만 바뀌도록 조작한다. 그리고 아기들이 어떤 스크린을 더 오래 주시하는가를 알아보는 실험을 해 본다. 이 실험에서 대부분의 아기들은 점의 크기가 바뀌는 스크린보다는 숫자가 바뀌는 스크린을 더 오래 주시하였다. 결국 생후 6개월 된 아기들도 본능적인 수 감각이 있기 때문에 집합의 크기가 바뀌는 것을 감지한다는 결과다. 하나씩 세지 않고도 집합의 크기를 대략적으로 아는 "근사적인 수 감각"이 머릿속에 내장되어 있기 때문에 이것을 기초로 우리는 성장하면서 수 단어를 배우고 숫자를 기호로 배울 수 있게 된다.

불행히도 이 능력을 가지고 태어나지 못하는 경우가 있는데, 이 경우는 "발달상의 계산 장애dyscalculia"라는 고생을 하게 된다. 이런 경우가 전체 인구의 5% 정도라는 보고가 있다. 그렇지만 인간은 열 개의 손가락에서 출발해서 무한을 생각해 냈고, 그것에 대해서 자유롭게 이야기도 하는 존재이다. 여러분도 스스로 생각한 것보다 더 어릴 때부터 무한을 자연스럽게 생각해 왔다고 이야기 하면 안 믿어질까? 어릴 때 본 만화영화 중에 "토이 스토리"를 생각해 보면 된다. 로봇 인형인 버드가 공중으로 비상하기 전에 항상 외친 말은 바로 "무한 그 넘어infinity, and beyond!"였다. 어릴 때는 별 생각 없이 "무한 그 넘어"를 들으면서 신이 났을지 모르지만 그 무한은 수학뿐만 아니라 과학과 예술, 그리고 철학 속에서 계속 등장하면서 우리를 감탄하게도 하고 애태우기도 한다.

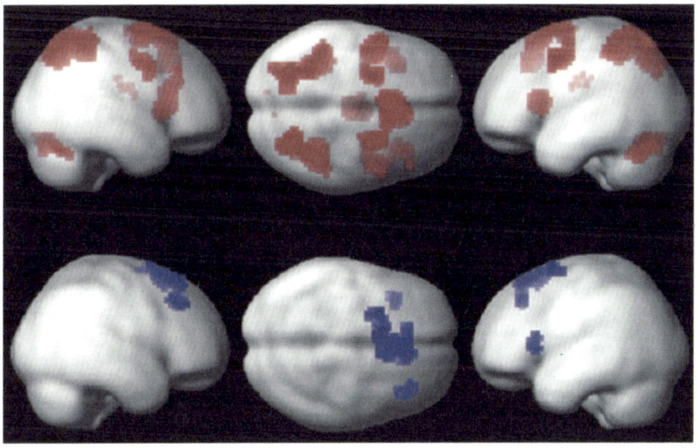

[사진] (Kucian et al., 2011)

위의 사진은 8~10세의 일반적인 아동(붉은색)과 '발달상의 계산 장애'Dyscalculia 아동들(푸른 색)이 암산을 하면서 찍은 fMRI 영상 촬영에서 활성화의 차이를 보이는 영역들이다. 계산 장애Dyscalculia 아동들은 위 전두엽에서 주된 활성화를 보이지만 전형적인 발달을 보이는 아동들은 전두엽과 두정엽(정수리 바로 아래 뒤쪽부분)이 모두 활성화 된다. 이 의미는 계산 장애 아동들은 계산을 위해서 두뇌 자원을 적절하게 사용하지 못한다는 뜻이다. 그러나 계산 장애 아동들도 몇 주간의 집중 훈련에 의해서 기능이 향상된다는 증거들이 나오고 있으며 이들을 위한 다양한 훈련 프로그램도 외국에서는 선보이고 있다.

최근의 수학교육 분야에서 연구 동향은 수학 영재들을 대상으로 하는 연구들이 많지만, 필자는 오히려 수학학습장애에 관심이 많다. 수학 영재들은 어떤 면에서는 가르치는 교사나 부모보다도 포텐셜이 높기 때문에 조금만 도와주면 쑥쑥 발달한다. 그래서 나까지 수학영재에 관심을 가질 필요는 없을 것 같았다. 어느 날 우연히 내가 쓴 논문들 중에서 어떤 것을 사람들이 많이 읽었을까 호기심이 생겨서 검색해 보고는 깜짝 놀라는 경험을 하였다. 필자가 쓴 논문 중에서 사람들이 가장 많이 읽은 논문은 순수수학 분야가 아니라 수학학습장애가 발생하는 원인을 신경학적으로 분석한 것이었다. 생각해 보면 수학을 잘하는 사람보다는 수학을 어려워하고 수학 때문에 고통 받는 학생들이 더 많은 것이 사실이다. 그것을 알고 나서 '좀 더 열심히 연구해서 논문을 잘 쓸 걸'하는 생각도 들었다. 그런데 수학학습 부진이나 장애의 경우에도 조기 진단이 매우 중요하다. 이것이 동기의 문제인지 학습량 자체가 부족한 것이 원인인지, 혹은 일반적인 학습부진과 함께 발생하는지를 확인해야 한다. 초등학교 고학년 정도가 되었다면 일반적인 학습부진과는 별개로 산수에 국한된 문제인지도 확인할 필요가 있다. 지능은 정상이면서도 수학에만 특정해서 학습장애가 나타나는 경우도 인구의 5% 정도이기 때문이다.

03

머리 부상 후에 수학적 재능을 얻은 남성

[그림] JP(fractal interference)(personal permission)

어느 날 당신이 길을 가다가 강도들에게 습격을 받는 사고가 발생했다. 그들은 당신의 머리를 마구 때리고 당신이 입고 있는 가죽 재킷을 빼앗아 도망갔다. 얻어맞을 때 머릿속에서는 하얀 섬광이 일어났고, 고통에 무릎을 꿇고 쓰러진다. 몇 시간 뒤 응급실에서 정신이 돌아오자 의사 선생님은 뇌진탕이었다고 이야기를 듣는다. 그런데 다음 날 아침, 당신이 잠을 깨니 갑자기 세상이 달라져 보인다. 바라보는 모든 사물에서 수학적 공식의 현존을 보게 되고 당신은 이제 연필과 직선으로 그것을 표현해내지 않고는 못 배긴다. 이런 일이 실제로 가능하다고 생각이 드는지 궁금하다. 이 모든 것은 2002년 미국 워싱턴 주에 사는 JP라는 당시 32세의 남성에게 실제로 일어난 일이다. 그는 가라오케 바 밖에서 괴한들에게 머리를 구타당했고, 그 이후 공감각synesthesia과 사반트 증후군, 그리고 외상 후 스트레스 장애, 사회 부적응 증상을 겪었다.

그가 세상을 보는 방식은 특이하다. "나는 세상 모든 곳에서 형상과 각 앵글angle을 봅니다. 무지개의 기하적인 현상에서부터 물이 수도꼭지에서 내려올 때는 크리스털과 같은 패턴을 발견합니다. 숫자는 내 마음에 각기 다른 색깔의 기하학적 형태를 연상시키고, 나뭇가지의 움직임은 미세한 프랙털 이미지로 다가옵니다(Washinton Post 인터뷰, 2014년)." 전형적인 공감각[1]synesthesia 현상을 보여준다. 그에게 지각percption이란 비디오의 STOP 버튼을 누군가가 매우 빠른 속도로 켰다-껐다on-off를 반복해서 개개의 사진들이 선으로 연결되어 실시간으로 다가오는 것과 같다. 그는 학창 시절에는 공부와는 담쌓은, 수학이라고는 중학교 수준의 대수학algebra 이상은 배우지 않았고 커뮤니티 칼리지를 중퇴한 상태였다. 그러나 사고 이후에 그에게는 세상을 기하학적인 렌즈로 보는 능력이 갑자기 분출했다. 어느 날 그가 쇼핑 몰에서 그림을 그리는 것을 본 물리학 교수가 그에게 수학을 공부해보라고 권했고, 그는 현재 대학에서 정수론을 전공하고 있다. 그를 수학의 천재라고 불러야 할까?

기자들이 그의 그림을 "Math Bytes"의 저자인 노스캐롤라이나 대학교의 수학과 컴퓨터 공학을 전공하는 Tim Chartier 교수에게 보여주었을 때, Tim Chartier 교수는 "실제로 존재하는 모델이 전혀 없는데도 불구하고 세상을 이런 방식으로 본다는 것은 정말 놀라운 일이지요. 이것이 천재성이냐고요?, 사실 우리가 그 단어를 사용할 때는 좀 더 신중할 필요가 있어요. 물론, 이런 것을 볼 수 있다는 면에서는 Yes입니다."

JP는 Tim Chartier 교수에게는 인도의 천재 수학자인 라마누잔Srinivasa Ramanujan을 떠올린다. 라마누잔은 정규 교육을 전혀 받지 않았음에도

1. 감각적이거나 인지적인 한 가지 자극을 받을 때 그것이 두 번째 감각적 혹은 인지적 자극으로 자동적으로 연결되는 경우를 의미한다. 특정한 숫자가 공간적인 장소와 연결이 된다든가, 혹은 문자가 색과 연결되는 경우 등 발생하는 형식은 다양하다.

정수론에 큰 기여를 한 20세기 초의 인물이다. Chartier 교수는 JP가 세상을 그만의 독특한 방식으로 본다는 것은 놀라운 일이지만, 그가 필드상을 받으려거나(40세가 넘어서 이제는 불가능하다), 혹은 뛰어난 수학자의 대열에 이름을 올리려면 그를 이해하고 지도할 수 있는 수학자의 도움을 받아야 할 것이라고 말을 맺는다.

이렇게 사고나 심각한 부상 후에 예술이나 작곡에서 특별한 능력을 갖게 된 경우가 의학계에 보고 된 것은 현재까지 40건을 넘지 않는데, 기하와 예술, 그리고 공간적 능력을 함께 갖게 된 경우는 그의 사례가 처음으로 알려졌다. JP는 한동안 사회적 부적응으로 고생을 하다가 마침내 위스콘신에 있는 정신과 의사인 트래퍼트Darold Treffert 박사와 연락을 하게 된다. 트래퍼트 박사는 영화 레인맨의 실제 모델이었던 킴 픽Kim Peek을 진단한 세계적인 명망 있는 의사인데, 그는 사반트 증후군이라는 이름을 처음 세상에 알린 분이다. 트래퍼트 박사는 JP를 사반트 증후군으로 진단하였다. 그 후에 트래퍼트 박사의 소개로 2011년 핀란드에 있는 브로가드Berit Brogaard 교수팀이 그를 초대해서 공감각 능력에 대한 테스트를 실시하고 여러 가지 수학 공식들(피타고라스 정리나 x^2, $\sqrt{x}$와 같은 간단한 공식들)을 보여주면서 fMRI로 뇌 영상촬영을 실시하였다.

브로가드 팀의 연구 결과는 2013년 Neurocase라는 저널에 실렸다. 뇌 영상촬영에 의하면 JP의 뇌는 아래 그림과 같이 수학공식을 보았을 때 좌반구에 국한되어서 활성화가 일어났다. 이 영역은 그에게 어떤 이미지를 연상시키는 것으로 보인다. 그 중에서 스파크가 가장 강한 곳이 좌반구 두정엽 부위(아래 사진 참고)였다. 두정엽은 수 연산이나 공간감각과 같은 수학적 사고를 할 때 활성화 되는 영역이다. 물리적인 세계에 존재하는 어떤 사물에 대하여 공간적인 이미지를 연상하거나 공간적인 변환(심적회전이나 전개도 접기)을 머릿속에서 수행할 때는 일반적인 경우에는 우반구의 두정엽이 활성화 되지만 그의 경우는 반대였다.

이에 대해서 Yomogida(2004) 박사 등은 좌반구 전두엽이나 측두엽은 실세계에는 존재하지 않는 새로운 대상(예를 들면 금빛 유니콘)을 언어로 묘사하고 상상해보라고 할 때 활성화된다고 보고한 적이 있다. 고백하건대 필자는 아래와 같은 수학 공식을 보았을 때 머리 속에서 어떤 특별한 이미지가 떠오르지는 않는다. 아마도 나는 수학 공식이나 기호를 심상으로보다는 일단 분석을 한 후에 수학적인 문맥 속에서 이해하려는 경향이 더 강한 것 같다.

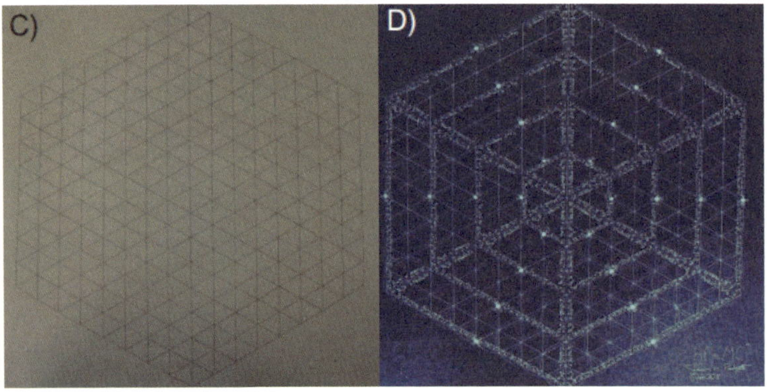

[그림] JP가 3^9 (왼쪽)과 $hf = mc^2$ (오른쪽) 공식을 보고 떠오른 이미지를 그린 그림

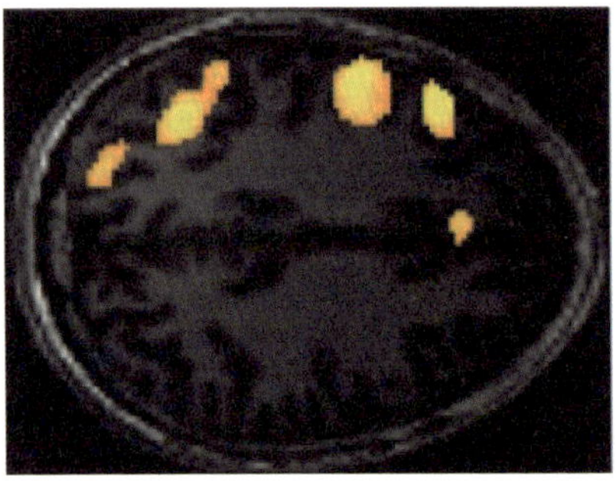

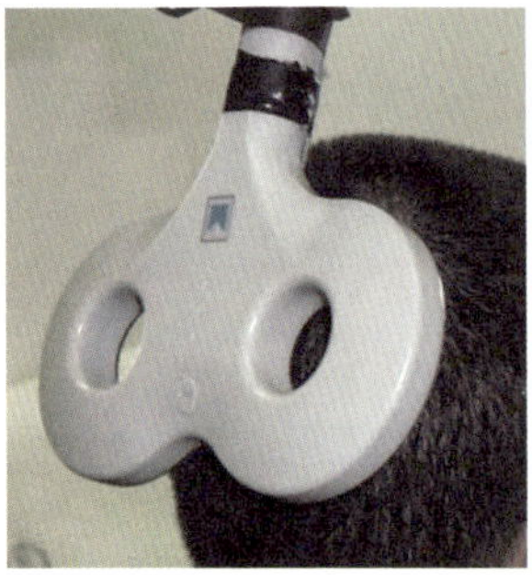

[사진] 수학공식을 본 후에 이미지가 연상될 때 활성화 된 뇌 영역들. 좌반구에 국한되어 활성화 되는 것이 특이하다(Broggard외, 2010)(좌), 경두개 자기장 자극 장치(Deuker & Sack, 2013)(우)

그런데 뇌 영상촬영은 공식을 상상할 때 활성화되는 뇌 영역만 보여주기 때문에 브로가드 교수팀은 경두개 자기장 자극[2]transcranial magnetic stimulus도 함께 이용해서 머리의 특정 부위에 전기적 자극을 줌으로써 때로는 그 부분을 억제하고(기능하지 못하도록) 때로는 흥분도 시켜 보았다. 그 영역이 바로 두정엽과 그리고 전두엽과 측두엽 등이었다. 예측했던 대로 두정엽을 억제했을 때는 그의 뇌는 공감각 현상을 보이지 않았다. JP에게는 어떤 일이 일어나서 그가 수학적 능력을 갖게 된 것일까?

일반적으로 뉴런이 죽으면 신경전달물질이 방출되어서 주변의 뇌 활동을 증가시킨다. 시간이 흐르면서 이 증폭된 활성화는 점차로 잠잠해진다. 그런데 때때로 이 변화가 구조적인 변화로까지 연장 되어서 아예 뇌의 활동이 장기간에 걸쳐서 조절되는 변화를 겪을 수 있다. 트래퍼트 박사는 이와 같은 구조적인 변화가 JP로 하여금 그의 "유전적인 기억genetic memory"에 접속할 수 있게 해준 것으로 해석한다. 이 "유전적인 기억"이란 새들이 날 때 V자 형태로 날도록 하는 것과 같은 본능적인 기억을 의미한다. 사고로 말미암아 건강한 일반적인 두뇌에서는 봉인된 그 영역이 자유롭게 되었다는 분석이다. 그리고 JP에게만 그런 특수한 봉인된 뇌 영역이 있을 확률은 매우 낮기 때문에 보통 사람들에게도 아직 깨어나지 못한 능력이 있을 것이라는 것이 많은 연구자들의 생각이라고 뉴욕 포스트지(2014년 4월 20일)에서는 이야기 한다.

연구진들은 JP에게 일어난 변화가 영구적일지는 아직은 모른다고 한다. 그러나 JP에게 일어난 변화가 구조적인 것이라면, 그는 앞으로도 더 많은 그림을 그리고 수학의 아름다움을 우리에게 보여줄 것이다. JP는 2013년 "Struck Genius"라는 책을 출판하였고, 그 책에서 부상 후에

---

2. 자기장 발생기(혹은 코일)을 머리의 원하는 부위 근처로 가져가면 전자기적 유도에 의해서 코일은 뇌에 국소적으로 전류가 흐르도록 한다. 신경증성 통증이나 우울증, 뇌졸중 등의 진단 및 치료에 많이 사용된다.

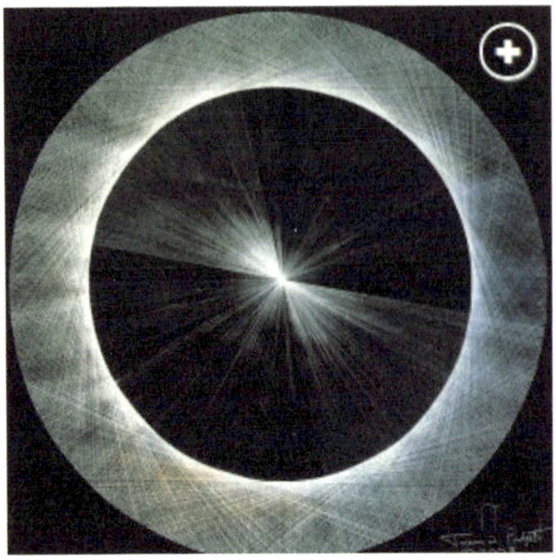

[그림] JP의 파이(π)

소스: New York Post

자신에게 찾아온 놀라운 변화, 장애, 적응을 소상히 말해주고 있다. 그리고 그는 자신에게 수학적 능력이 어느 날 갑자기 생겼다면 다른 사람들에게도 그것이 가능하다고 믿고 있다. JP는 최근에도 온라인으로 프랙털이나 기하학적 형상들을 연상시키는 아름다운 그림도 그리고 판매도 하고 있다. 필자는 그의 그림을 책에 싣기 위해서 저작권 문제로 JP에게 이메일을 보내서 개인적으로 대화를 나눈 적이 있다. 그는 수학을 어려워하는 학생들의 문제-자신의 경험이므로-를 잘 이해하고 있었다. 지면을 빌려서 친절하게도 그의 작품을 책에 싣는 것을 허락해 준 것에 감사드린다.

[그림] JP의 저서 "Struck by Jenius"와 사진(Vimeo.com)

04

1729에 얽힌 파인만(Feynman)과 라마누잔(Rāmānujan)의 에피소드와 주판의 장단점

독자 여러분에게 1729라는 숫자가 뭔가 특별하게 와 닿는지 궁금하다. 사실 이 숫자와 얽힌 두 가지 일화를 읽기 전에는 이 숫자는 나에게도 별다른 의미가 없었다. 첫 번째 에피소드는 노벨 물리학상을 수상한 리처드 파인만R. Feynmann이 자신의 커리어에서 일어난 여러 가지 일화를 모아놓은 그의 저서 "농담이시죠, 파인만씨Surely You're Joking, Mr. Feynmann"에 등장하는 숫자 1729에 얽힌 이야기다. '행운의 수'라는 부제가

[그림] 리차드 파인만(좌)과 라마누잔의 흉상(우)

달린 이 글은 그가 어느 날 브라질의 작은 음식점에서 점심식사를 할 때 발생한 이야기를 담고 있다. 그 음식점에는 손님이라곤 그가 전부였다. 그래서 웨이터 네 명이 그를 시중들고 있었다. 그 때 한 일본인 세일즈맨이 들어왔는데, 그는 주판을 팔러 온 것이었다. 세일즈맨은 웨이터들에게 덧셈 내기를 해보자고 도전했고, 웨이터들은 체면을 깎이기 싫은 마음에 저 손님에게 가라고 파인만을 지목하였다(물론 그들은 그가 물리학자인지 모르는 상태였다). 세일즈맨은 주판으로 파인만 박사는 종이와 연필을 가지고 계산 시합을 하였다. 처음에는 덧셈 시합을 했는데, 주판을 사용한 세일즈맨이 쉽게 이겼다. 다음엔 곱셈 시합을 했는데, 이번에도 주판이 승리했지만 두 사람의 시간 차이는 조금 좁혀졌다. 다음에는 나눗셈 차례. 그런데 이번에는 두 사람이 비겼다. 파인만 박사에 의하면 문제가 어려워질수록, 연필과 종이를 이용한 자신이 계산을 더 정확하게 잘 했다. 마지막으로 세일즈맨은 세제곱근(예를 들어 $\sqrt[3]{64}=4$)을 구하자고 도전하였다.

파인만 박사는 아직도 그 숫자를 기억하고 있는데, 그 숫자는 1729.03이었다. 세일즈맨은 거의 광적으로 세제곱근을 주판으로 계산하였다. 그러나 파인만은 싱긋이 웃으며 잠시 후에 1729의 세 제곱근을 말하였다. "12.002" 세일즈맨은 결국 풀이 죽어서-주판을 팔지 못하고 음식점을 나갔다.

그는 환호하는 웨이터들에게 그의 비밀을 알려주었다. 그는 긴 계산을 광속으로 한 것이 아니라 우연히도 $1ft^3$(세제곱 피트)는 1728 inch^3(세제곱 인치)라는 것을 알고 있었다는 것이다. 1피트는 12인치이고, $12^3=1728$이기 때문에 1729의 세제곱근은 12보다 약간 클 것이라고 짐작했고, 그는 나머지 계산만 하면 되었다. 그래서 0.03은 무시하고 1729의 세제곱근을 이항정리를 이용해서 처음 두 항만 구한 것이다. 결국 박사는 근삿값을 구하는 공식을 알았기 때문에 이것을 이용한 것이다.

$$(1+a)^k \sim 1+ak \ (|a|<1 \text{ 인 작은 수})$$

이항정리와 관련된 위의 식은 미적분학을 배운 대학생들이라면 기억할 것이다. 이 식을 이용하면 1729의 세 제곱근은 다음과 같이 구해진다.

$$\sqrt[3]{1729}=(1728+1)^{1/3}=(12^3+1)^{1/3}=12\left(1+\frac{1}{1728}\right)^{1/3}$$
$$\sim 12\left(1+\frac{1}{3}\left(\frac{1}{1728}\right)\right)$$

이 값은 $12+\frac{4}{1728}=12+\frac{1}{432}$ 이므로 파인만은 비교적 쉽게 어림계산을 할 수 있었다.

1792가 다시 무대에 등장하는 경우가 또 있다. 그것은 무리수 e 와 관계있는데, $e \sim 2.71828182846$으로 전개되는 순환하지 않는 무리수이다. 그런데 이 숫자의 소수점 아래 1792번째 자리가 끝나면 그 때 0719425863이 나타난다. 0부터 9까지의 수가 하나도 반복되지 않고 나오는 것이다.

이 신기한 숫자 1729는 인도의 천재 수학자 라마누잔Srinivasa Ramanujan(1887~1920)과 영국의 수학자 하디와의 에피소드에서도 등장한다. 하디G. H. Hardy가 병으로 입원한 라마누잔을 방문했을 때 일어난 이야기다. 하디의 회고는 다음과 같이 시작한다.

"그(라마누잔)이 Putney에서 아팠을 때의 일을 기억한다. 나는 1792라는 번호판의 택시를 타고 갔는데, 그에게 그 번호가 별 의미 없는 숫자이고, 재수 없는 수가 아니기를 바란다고 말을 했다. 그러자, 그가 'No'라고 말하며 그 수는 매우 흥미로운 수에요. 그 수는 두 수의 세제곱으로 표현될 수 있는–그것도 두 가지 방법으로–가장 작은 수입니다."

그 두 가지 방법은 다음과 같다:

$$1792=1^3+12^3=9^3+10^3$$

이 수에는 그 이후에 라마누잔-하디 수라는 별명이 따라다닌다.

이제 첫 번째 에피소드에 등장하는 주판에 대하여 다시 생각해 보자.

주산을 배우면 어떤 점이 이로울까?

주판은 라틴어로는 'abacus'라고 부르는데, 그 의미는 모래 판sand table이라는 뜻이다. 이 단어의 어원은 그리스어로 테이블 혹은 타블렛을 뜻하는 'abax' 혹은 'abakon'에서 왔다고 한다. 그리고 이 단어도 거슬러 올라가면 '모래'를 뜻하는 고대 메소포타미아의 아카드Akad어에서 왔다. 현대인이 사용하는 디지털 컴퓨터에서 디지털digital의 어원은 손가락을 뜻하는 라틴어인 디지트digit이다. 컴퓨터의 기원을 거슬러 올라가면 결국 인간의 열 손가락까지 가게 되니까, 주판은 최초의 외장용 계산기라는 결론에 도달한다.

[그림] 인류 최초의 수판(수메르) Benjamin Jaff Museum

주판은 중국, 한국, 일본, 인도 등에서는 1200년경부터 빠른 계산을 위해서 사용해왔다. 실제로 주판으로는 사칙 연산 뿐 아니라 $\sqrt{50}$ 같은 근호 계산도 가능하다. 필자가 어릴 때는 텔레비전에 주산 왕들이 나와서 여러 자리 수의 덧셈을 아나운서가 불러주는 대로 (주판 없이)암산을 하는 것을 보던 기억이 있다. 그리고 다른 한쪽에서는 전자계산기를 가지고 계산하면서 누가 더 빠른가를 경쟁하였다. 요즈음 우리나라에서는 주산이 수학교육과정에서 사라졌지만 일본이나 중국에서는 아직도 주산을 바둑처럼 배우고 단도 따고 하면서 경시대회처럼 공개적인 경연도 하고 있다. 또 주산 유단자들이 8자리 수의 암산을 하면서 계산기와 공개적으로 경쟁하는 대회도 있다. 물론 주산 유단자들은 주판 없이도 계산기처럼 빠르고 정확하게 암산을 수행해서 보는 이들을 놀라게 한다. 과거에는 우리나라에서도 은행원이 되어 일 년 정도 직장생활을 하면 일반인과는 비교가 안 될 정도로 계산이 빨라진다고 하던 이야기도 직접 들었던 기억이 있다.

주산을 배우면 주판을 가지고 연산을 하는 것은 물론 머릿속에서 상상의 주판을 조작해서 암산을 한다. 주판의 이미지가 머릿속에 들어있어서 그것을 사용하는 것이다. 계산 스킬이 향상되면서 손가락을 사용하지 않고도 숫자를 조작하는 단계에 이른다. 주산을 배우지 않은 일반 아동들은 수의 연산을 할 때 (뇌의)좌반구에 위치한 언어 영역도 많이 사용하지만, 주산을 배운 경우에는 주판에 대한 심상을 사용하기 때문에 우반구에서 담당하는 시공간적 전략과 손가락의 사용이라는 시각-운동적인 전략을 사용한다.

중국에서 3년 이상 주산을 배운 10세 가량의 어린이 20명과 비슷한 나이의 일반 어린이 20명을 대상으로 이들의 숫자 주의력[3] digit span, 단

3. 숫자 주의력은 숫자를 몇 개(예를 들면 2, 10, 6, 4, 8..로) 불러주었을 때 그 사람이 기억하는 최대 숫자를 의미한다.

어 주의력, 그리고 전체 뇌에 대한 백질의 밀도[4]를 확산텐서 영상법으로 조사하였다. 이 때 주산을 연습한 그룹의 숫자 주의력은 일반인보다 월등히 높았다. 그러나 일반적인 단어 주의력(과일 이름이나 알파벳에 대한 단기 기억력)은 일반인들과 별다른 차이가 없었다.

독자들은 주산을 배우면 수학 실력이 좋아지는지, 그렇다면 얼마나 좋아질 지 궁금해질 것이다. 일본의 한 교육대학에서 초등학생들을 대상으로 이에 대해서 실험연구를 실시하였다. 신슈Shinshu 대학의 아마이와Amaiwa 교수에 의하면 주산을 1년 정도 배우면 3자리 수부터 9자리의 수까지에 대한 단기 기억력이 증진되고, 주판이 없는 경우에도 수에 대한 공간적 배열, 그리고 사칙연산에서 우수한 것으로 나타났다. 물론 계산 속도도 빠르고 정확하다. 그 이유는 주산을 배운 후에는 숫자를 머릿속의 주판에서 시공간적으로 상상하게 되고, 지필을 사용하는 사칙연산의 경우에도 주산을 할 때의 방법을 사용해서 계산하게 되기 때문이다. 이러한 사실들은 이로운 점으로 작용하지만, 주산이 수감각과 수의 연산에서 항상 유리한 것은 아니다. 왜냐하면 이 학생들은 수의 의미를 깊이 생각하거나 자신만의 새로운 방법을 발명해서 연산을 하기 보다는 수판이라는 고정된 방식으로만 사고하기 때문이다. 파인만 교수의 에피소드에서 보듯이 수의 의미를 이해하고 수학이라는 도구를 사용했을 때는 수판을 이용한 연산보다 훨씬 효율적으로 어림셈을 할 수 있다.

그 외에도 주산을 배운다고 사고력이나 문장제 해결능력, 혹은 추론능력까지 좋아지지는 않는다는 것이 필자의 판단이다. 주산은 추론이나 사고와 관련된 전전두 피질이나 텍스트의 읽기와 관련된 좌 뇌를 자극하지는 않고 수의 공간적 배열과 조작에 기초하기 때문이다. 그러나

4. 백질이라고 불리는 미엘린은 전선의 플라스틱 피복과 마찬가지로 신경세포를 둘러싸는 백색 지방질 물질인데 이것은 뉴런을 통해 전달되는 전기신호가 누출되거나 흩어지지 않게 보호한다. 백질의 밀도는 뉴런들 사이에 보내는 전기신호의 속도와 비례한다.

계산속도가 느리고 실수를 자주하는 아동들, 그리고 집중력을 키울 필요가 있는 경우에는 주산은 추천할 만하다.

외국에서는 수학학습부진이나 수학학습장애가 시공간적 문제가 아닌 언어적 문제나 단기 기억 또는 집중력의 문제로 발생하는 경우에는 주판을 통해서 연산을 익히게 하는 방법도 사용 되고 있다. 또 곱셈구구나 간단한 산술적 사실을 외우기 힘들어하는 경우에도 주판의 사용을 권장한다. 주판은 결국 구체적인 도구를 옆에 놓고 도움을 받는 것이므로 형식적이고 추상적인 사고 단계로 넘어가기 직전의 단계에서 충분한 연산 훈련을 하게 해 주기 때문이다.

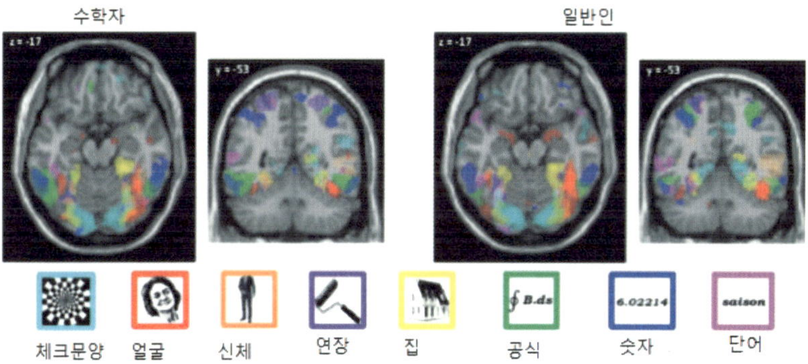

[그림] 수학자와 일반인이 여러 가지 대상물을 볼 때 활성화 되는 두뇌 영역(Amalic & Dehaene, 2016)

05

내가 배운 수학 커리큘럼과 미래의 수입 사이의 관계

우리나라의 수학 교육과정은 해방 이후부터 계속 바뀌어왔다. 대학의 교육과정도 신입생들의 수학 수준에 맞춰서 개편되기 때문에 필자도 교육과정의 변화에 관심을 가지고 지켜보는 편이다. 앞으로 2018년부터는 문과 이과 통합 교육과정을 시행하는데, 이것을 2009년의 개정 교육과정과 비교했을 때 전반적으로 수학 학습량을 20% 축소한 내용으로 배운다고 한다. 그리고 과거에 문과와 이과로 나누어서 배운 것보다 좀 더 세분화해서 수학 영재에게는 엘리트 교육을 받도록 길을 터주고, 그렇지 못한 학생들은 현재보다 쉬운(낮은?) 수준의 수학을 배워서 수학 포기자도 줄이고 사교육 부담도 줄이는 데 그 목적이 있는 것 같다.

필자가 이런 시안에 대하여 듣고서 그 이야기를 공과대학생들에게 수업시간에 해 주면서 어떻게 생각하느냐고 물었더니 한 학생이 곧바로 다음과 같이 대답하여서 놀란 경험이 있다. "후배들이 우리를 치고 올라오는 일은 절대로 없겠네요." 다른 학생들도 공감하는 눈치였다. 최근 1, 2년 사이에 문과 출신 고등학생들이 공대에 진학하는 비율이 매우 높아졌다. 아마도 공학을 전공하는 것이 취업에 유리하다는 인식이나 세태의 변화, 또는 주위의 권유도 있었을 것이다.

문과출신으로 공과대학에 진학한 학생들은 대부분 고등학교에서 심화과정의 수학('미적분학II'와 '벡터와 기하')을 배우지 않았고 수학능력시험에서도 수학 A형을 친 학생들이다. 우리 대학에서 수능 B형을 친 일반 공대생들과 수능 A형을 친 문과출신 학생들의 공간능력을 테스트해 보았을 때 수능 B형을 친 학생들의 공간능력이 수능 A형을 친 학생들보다 남녀 모두 10%씩 평균 점수가 높았다. 이 학생들이 동일한 수학을 배운 것이 아니기 때문에 직접 비교하기는 어렵지만 미적분학 수업을 하다보면 문과 출신 학생들이 어려워하는 것은 확실하다. 미적분학 I만 배운 학생들의 공간능력이 뒤떨어지는 이유가 심화과정 수학을 배우지 않았기 때문이라고 단정 지을 근거는 없지만 수학실력과 공간능력이 뒤쳐지는 불리한 출발선에서 대학생활을 시작한다는 사실은 명확해 보인다. 대학 진학을 쉽게 하려고 혹시라도 약은 수를 쓰는 것을 고려한다면 그런 판단은 장기적으로는 대학을 진학한 후의 학점관리와 취업에는 결코 도움이 되지 않는다는 것을 알려주고 싶다.

미국의 경우에는 우리나라보다 좀 더 체계적이고 장기적인 연구들이 수행되고 있다. 어떤 전공을 선택했을 때 대학을 졸업한 후의 수입이 높은가에 대한 연구부터 고등학교 때 배운 수학 과목의 수준과 질이 10년 후의 수입에 차이를 가져온다는 연구도 경제학자들에 의해서 매우 심도 있게 수행되어있다.

Heather Rose와 Julian Bett가 캘리포니아 주의 고등학생들이 졸업 10년 후에 버는 수입과 고등학교 시절에 그들이 선택한 수학 과목 사이의 관계를 178쪽에 걸쳐서 발표한 보고서에 의하면 고등학교의 유형이나 수학 과목의 숫자보다는 고등학교 시절에 얼마나 수준 높은 수학과목, 예를 들면 미적분학과 기하 등-을 들었는가에 따라서 10년 후의 수입에서는 10% 이상 차이가 났다. 그러니까 모든 수학 과목이 평등한 것은 아닌 것이다. 저자들은 그런 이유로 고등학교 수학 교육과정을 좀 더 높은 수준으로 운영하자고 촉구한다. 이런 보고서를 읽으면 우리나라의 교육과정이 거꾸로 가는 것 같아서 매우 안타깝다. 우리나라의 경우에도 체계적이고 장기적인 분석을 해 보면 미국의 경우와 거의 동일한 결과가 나타날 것이라고 예측된다.

이러한 연구결과로 볼 때 학생들이 선택할 수 있는 직업군의 폭을 넓게 가지려면 수준 높은 수학을 배우는 것이 매우 중요하다고 판단된다. 또한 학생들의 수준을 나누어서 누구는 수학 실력이 높지 않으니 어디까지만 공부해라는 식으로 한계를 정하는 것보다는 보다 많은 학생들이 심화과정의 수학을 배울 수 있는 기회를 주는 것이 좋다는 생각도 하게 된다. 학생들도 공부를 하고 시험을 쳐서 평가를 받는 그 당시에는 수학이 힘들고 어려워서 조금 적게 배우고 싶은 유혹이 생길 수 있지만 시간이 지나보면 후회 할 수도 있기 때문이다. 혹자는 '대학에 들어가서 배우면 되지 않는가, 대학이 잘 가르치면 된다.'라고 주장할 수도 있다. 그러나 대학에서는 수학과목만 독립적으로 배우는 것이 아니다. 수학은 물리나 공학의 다른 과목들과 연계가 되기 때문에 그렇게 간단하지 않다. 고등학교 때 문과 수학만 공부한 경우라면 전기 전자공학이나 기계공학처럼 공학 중에서도 수학을 많이 사용하는 분야에서는 학점관리에서 불리할 수 있고, 따라서 졸업이 늦어질 가능성, 취업의 관문에서 불리한 점도 있다는 것이 솔직한 현실이다. 교육은 백년대계이기 때문에 물론 신중하게 판단해야 되겠지만, 되도록이면 많은 학생에게 높은 수준의 수학을 배울 기회를 주는 것이 학생들 개개인뿐 아니라 국가적으로도 올바른 전략이라고 생각한다.

제 1장. 신화와 역사 속의 수학

1. 태양의 후예들의 도시 우룩(Uruk)과 수메르 수학 (p13)

(1) Frank Fretz(Ed.)(1994). From five fingers to infinity, Open Court.

(2) the-pentagram-of-venus https//johncarlosbaez.wordpress.com/2014/01/04/

(3) Jacobsen, J.(1976). Treasures of Darkness, Yale University Press.

(4) Kramer, S. N.(1956). The Sumerians,Chicago University Press.

(5) Neugebauer, O. (1969). The Exact Sciences in Antiquity. Dover.

(6) Denise Schmandt-Besserat(1979) Archaeology. May/June, Vol. 32, No. 3, p. 22-31.

2. 이집트 수학(p29)

(1) storyofmathematics.com

3. 숫자의 발명(p40)

(1) https://jamesbshannon.com/2014/12/16/the-medieval-calculator/(그림 소스)

(2) Dick Teresi(2002). Lost Discoveries, Simon & Schuster.

(3) David Osborn(http://vedicsciences.net/articles/history-of-numbers.html)

(4) Georges Ifrah(2000). The universal history of numbers, Wiley & Sons.

4. 2000년 동안 세상을 지배한 유클리드 기하(p50)

5. 쌍곡기하(p57)

(1) Coxeter H.S.M., Crystal symmetry and its generalizations, Transactions of the Royal Society of Canada, (3), 51, 1 - 13 (1957).

(2) Dunham, D.(2010). M.C. Escher's Use of the Poincaré Models of Hy-

perbolic Geometry Retrieved from: http://www.math-art.eu/Documents/pdfs/Dunham.pdf

6. 구면기하(p63)

(1) J. Grabiner(2015). How Euclid once ruled the world.(Ada Lovelace Symposium at Oxford University)

(2) Dwain A O'Neal. The Non Euclidean Geometry(http://slideplayer.com/slide/8783939/)

(3) Kedar Bhumkar(2006). Interactive visualization of Hyperbolic geometry using the Weierstrass model, Univ. Minnesota(Thesis)

7. 오즈의 마법사에 나오는 수학 에피소드와 기호의 사용(p66)

(1) T. Gowers (ed.), The Princeton Companion to Mathematics, Princeton University Press, 2008, p. 9

제 2장. 수학 속의 예술과 예술 속의 수학

1. 패션과 수학(p75)

(1) ams.org/news/thurston-miyake

(2) http://www.youtube.com/watch?v=eQAuSGvQjN0&feature=related(유튜브)

(3) Ranjit Kumar외(2014). Introduction to mathematical modeling and chaotic dynamics, CRC Press(Taylor & Francis Group)

(4) Mark Liu(2016). why STEM subject and fashion design go hand in hand?, http://theconversation.com/why stem subjects and fashion design go hand in hand 63649.

(5) 울프람 알파

http://www.wolfram.com/mathematica/customer stories/japanese fashion designer eri matsui puts mathematica on the tokyo catwalks.html

(6) Cagdas D외(2013), An Origami-Inspired Approach to Worm Robots, IEEE/ASME TRANSACTIONS ON MECHATRONICS, VOL. 18, NO.

(7) US scientists create prototype of autonomous origami-inspired robot(2014)

(8) Hen-Wei Huang 외(2016) Soft micromachines with programmable motility and morphology, Nature communications.

(9) File: Intel 3-D graphics architect Nola Donato shows augmented reality dressing room.jpg

2. 영화 굿 윌 헌팅의 실제 주인공은 누구일까(p89)

(1) Dantzig, George B. and Abraham Wald. "On the Fundamental Lemma of Neyman and Pearson." Annals of Mathematical Statistics. 22. 1951 (pp. 87-93).

(2) David Mikkelson(2014). The unsolvable Math Problem (http://www.snopes.com.)

(3) Alan Ballows. The Rise and fall of William Sidis

3. 법원에 간 파이(π) (p96)

4. 최초의 원근법과 마사치오의 성 삼위일체(p100)

(1) McCarthy, Mary (August 22, 1959). "A City of Stone". The New Yorker (New York): 48

(2) Brownson, CD. Euclid's Optics and its Compatibility with Linear Perspective Archive for History of Exact Sciences 24(3):165-194

(3) 박성국(2005). 마사초의 성삼위일체의 도상적 의미, 미술사학보, 제 25호, 85-117.

(4) Linear Perspective: Brunelleschi's Experiment, Khan Acedemy

5. 문학작품 속의 4차원과 4차원 초 육면체(p108)

(1) Bohn, Willard (2007). "Writing the Fourth Dimension". Comparative Critical Studies. 4 (1), 121 - 138.

(2) Forth dimension in literature, Wikipedia.

(3) Weisstein, Eric W. "Tesseract". MathWorld.

(4) Edwin Abbott(1884), Flatland, Seely & Co.

(5) Ardner Shirley(1997). Women and Space: Ground rules and social maps.

6. 초현실주의 작가 달리의 초 육면체 십자가와 예수의 처형(p118)

(1) George A. Cevasco, "Dali's Christianized Surrealism," Studies: An Irish Quarterly Review, 45:180 (Winter, 1956), 440-441

(2) Reinier Sonnoveld(2013), Dali, Salvador(http://www.artway.eu/) Visual Meditation)

(3) http://www.faculty.fairfield.edu/jmac/cl/tb4d.htm

(4) Thomas Banchoff(2014), "Salvador Dali and fourth dimension", Proceedings of Bridges Mathematics, Musi c, Art, Architecture, Culture

7. 나만의 수학시계를 만들어보자.(p123)

제 3장. 보이지 않는 것을 보여주는 수학

Luis Cintron(2010). UJMM. Vol.2, No.2

1. 범죄 수사학의 아버지는 누구일까(p127)

(1) trex2001(2010). https://commons.wikimedia.org/wiki/File:GPS.Spheres.svg

(2) Alex Bellos, Alex through the looking glass(The Graphs of Math)

(3) Shane Frederick(2005). Cognitive reflection and decision making. Journal of Economic Perspective, 19(4), 25–42.

2. 알렉산더 대왕과 매듭(p136)

(1) Devlin, K. (2001). Devlin's angle. Retrieved from:
https://www.maa.org/external_archive/devlin/devlin_9_01.html

(2) Pieransky In search of ideal knots
http://etacar.put.poznan.pl/piotr.pieranski/

3. 암호의 유래(p144)

4. 01=?, 0^0=?(p157)

(1) Knuth. Two notes on notation. (AMM 99 no. 5 (May 1992), 403–422).

(2) H. E. Vaughan. The expression ' 0^0 '. Mathematics Teacher 63 (1970), pp.111–112.

5. 4색 문제(p161)

(1) George Gonthier(2008), A Formal Proof of the 4 color theorem.
www.ams.org/notices/200811

6. 악기들은 왜 서로 다른 소리를 낼까(p171)

(1) Zundel, D.(2011). Learning Musical instruments through spectral

and temporal instruments.
(2) http://hubpages.com/education/Science and Music

제 4장. 수학과 라이프

1. 헝거 게임과 게임 이론(p183)
(1) Lewis, M.(2012). Probability and Game Theory in the Hunger Games, http://www.wired.com/wiredscience/2012/04probability and game theory in the hunger games/
(2) Andreoni, J. & Miller, J. H.(1993). Rational Cooperation in the Finitely Repeated Prisoner's Dilemma: Experimental Evidence. The Economic Journal, 103(418), 570–585.
(3) Collins, S. (2012) Hunger Game
(4) CXJ Jensen & Greg Riestenberg(2012). Prisoner's dilemma embezzlement
2. 박사들을 혼란스럽게 한 확률 – 몬티 홀 문제(p192)
(1) Keith Chen(2008). RATIONALIZATION AND COGNITIVE DISSONANCE: DO CHOICES AFFECT OR REFLECT PREFERENCES? Yale University.
(문제 해답) 문의 수가 이렇게 늘어나면 여러분이 선택한 첫 번째 문 뒤에 자동차가 있을 확률은 이지만 나머지 99개의 문 어딘가에 상품이 있을 확률은 이다. 이제 그 중에서 98개는 상품이 없다는 것이 밝혀졌으니 다른 문으로 바꾸는 경우에는 자동차를 차지할 확률이 로 올라가는 것이다.
3. 바퀴가 사각형인 자전거를 탈 수 있는 곳으로 가봅시다(p198)
Wagon, S. Mathematica in Action, 2nd ed. New York: W. H. Freeman, p. 52, 2000
4. 화가가 연구한 거미줄 곡선– 에피트로초이드(p202)
5. 우리가 로그를 배우는 이유(p206)
6. 휴대폰 위치 추적과 다변 측정 감시 체계 (p213)
(1) Cell Phone Triangulation, 21st Century Math Project

(2) 김태식 외 / 항공우주산업기술동향 11/2 (2013) pp. 24~32

7. 마이크로웨이브 오븐과 타이페이101(p220)

(1) Adrian Watt, Absorb Physics for A-level(Patana.ac.th)

(2) Tacoma Narrows Bridge Disaster(Web site)
〈http://www.enm.bris.ac.uk/research/nonlinear/tacoma/tacoma.html〉

제 5장. 패턴을 연구하는 수학

1. 우박 수-모든 수는 1로 수렴한다(p233)

(1) Chamberland, Marc (1996). "A continuous extension of the 3x + 1 problem to the real line". Dynam. Contin. Discrete Impuls Systems. 2 (4): 495 - 509.

(2) Lagarias, Jeffrey C., ed. (2010). The ultimate challenge: the 3x+1 problem. Providence, R.I.: American Mathematical Society. p. 4.

2. 파스칼의 삼각형(p238)

(1) MathisFun.com/pascals-triangle

(2) cut-the-knot.org/arithmetic/algebra/BinomialReciprocalsInPascal.shtml

(3) Harlan Brothers(2012). Math Bite: Finding e in Pascal's Triangle, 85(1)

3. 플라톤과 데카르트, 오일러의 저작권 다툼이 발생한다면(p249)

(1) plus.math.org

(2) Fan Chung & Shlomo Sternburg, Mathematics and the Buckyball.

4. 구면 삼각형의 넓이(p262)

(1) Champarnerkar, A. (2014). Spherical Triangles and Girard's Theorem, CUNY

5. 마방진(p267)

nrich.math.org

6. 나의 생일이 들어간 마방진 만들기(p275)

(1) Eric's Treasure Trove to Mathematics

7. 유클리드 평면과 쌍곡 평면의 테슬레이션(p279)

8. 피보나치수열 다시 보기(p287)

(1) Singh, Parmanand (1985), "The So-called Fibonacci numbers in ancient and

medieval India", Historia Mathematica 12 (3): 229–44.

(2) http://www.math.cornell.edu/~mec/Summer2008/whieldon/Site/Blog/Entries/2008/7/8_Lesson_4%3A__Fibonacci_Numbers.html

제 6장. 수학과 인간

1. 추상적인 추론이 누구에게나 어려운 이유(p299)

(1) Cosmides, L. & Tooby, J. (1992). "Cognitive Adaptions for Social Exchange

(2) http://www.philosophyexperiments.com/wason

(3) Cheng & Holyoak(1985). Pragmatic reasoning schemas. Cognitive Psychology, 17(4), 391–416.

2. 동물들에게도 수 감각이 있을까(p304)

(1) McComb, Packer, & Pusey(1994). Roaring and numerical assessment in contests between groups of female lions, Panthera leo. Animal Behaviour, 47, 379–387.

(2) Piazza, M. & Dehaene, S. From Number neurons to mental arithmetic, Cognitive Neuroscience(Ed. Gazzaniga et al.)

(3) Star, A. et al.(2013). Number sense in infant predict mathematical ability in childhood. 110(45), 18116–18120.

(4) Duke University. "Pre–verbal Number Sense Common To Monkeys, Babies, College Kids." ScienceDaily. 2009. 02.15

(5) Kucian, K 외(2011). Mental number line training in children with developmental dyscalculia, Neuroimage, 57, 782–795.

(6) Tennesen, M.(2009). More Animals Seem to Have Some Ability to Count, Scientific American.

(7) Rosa Rugany외(2009). Arithmetic in new born chicks, Proceedings of Royal Society B. 276, pp.2451–2460.

3. 머리에 부상을 입은 후에 수학적 재능을 얻은 남성(p309)

(1) Brogaard, B., Vanni, S., Silvanto, J. (2012). Seeing mathematics: Perceptual experience and brain activity in acquired synesthesia. Neurocase, 1–10.

(2) Calahan, S. From Mullet to math genius after concussion, New York Post, 2014. 04.20,

(3) Lewis, T. 2014. 05. 05. A beautiful mind: Brain Injury turns man into math genius. Live Science.

(4) Duecker F, & Sack AT (2013). Pre-stimulus sham TMS facilitates target detection. PloS ONE, 8 (3) PMID: 23469232

4. 숫자 1792에 얽힌 에피소드로 보는 주판의 사용의 득과 실(p315)

Amalic & Dehaene(2016). Origins of the brain networks for advanced mathematics in expert mathematicians, PNAS, vol(113), no.18.

Hatta외(1990). Visual Imagery Processing in Japanese Abacuse Experts, Imagination, Cognition, and Personality, Vol 9(2), 91-102.

5. 내가 배운 수학 커리큘럼과 미래 수입 사이의 관계(p322)

(1) Math matters : the links between high school curriculum, college graduation, and earnings / Heather Rose, Julian R. Betts.

찾아보기